Hubert Österle
Rainer Riehm
Petra Vogler (Hrsg.)

Middleware

Grundlagen, Produkte und Anwendungsbeispiele
für die Integration heterogener Welten

Hubert Österle
Rainer Riehm
Petra Vogler (Hrsg.)

Middleware

Grundlagen, Produkte und
Anwendungsbeispiele für die Integration
heterogener Welten

ISBN 978-3-528-05546-2   ISBN 978-3-322-87244-9 (eBook)
DOI 10.1007/978-3-322-87244-9

Vorwort

Die Integration von heterogenen Applikationen ist für mittlere und große Unternehmen ein Schlüssel zur Fähigkeit, sich auf neue Marktstrukturen auszurichten. Die Aufteilung von Unternehmen in kleinere Geschäftseinheiten, das Separieren von Prozessen, die Übernahme von Unternehmen oder das Eingehen von Allianzen, der Zukauf von Software oder ganz allgemein der Wandel von produktorientierten zu kundenorientierten Unternehmen zwingen zur Verteilung von Applikationen und erzeugen gleichzeitig einen Bedarf zur Integration im Sinne der neuen Geschäftsprozesse.

Die zu integrierenden Applikationen laufen auf heterogenen Plattformen, unterschiedlichen Betriebssystemen, Datenbanksystemen usw. Um Client/Server-Architekturen überhaupt zu ermöglichen und wenigstens die technische Integration zu erleichtern, hat der Markt eine Vielzahl von Mechanismen hervorgebracht, die man unter dem Begriff Middleware zusammenfaßt. Ihre Vielfalt erschwert die Transparenz über die Funktionalität und Einsatzmöglichkeiten.

Vor diesem Hintergrund ist dieses Buch entstanden. Es stellt den State-of-the-Art von Middleware dar, sowohl hinsichtlich der Produktkategorien als auch der konkreten Umsetzung in der Praxis. Es soll helfen,

- sich im komplexen Themengebiet Middleware zurecht zu finden (um z.B. Technologien wie CORBA, DCE, Internet etc. einordnen zu können),
- die Middlewareprodukte zu klassifizieren,
- Anwendungsfälle der einzelnen Produktkategorien zu erkennen,
- die notwendigen Kriterien für eine Evaluation zu finden und
- aus den vorgestellten Projekterfahrungen zu lernen und somit Irrwege zu vermeiden.

Das Buch wendet sich an Verantwortliche für Organisation und Informatik, Leiter und Mitarbeiter von Middleware-Projekten, Informationssystem-Designer und -Manager.

Entstehung des Buches

Das vorliegende Buch entstand im Rahmen des CC PSI, das eine Methode zur Prozeß- und Systemintegration entwickelt. Fünf führende Schweizer Unternehmen (s. Tabelle) und das Institut für Wirtschaftsinformatik der Universität St. Gallen (HSG) haben sich im Kompetenzzentrum "Prozeß- und Systemintegration" (CC PSI) zusammengeschlossen, um das komplexe Themengebiet der Integration auf eine solide methodische Basis zu stellen und damit die Erfolgschancen der Projekte zu erhöhen.

Das CC PSI ist ein Kompetenzzentrum des Forschungsprogramms "Informationsmanagement HSG" (IM HSG). Die Kompetenzzentren des Forschungsprogramms IM HSG forschen anwendungsorientiert auf strategischen Gebieten der Wirtschaftsinformatik in enger Kooperation mit der Praxis. Weitere Informationen zum CC PSI sind im WWW unter http://www-iwi.unisg.ch/ zu finden.

Partnerfirmen des CC PSI

Unternehmen	Branche	Vertreter im CC PSI
AGI Aktiengesellschaft für Informatik	Bankeninformatik	H. Franzstack, U. Halter, U. Ziegler
Ciba-Geigy AG	Chemie	U. Büchler, F. Schmitter
Informatikdienste PTT (ERZ)	Post	H. Gadient, H. Schlatter, J. Stadelmann
Schweizerische Bankgesellschaft	Bank	Dr. P. Gisel, R. Patzke, W. Schärli, K. Siegrist
Winterthur-Versicherungen	Versicherung	P. Berni, P. Höhn, B. Hösli, M. Manhart, M. Rudolf

Aufbau des Buches

Die Beiträge in dem vorliegenden Buch lassen sich in drei inhaltliche Cluster gliedern:

- *Grundlagen* (Österle, Riehm/Vogler, Kaiser/Vogler/Österle). Diese Beiträge geben die notwendigen Definitionen und zeigen potentielle Einsatzfelder und Auswirkungen der Middleware.

- *Praxisbeispiele* (Büchler, Gadient, Murer). Vertreter aus den Branchen Industrie, öffentlicher Bereich und Banken geben einen Einblick in konkrete Middlewareprojekte in deren Unternehmen.

- *Produkte* (Riehm/Vogler, Riehm). Der Kriterienkatalog soll Hilfestellung für die Evaluation bieten, während die Produktübersicht einen Einblick in den derzeitigen Middleware-Markt bietet.

Österle stellt in seinem Beitrag die Bedeutung der Integration für Unternehmen dar. Er beschreibt vier Integrationsebenen im Rahmen des Business Engineering und deren wirtschaftliche Bedeutung für Unternehmen. In dieses Rahmenwerk ordnet Österle die Middleware ein und gibt die für das weitere Verständnis notwendigen Definitionen.

Riehm/Vogler betrachten Middleware nicht nur als Mechanismus für die Verbindung von über Netzen verteilten Client/Server-Komponenten sondern aus einer weiter gefaßten Sicht der Systemintegration. Sie teilen die Middleware in fünf Kategorien ein und erklären deren hauptsächlichen Verwendungszweck.

Internet-Technologien gewinnen im Bereich der Dezentralisierung und Integration immer mehr an Bedeutung. Aus diesem Grund gehen *Kaiser/Vogler/Österle* kurz auf die Internet-Schlüsseltechnologien ein und erläutern deren Bedeutung für die Integration heterogener Systemwelten. Weiterhin geht der Beitrag auf die Auswirkungen dieser neuen Technologien auf die jeweiligen Ebenen des Business Engineering ein.

Büchler beschreibt in seinem Beitrag ein konkretes Praxisprojekt bei Ciba. Ziel des Projektes ist ein einheitlicher Standard innerhalb von Ciba für den Datenaustausch zwischen heterogenen Applikationen. Zum Einsatz in diesem Projekt kam eine EDIFACT-Lösung, die Büchler näher beschreibt. Ein wesentlicher Teil des Beitrages widmet sich den Projekterfahrungen zum Thema EDIFACT.

Im Beitrag von *Gadient* steht die Middleware EDA/SQL im Vordergrund. Zielsetzung des beschriebenen Projektes ist die Verbindung der PC-Anwendungen mit dem Mainframe Datenbankmanagementsystem. Neben einer allgemeinen Beschreibung von EDA/SQL gibt Gadient die bei der Produktevaluation gestellten Anforderungen und die praktischen Erfahrungen wieder.

Murer beschreibt in seinem Beitrag die Bedeutung von DCE und CORBA für die SKA (Schweizerische Kreditanstalt). Um den Anforderungen an die Applikationsarchitektur gerecht zu werden, hat sich die SKA für eine Servicearchitektur entschieden. Daraus ergaben sich neue Anforderungen an die Systemsoftware, die man mit DCE und CORBA-basierten Lösungen zu erfüllen sucht.

Riehm/Vogler stellen ein weit gefaßtes Spektrum von Kriterien zur Evaluation von Middlewareprodukten vor. Die vorgestellten Kriterien bilden eine Grundlage für die Erstellung eines konkreten Anforderungsprofils in einem Praxisprojekt.

Im letzten Artikel des Buches gibt *Riehm* einen kurzen Marktüberblick über die zur Zeit verfügbaren Middlewareprodukte.

Gliederung des
Buches

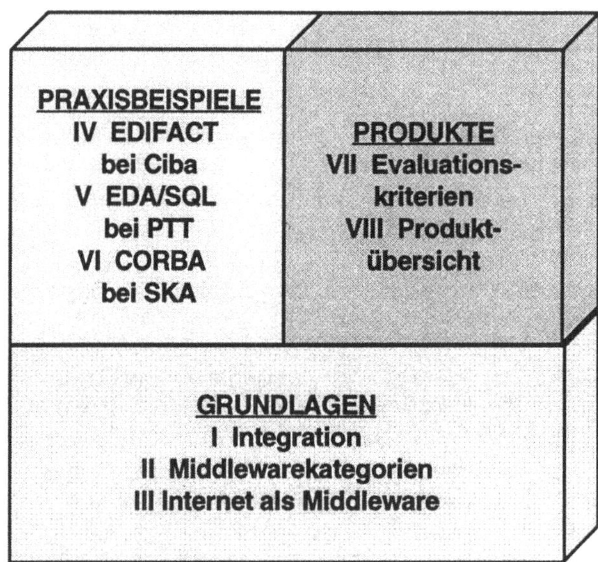

Diskussions-
plattform

Internet-Reaktionen "Middleware"

Middleware ist ein komplexes Themengebiet mit einer rasanten Entwicklung. Wir richten daher eine Diskussionsplattform im Internet mit folgenden Zielen ein:

- Diskussion von Grundlagen und Techniken des Middleware-Einsatzes

- Austausch von Erfahrungen auf dem Gebiet Middleware

- Berichte über Praxisfälle

- Sammeln und "Publizieren" von Rückmeldungen zum Buch

Das Institut für Wirtschaftsinformatik an der Universität St. Gallen übernimmt bis auf weiteres die Wartung der Plattform. Es sammelt die Reaktionen und publiziert sie auf der WWW-Plattform. Interessenten haben drei Möglichkeiten mitzuwirken:

- Im Internet mittels WWW über URL = http://www-iwi.unisg.ch/ (Feedback-Formular für Reaktionen und Publikationen der Ergebnisse)

- Über E-Mail an:
  Internet: Petra.Vogler@IWI.UNISG.CH
  X.400:   s=pvogler ou=sgcl1 o=unisg p=switch a=arcom c=ch

- Über den Postweg:
  Dr. Petra Vogler, Institut für Wirtschaftsinformatik, Dufourstrasse 50, CH-9000 St. Gallen

An dieser Stelle möchten wir allen Autoren unseren herzlichen Dank aussprechen. Danken möchten wir auch Th. Kaiser und A. Lenherr, die sehr viel zum Gelingen dieser Arbeit beigetragen haben.

St. Gallen im Juli 1996   Die Herausgeber

H. Österle, R. Riehm, P. Vogler

Inhaltsverzeichnis

Integration: Schlüssel zur Informationsgesellschaft

Autor

Prof. Dr. Hubert Österle

Seit 1980 Professor für Wirtschaftsinformatik an der Universität St. Gallen (HSG). Seit 1989 geschäftsführender Direktor des Instituts für Wirtschaftsinformatik an der Universität St. Gallen und Partner der IMG (Information Management Gesellschaft).

Gliederung

1 Potentiale der Integration

Die Informations- und Kommunikationstechnik ermöglicht neue Wirtschaftsstrukturen. Die Wirtschaft in der Informationsgesellschaft ist ein weltweites Netzwerk von spezialisierten Geschäftseinheiten. Sie basiert auf einem Netzwerk spezialisierter, untereinander kommunizierender IT-Anwendungen.

Beispiele

Ein großer Teil der Potentiale stammt aus der Integration von Aufgaben und Daten, wie folgende Beispiele erläutern mögen:

- Der Markenartikelhersteller Procter&Gamble ist mit dem Handelshaus Kmart eine enge Kooperation in der Nachbevorratung eingegangen. Basierend auf den Abverkaufsdaten der POS-Kassen (Point-of-sales) und Electronic Data Interchange sorgt Procter&Gamble für das rechtzeitige Auffüllen der Bestände in den Regalen [vgl. z.B. Rao et al. 1996, S. 185-202].

- Die Rosenbluth Travel Agency hat einen weltweiten Verbund von Reisebüros geschaffen, indem sie eine Allianz mit 34 Kooperationspartnern in 37 Ländern eingegangen ist. Rosenbluth stellte den Agenturen einheitliche Software für die Auswahl und Buchung von Reisen zur Verfügung. Rosenbluth schuf auf diese Weise eine lokale Präsenz in allen wichtigen Ländern und nutzt gleichzeitig die Vorteile eines globalen Marktauftritts [vgl. Klein 1996, S. 53-54].

- Der Markterfolg von SAP R/3, insbesondere in den USA, beruht in hohem Maße in der betriebswirtschaftlichen Integration und der technischen Lösung über eine Client/Server-Architektur. Viele SAP Anwender wie die Getzner Textil AG [vgl. SAP 1996] oder die Bally Schuhfabriken [vgl. Österle/Lindtner 1996, S. 121-130] haben auf Basis der integrierten Software schlanke, stark automatisierte Abläufe mit erheblicher Reduktion der Kosten und der Durchlaufzeit entwickelt. Auf die gleiche Weise will Hewlett Packard in seiner weltweiten Computer Systems Organization die Auftragsdurchlaufzeit von 61 Tagen im Jahre 1993 auf 5 Tage im Jahre 1997 [vgl. Laidig 1996] verkürzen.

- Die Bank Austria erhöht die Kapazität ihrer Privatkundenbetreuer drastisch, indem sie diesen sämtliche Kunden- und Produktinformationen für das Beratungsgespräch, die bisher mühevoll aus verschiedenen Quellen zusammengetragen werden mußten, maschinell zusammenstellt.

- Federal Express und andere Speditionsunternehmen bieten sich als Outsourcer für die Vertriebslogistik an [vgl. FedEx 1996]. So übernahm beispielsweise die Spedition Gebrüder Weiß die Lagerverwaltung der gesamten Produktion des Skiherstellers Kästle und verteilt diese Waren weltweit gemäß den bei Kästle eingehenden Aufträgen. Voraussetzung hierfür ist eine Integration der Auftragsabwicklung von Kästle und der Speditionssysteme von Weiß.

- Die in Mißkredit geratene, aber im Kern immer noch richtige CIM-Strategie beruht auf der Integration aller an der Fertigung beteiligten Computersysteme, insbesondere des Computer Aided Design, der Materialwirtschaft und der Produktionsplanung [vgl. Mertens/Holzner 1992; Scheer 1994].

- Just-in-time-Fertigung setzt einen Austausch von Daten der Produktionsplanung bzw. der Produktion der beteiligten Unternehmen voraus.

- Das Konzept des Total Customer Care, dem sich beispielsweise die Zürich Versicherung verschrieben hat, bedeutet, daß die Versicherung im Schadensfall nicht nur die Rechnungen begleicht, sondern den Kunden bei der Abwicklung eines Schadens berät und unterstützt [vgl. Buess 1996]. Voraussetzung ist auch hier eine enge Verknüpfung mit allen Organisationen, die an der Schadensabwicklung beteiligt sind.

Die Beispiele lassen erkennen, daß die Integration, insbesondere die überbetriebliche Zusammenarbeit, ein grundlegender Treiber im Wandel zur Informationsgesellschaft ist. Die wirtschaftlichen Potentiale werden den Druck auf die Integration bisher getrennter Computerapplikationen noch weiter verschärfen.

2 Gründe für Verteilung und Integrationsbedarf

Zentrale integrierte Lösung als Ideal

Im Idealfall hätte ein Unternehmen oder gar ein ganzer Wirtschaftssektor ein einziges Informationssystem ohne redundante Daten und ohne redundante Funktionen, wohl aber mit allen jemals benötigten Beziehungen zwischen den Daten. In den 80-er Jahren versuchten viele Unternehmen tatsächlich, wenigstens unternehmensweite Datenmodelle und anschließend eine durchgängige Funktionalität der Applikationen zu realisieren. Daß dieses Vorhaben von vornherein zum Scheitern verurteilt waren, läßt sich aus heutiger Sicht leicht erklären. Einige Gründe werden im folgenden erläutert.

2.1 Unternehmerische Gründe

Die Wirtschaft ist in einer gigantischen Umstrukturierung, die mit der des Übergangs von der Agrar- zur Industriegesellschaft vergleichbar ist. Es gibt kaum Unternehmen mit längerfristig stabilen Strukturen. Es ist eine Aufteilung von Unternehmen und eine Bildung von Allianzen zwischen Unternehmen zu beobachten.

Aufteilung von Unternehmen

Viele Unternehmen sind dabei, sich in vielfältige, kleinere Einheiten (rechtlich eigenständige Einheiten oder Profit Centers) zu zerlegen. Ein immer wieder zitiertes Beispiel ist die Zerlegung von ABB in mehr als tausend operative Einheiten innerhalb eines Konzerns. Andere Unternehmen lagern ihre Logistik, Informatik und andere Unternehmensfunktionen aus oder teilen sich nach Kundensegmenten (insbes. bei Banken) auf. Die Ziele dieser Zerlegung sind

- Konzentration auf Kernkompetenzen
- Marktmechanismen und Ergebnisverantwortung anstelle von hierarchischer Koordination
- Abbau von Bürokratie durch spezialisierte Prozesse
- Geschwindigkeit und Flexibilität

Allianzen

Unter anderem als Folge der Zerlegung entstehen vielfältige Formen der Zusammenarbeit zwischen und innerhalb von Unternehmen mit dem Ziel, durch Integration Synergien zwischen getrennten Geschäftseinheiten zu verwirklichen [vgl. auch Klein 1996, Kapitel II und IV]:

- Unternehmen der gleichen Produktionsstufe und der gleichen Branche (potentielle Konkurrenten) arbeiten horizontal zusammen, um die kritische Masse zu erreichen, mit der sie sich auf dem globalen Beschaffungs- oder Absatzmarkt durchsetzen können (z.B. Fluglinien).
- Unternehmen der gleichen Produktionsstufe, aber sich ergänzender Branchen kooperieren im Sinne eines Generalunternehmertums, um dem Kunden alle Leistungen zur Lösung seines Problems aus einer Hand bieten zu können (z.B. Touristik).

- Geschäftseinheiten rücken entlang der Supply Chain zusammen, um die Durchlaufzeit eines Auftrags zu minimieren (z.B. Benetton). Das gleiche ist für den Prozeß der Forschung und Entwicklung zu beobachten (z.B. Automobilindustrie und Zulieferer).

Konsequenz

Wir beobachten also eine Zerlegung und Verteilung einerseits und Integration andererseits. Das Ziel sind vernetzte Unternehmen, welche im Idealfall die Beweglichkeit und Effizienz von Kleinbetrieben mit den Synergien großer Unternehmen verbinden [vgl. Picot et al. 1996, S. 349 ff]. Die Folge ist fast in jedem Fall, daß Informationssysteme zusammenarbeiten müssen, die nie gemeinsam entworfen oder entwickelt wurden.

2.2 Entwicklungsspezische Gründe

Ein weiterer Grund für die Existenz von verteilten Systemen und dem daraus resultierenden Integrationsbedarf sind getrennt entwickelte Softwarekomponenten, sei es in Form von Standardanwendungssoftware oder aber in Form von Individualsoftware, die in autonomen Teams entstanden ist. Unkoordiniert entwickelte Softwarekomponenten besitzen gewöhnlich unterschiedliche Datenmodelle, nicht abgestimmte Funktionalitäten, divergierende Software-Architekturen und laufen auf verschiedenen Hard- und Softwareplattformen. Am deutlichsten tritt dies zutage, wenn klassische Transaktionssysteme mit Groupwaresystemen, Multimedia-Anwendungen oder Computer Aided Design Software interoperieren sollen.

2.3 Technische Gründe

Neben diesen unternehmerischen und organisatorischen Gründen gibt es auch technische Beweggründe für die Zerlegung von Applikationen:

- Zu geringe Ausführungsperformance wegen hoher Transaktions- oder Datenvolumina

- Aufteilung von Datenbeständen aus Sicherheitsgründen

- Sinkende Netzwerkkosten

Es gibt also viele Ursachen, die zu einer Landschaft von heterogenen Applikationen führen. Eine umfassende Integration ist nicht einmal als Fernziel realistisch; der Bedarf nach nachträglicher Integration heterogener Applikationen wird weiter steigen.

3 Ebenen der Integration

Integration ist nicht primär eine technische Frage, sondern erfordert Anstrengungen auf allen Ebenen betrieblicher Organisation (s. Abb. 3/1).

Abb. 3/1:
Ebenen der
Integration

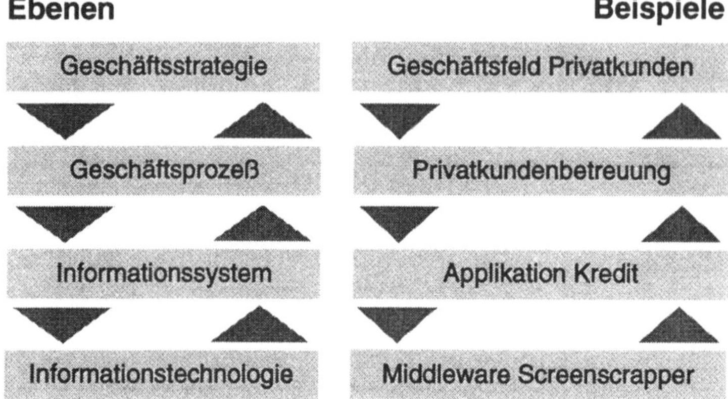

Betrachten wir diese Ebenen der Integration am Beispiel der Bank Austria.

3.1 Ebene Geschäftsstrategie

Die Geschäftsstrategie eines Unternehmens legt die Grundsätze des Geschäftes fest. Dazu zählen das Produktsortiment, die damit angesprochenen Kundensegmente, die Vertriebskanäle usw.

Die Bank Austria stellte vor drei Jahren ihren Vertrieb auf neue Grundlagen. Sie entschloß sich wie andere Banken zu einer Organisation des Vertriebs nach Kundensegmenten. Bis dahin war die Bank Austria nach Produkten (Sparten) organisiert. Ein Kunde mußte sich mit verschiedenen Mitarbeitern zusammensetzen, wenn er eine Aktienanlage, einen Wohnbaukredit oder eine Auslandszahlung benötigte.

Die neue Organisation brachte den Kunden eine Betreuung aus einer Hand. Der Kunde kann sich darauf verlassen, daß der Betreuer seine Situation umfassend kennt. Die Bank verbindet alle Informationen und Funktionen, die zur Betreuung eines Kunden notwendig sind. Die Ziele einer kundenorientierten Organisation sind aus Sicht der Banken eine höhere Kundenzufriedenheit, die

Erhöhung der Cross Selling Rate, eine Führung nach der Kundenrentabilität usw.

Da das Know-how jedes Mitarbeiters begrenzt ist, bedeutet die neue Organisation aber auch, daß der Kundenbetreuer für Detailfragen einzelner Produkte Spezialisten beiziehen muß. Alte Schnittstellen (zwischen den Produkten) sind somit durch neue Schnittstellen (zwischen dem universellen Kundenbetreuer und den Produktspezialisten) ersetzt worden.

Integration bedeutet in vielen Fällen lediglich einen Wechsel in der Integrationsdimension; ein Integrationsgewinn auf der einen Seite steht einem Integrationsverlust auf der anderen Seite gegenüber [Krüger 1993, Kap. VI].

Ein Wechsel in der Integrationsdimension bedeutet auch neue Führungsmittel. Die Ziele der Kundenbetreuer sowie der verbleibenden Produktspezialisten müssen nach anderen Kriterien gesetzt werden als in der Vergangenheit. Für die neuen Schnittstellen sind neue Koordinationsmechanismen zu schaffen. Es stellt sich beispielsweise die Frage, ob die Kosten der Produktspezialisten eher nach einem leistungsorientierteren Kriterium als einem allgemeinen Umlageverfahren verrechnet werden können.

Die Entscheidung der Bank Austria über die Integration im Kundenauftritt bzw. in der damit verbundenen Prozeß- und Strukturorganisation ist eine Grundsatzentscheidung, die wir der Ebene Strategie zuordnen.

Die Geschäftsstrategie denkt gewöhnlich kaum an Computerapplikationen, stellt aber implizit hohe Anforderungen an die Integration von existierenden Systemen. Im Idealfall wirken Vertreter der Organisation und Informatik in der Strategie mit; sie machen auf Chancen aufmerksam und weisen auf die Folgen von Entscheidungen hin. Die Geschäftsstrategie muß die Möglichkeiten der Computerunterstützung für die Prozesse und hier insbesondere aus der Integration, also der Kombination von Informationen erkennen. Im günstigen Fall bezieht sie die Integrationskosten und den zeitlichen Realisierungshorizont in ihre Entscheidungen ein.

Die Integration, also die Zusammenfassung von Aufgaben in einem Prozeß, die Zuordnung zu einem Aufgabenträger und damit zu einer organisatorischen Einheit, ist die zentrale Frage der Strukturorganisation. Sie besteht aus zwei Teilen:

- Nach welcher Dimension bzw. welchen Dimensionen soll integriert werden?

- Wie kommunizieren die entstehenden Prozesse miteinander?

Die Antwort auf diese Fragen hängt davon ab, welche Faktoren für den Geschäftserfolg Vorrang haben.

3.2   Ebene Geschäftsprozesse

Die Prozeßentwicklung setzt die Entscheidungen der Strategie in Abläufe bzw. Prozesse um.

Die Bank Austria schuf im Sinne der Strategie einen Prozeß "Privatkundenbetreuung". Das Projektteam ermittelte zusammen mit Kundenbetreuern die Aufgaben des Prozesses, faßte diese zu Abläufen zusammen und legte die Führungsgrößen sowie Zielvorgaben fest.

Integration auf dieser Ebene bedeutete, Aufgaben, die bisher auf verschiedene Prozesse und Aufgabenträger verteilt waren, neu zusammenzufassen sowie die entstehenden Schnittstellen zu planen.

Diese Integration nach einer gewechselten Dimension ist ein Schlüssel des Business Process Redesign. Eine alte Integrationsdimension wird durch eine neue Integrationsdimension ersetzt, wenn diese größeren Kundennutzen verspricht. In vielen Fällen sind es die zugrunde liegenden Computerapplikationen, die diesen Wechsel der Integrationsdimensionen ermöglichen.

Nachdem das Projektteam der Bank Austria gemäß der Methode PROMET®BPR [IMG 1995] im Makroentwurf zunächst ausgehend vom Kunden einen Idealprozeß entwarf, stellte es diesen im Mikroentwurf den verfügbaren Applikationen bzw. Transaktionen gegenüber, um daraus einen mit sinnvollem finanziellen und zeitlichen Aufwand realisierbaren Prozeß abzuleiten.

Die Prozeßebene beschäftigt sich mit der Detaillierung der strategischen Entscheidungen. Ihre Fragen im Zusammenhang mit der Integration sind grundsätzlich die gleichen:

- Welche Aufgaben sind zu Teilprozessen zusammenzufassen? Welchen Aufgabenträgern sind sie zuzuordnen?

- Auf welche Transaktionen können die Aufgaben zurückgreifen?

- Wie kommunizieren die Teilprozesse untereinander?

- Anhand welcher Führungsgrößen wird die Prozeßqualität gemessen?

3.3 Ebene Informationssystem

Die Systementwicklung liefert die Werkzeuge für die Aufgaben der Prozesse. Das Informationssystem besteht aus eigenentwikkelten oder zugekauften Applikationen und den dazugehörigen Datenbanken.

Betrachten wir die Neuentwicklung von Applikationen, stellt sich die Frage nach der Integration auf der Informationssystem-Ebene wie auf der Strategie- und der Prozeßebene. Nach welchen Kriterien faßt man die Funktionen zu Applikationen und Teilsystemen zusammen? Welche Schnittstellen entstehen in der einen und der anderen Variante? Auch auf dieser Ebene ist die Komplexität der entstehenden Applikationen die limitierende Größe der Integration, in diesem Fall für die Systementwickler.

Auf der Ebene des Informationssystems tritt aber im Vergleich zu den darüberliegenden Ebenen eine wesentliche Komponente hinzu: Das Informationssystem repräsentiert wie die Fertigungsanlagen für die Produktion eine langfristige Investition, die in der Strategie und in den Prozessen genutzt werden kann, aber nicht beliebig flexibel ist. Ein vollständiger Austausch großer Teile des Informationssystems scheidet aus Kosten- und Zeitgründen meist aus.

Die Bank Austria mußte oder konnte im Prozeß Kundenbetreuung auf Applikationen wie ein Kundeninformationssystem, ein Kreditsystem, ein Zahlungsverkehrssystem und ein Agendierungssystem zurückgreifen. Um spezifische Beratungsfunktionalität abzudecken, entschied sie sich für den Zukauf einer Standardanwendungssoftware. Darüber hinaus setzte sie Bürosoftware wie z.B. für die Textverarbeitung oder E-Mail-Systeme ein.

Die Funktionalität, die der Prozeß Privatkundenbetreuung benötigte, war damit beinahe vollständig vorhanden. Das Problem lag darin, daß die Applikationen für die ehemalige Spartenorganisation entwickelt wurden und somit auch deren Logik widerspiegelten.

Die Integration hat auf der Informationssystem-Ebene folgende Fragen zu beantworten:

- Welche Applikationen können genützt werden?

- Welche Daten müssen diese austauschen (Nachrichten und Redundanz)?

- Verwenden die kommunizierenden Applikationen die Daten inhaltlich gleich (Semantik)?

- Welche Geschwindigkeit ist notwendig (Aktualität)?

- Wie können die Transaktionen aus unterschiedlichen Applikationen zu einem Dialog zusammengeführt werden, der die neuen Prozesse sinnvoll unterstützt (Desktop-Integration)?

Nur für den eher unbedeutenden Fall der Neuentwicklung stellt sich die Integrationsfrage im Sinne der Architektur:

- Welche Beziehungen zwischen den Daten werden hergestellt?

- Welche Funktionen faßt man zusammen? Welche bilden wiederverwendbare Services?

- Welche Daten werden zwischen Funktionen ausgetauscht? Welche Kommunikationsmechanismen werden dazu benutzt?

3.4   Ebene Informationstechnologie

Auf den Ebenen Strategie und Prozeß gestaltet das Unternehmen selbst die Integration. Auf der Ebene Informationssystem trifft dies nur noch für die Eigenentwicklung, nicht aber mehr für die zugekaufte Software zu. Auf der Ebene Informationstechnologie gehen wir hier von einem vollständigen Zukauf aus. Die Handlungsmöglichkeiten des Unternehmens beschränken sich daher auf die Auswahl und den Einsatz der Technologie.

Die Applikationen der Bank Austria benutzten für die Datenhaltung VSAM, IMS DB, DB/2 sowie lokal auf den Arbeitsplatzrechnern auf OS/2-basierende Produkte. Sie liefen auf den Betriebssystemen MVS, OS/2 und Windows und verwendeten unterschiedliche Netzwerke. Diese Vielfalt war das Resultat aus einer geschichtlichen Entwicklung, aus Unternehmenszusammenführungen und -käufen sowie dem Zukauf von Standardsoftware. Sie ist mit gewissen Nuancen durchaus als typisch für die heutige Situation in allen großen Unternehmen zu bezeichnen und wird mit dem Begriff der heterogenen Architekturen beinahe euphemistisch umschrieben.

Ist schon die Integration der Applikationen eine große Herausforderung für die Systementwicklung, so tritt die heterogene

Landschaft der Systemsoftware noch erschwerend hinzu. Auf diese überall anzutreffende Problemstellung hat der Softwaremarkt mit der Entwicklung von Middleware reagiert, welche die vielfältigen Plattformen so verbinden soll, daß sie aus Sicht der Applikationen wie eine einzige Plattform wirken.

Das Integrationsthema äußert sich aus Sicht eines Unternehmens wie einer Bank oder eines Chemieunternehmens in folgenden Fragen:

- Welche Plattformen sind zu verbinden?

- Welche Middlewareprodukte gibt es auf dem Markt? Welche können zusammenarbeiten?

- Welche (defacto) Standards sind zu erwarten?

Integration ist wesentlich mehr als eine gemeinsame technologische Basis der eingesetzten Software-Plattform. Techniker neigen dazu, das Integrationsproblem für gelöst zu halten, wenn ein Datenaustausch zwischen allen beteiligten Applikationen technisch gelöst ist. Das Internet als eine spezifische Form von Middleware veranschaulicht dies wohl am eindrücklichsten. Es erschließt einerseits ein weltweit in der Literatur bejubeltes Potential an integrierten Prozessen und hat andererseits bis heute wenig dieser neuen Prozesse Wirklichkeit werden lassen. Es ist bisher kaum über klassische EDI-Lösungen bzw. die Präsentation von multimedialen Dokumenten hinausgekommen. Das Internet als eine Form des Information Highway wird die Wirtschaft fundamental verändern, aber nur über Lösungen auf allen genannten Ebenen.

4 Grundkonzepte der Integration

Die Integration ist ein zentrales Konzept des Business Engineerings. Doch was ist Integration? Wann sind zwei Applikationen integriert?

4.1 Zum Begriff Integration

Betrachten wir dazu noch einmal die einleitenden Beispiele:

- Im Falle von Procter&Gamble und Kmart bedeutet Integration, daß die Aufgabe der Nachbevorratung der Regale an einer einzigen Stelle, nämlich bei Procter&Gamble, zusammengefaßt wird und daß vor allem alle Daten, die zur Nachbevorratungsentscheidung (Abverkaufsmengen, Regalgröße, Absatzprognose usw.) notwendig sind, zum Zeitpunkt der Ausführung bei Procter&Gamble zusammen verfügbar sind.

- Im Falle von Rosenbluth heißt Integration, daß die Daten des Reisenden, der gebuchten Services sowie der Reiseanbieter zum Zeitpunkt und am Ort des Kundenkontaktes bereitstehen.

- Getzner Textil besitzt eine hoch integrierte interne Logistik. So fließen etwa alle Daten, die zur verbindlichen Vereinbarung eines Liefertermins für einen Auftrag notwendig sind, zum Zeitpunkt der Auftragsannahme in die Entscheidung ein: die Bestelldaten des Kunden, die Lagerbestände, die in der Fertigung befindlichen Aufträge, die für andere Bestellungen reservierten Materialien etc. Integration zwischen Rechnungswesen und Fertigung bedeutet bei Getzner beispielsweise, daß für die Auftragsnachkalkulation alle in der Fertigung anfallenden Kosten zum Zeitpunkt der Nachkalkulation vorliegen und einen eindeutigen Bezug zum Auftrag besitzen.

- Die Bank Austria hat im Prozeß Privatkundenbetreuung eine Integration erreicht, wenn alle Geschäftsbeziehungen zwischen Kunde und Bank beim Beratungsgespräch an dem vom Kunden gewählten Beratungsort vorliegen.

Integration liegt also vor, wenn alle Daten, die zur Erfüllung einer Aufgabe nötig sind, gemeinsam und mit den benötigten Verknüpfungen (Beziehungen) vorliegen.

Die Analyse des Phänomens Integration beschränkt sich hier bewußt auf die Ebene des (computerisierten) Informationssystems, um wenigstens diesen Fall einigermaßen zu durchdringen. Die Überlegungen lassen sich mühelos auf die Ebene der Informationstechnik und mit gewissen Erweiterungen auf die Ebenen Prozeß und Strategie übertragen.

4.2   Arten der Integration

Integration von Applikationen (Ebene Informationssystem) kann auf verschiedene Arten erreicht werden. Abb. 4/1 erläutert ein paar grundlegende Formen ohne Anspruch auf Vollständigkeit:

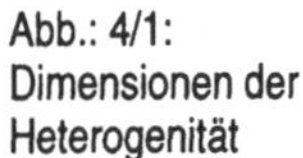

Abb.: 4/1:
Dimensionen der
Heterogenität

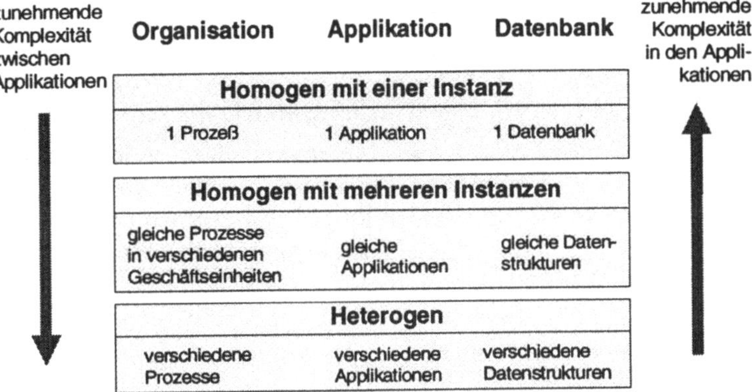

4.2.1   Homogen mit einer Instanz

Wenn ein einziger Prozeß, eine einzige Applikation und eine einzige Datenstruktur die geforderte Funktionalität liefern, so sprechen wir von einer Integration über eine homogene Applikation. Entscheidend ist dabei, daß in den Köpfen der Entwickler ein einziges Modell des Anwendungsbereiches existiert. Alle Entwickler arbeiten mit derselben Datenbankstruktur und benutzen - soweit möglich - dieselben Transaktionen und Services (z.B. Querschnittsfunktionen wie Protokollierung). Jeder Entwickler sollte in diesem Falle die Applikation soweit kennen, daß er alle Beziehungen seiner Entwicklungsaufgabe zum gesamten System beherrscht. Ein weit bekanntes Beispiel dafür ist die Standardanwendungssoftware R/3 von SAP.

Solange die einführend genannten Gründe für verteilte Applikationen nicht dagegensprechen, ist aus Sicht des Prozesses dieser Integrationsform der Vorzug zu geben. Der Prozeßentwurf kann davon ausgehen, daß alle Aufgaben stets auf alle benötigten Daten zugreifen können und daß keine Koordinationsprobleme zwischen Transaktionen auftreten. Diese Integrationsvariante vermeidet die Probleme aus redundanter Datenhaltung und aus der zeitlichen Verzögerung eines Datenaustausches zwischen separierten Applikationen. Sie kann weiterhin davon ausgehen, daß alle Transaktionen dieselbe Bedeutung mit den Daten verbinden. Dazu muß auch die Bedingung desselben Prozesses erfüllt sein, da Prozesse mit unterschiedlichen Modellen der Anwendungswelt dieselbe Applikation mit derselben Datenbank unterschiedlich verwenden können.

Diese Form der Integration ist durch die Komplexität der Applikation begrenzt, die in der Entwicklung beherrschbar ist.

4.2.2   Homogen mit mehreren Instanzen

Von einer Integration über eine homogene Applikation mit mehreren Instanzen sprechen wir, wenn eine Applikation und die dazugehörige Datenstruktur in der gleichen Form auf verschiedenen Rechnern mit logisch getrennten Datenbeständen laufen und der Prozeß die Applikation in der gleichen Form benutzt. Es sind also mehrere Instanzen einer Applikation installiert.

Am Beispiel von R/3 heißt das beispielsweise, daß das Modul "Materials Management" auf einem Rechner in Düsseldorf und auf einem Rechner in Singapur läuft und daß die beiden Instanzen miteinander kommunizieren, indem sie beispielsweise Artikelstämme und Produktionsdaten austauschen, wie dies in einem umfassenden Supply Chain Management notwendig ist.

SAP stellt mit ALE (Application Link Enabling) einen eigenen Mechanismus zur Koordination von R/3-Moduln zur Verfügung. ALE koordiniert den Austausch von Nachrichten und das Redundanzmanagement zwischen Moduln, die auf dem gleichen Modell des Anwendungsbereiches arbeiten.

Die Einsatzerfahrungen von ALE belegen, daß diese Form der Integration zwar ein bedeutendes Potential durch die Verbindung bis anhin separierter Prozesse besitzt, daß sie aber hohe Anforderungen an den Entwurf der Prozesse und die Benutzung der Applikationen stellt.

Die Probleme liegen im Redundanzmanagement und in den Verzögerungen durch die meist asynchrone Kommunikation zwischen den Instanzen. So ist es bereits innerhalb eines Unternehmens schwierig, weltweit einheitliche Artikelstammdaten zu gewährleisten, welche die Basis für ein umfassendes Supply Chain Management sind. Große Unternehmen investieren erhebliche Ressourcen in die Vereinheitlichung und den laufenden Abgleich ihrer Stammdaten. Selbst wenn ein Prozeß die Stammdatenpflege beherrscht, bleibt das Problem der Verzögerungen aus dem Datenaustausch. Eine Auftragserfassung in Singapur muß solange mit der definitiven Einplanung eines Auftrages warten, bis die Bestätigung über den Termin einer Zulieferung aus Düsseldorf vorliegt. Dies bedeutet meist eine Unterbrechung eines Prozesses und ein späteres, nochmaliges Bearbeiten des Geschäftsvorfalles, also eine Desintegration.

4.2.3 Heterogen

Eine Integration über heterogene Applikationen liegt schließlich vor, wenn unterschiedliche Applikationen mit unterschiedlichen Datenstrukturen, die von unterschiedlichen Prozessen benutzt werden, zusammenarbeiten. Ein Beispiel ist die Verbindung der Produktionsmoduln der Softwarepakete Triton von Baan und R/3 von SAP.

Die Integration heterogener Applikationen bringt die gleichen Probleme wie die Integration homogener Applikationen mit mehreren Instanzen, zusätzlich aber das Problem divergierender Modelle des Anwendungsbereiches, also unterschiedlicher Semantik der ausgetauschten Daten. Übergibt beispielsweise Triton an R/3 in den Materialdaten den für bestehende Aufträge reservierten Materialbestand, so ist in keiner Weise gewährleistet, daß die beiden heterogenen Applikationen den reservierten Bestand gleich ermitteln und sei es auch nur, daß die beiden Applikationen den Bestand zu unterschiedlichen Zeitpunkten in der Auftragseinplanung reservieren.

Ein integriertes Supply Chain Management auf Basis heterogener Applikationen ist aus diesen Gründen äußerst komplex. Unternehmen versuchen diese Form wo immer möglich zu vermeiden.

Trotzdem ist die Integration heterogener Applikationen die häufigste und natürlichste Form der Zusammenarbeit. Sie entspricht der informellen Zusammenarbeit zwischen Menschen, etwa beim Kaufvorgang, in dem zwei Objekte mit unterschiedlichen Modellen der Welt miteinander kommunizieren. Sie liegt auch der zwischenbetrieblichen Zusammenarbeit auf Basis von EDIFACT zugrunde. Die autonomen Modelle der Anwendungswelt werden im Falle von EDIFACT durch umfangreiche Regeln zu den ausgetauschten Datenelementen aufeinander abgestimmt. Die Nutzung von EDIFACT-Kommunikation ist weit hinter den euphorischen Erwartungen der achtziger Jahre zurückgeblieben.

Die Situation auf dem Internet ist nicht anders. Das Internet hat zwar im Gegensatz zu früheren EDIFACT-Lösungen einen offenen Zugang zu beliebigen Knoten im Netz und eine Reihe von technischen Standards gebracht, zur Lösung divergierender Anwendungsmodelle aber naturgemäß nichts beigetragen. Hier wird das Internet wahrscheinlich dazu führen, daß dominante

Netzteilnehmer oder Softwarehersteller ihre Semantik als defacto Standards durchsetzen. Die Automobilindustrie hat dies mit dem Standard ODETTE und die Reisebranche mit den dominanten Buchungssystemen AMADEUS und GALILEO (in Europa) bereits gezeigt.

Zahlreiche Unternehmen, vor allem Banken und Versicherungen, versuchen, die Integration heterogener Applikationen durch eine sogenannte Service-Architektur zu erleichtern. Sie gehen im Sinne der objektorientierten Systementwicklung davon aus, daß die heterogenen Applikationen gleiche Objekte mit den gleichen Daten und Methoden verwenden und daß durch diese Methoden ein gemeinsames Modell der Anwendungswelt gebaut und benutzt wird. Der zugrundeliegende Gedanke wiederverwendbarer Applikationsbausteine überzeugt, steht aber schwerwiegenden Problemen gegenüber: bis zu einem gewissen Grad ist er eine Wiedergeburt des aufgegebenen unternehmensweiten Datenmodells, in dem das Datenmodell durch ein Objektmodell ersetzt wurde. Ob dies die grundlegenden Probleme einer unternehmensweiten Standardisierung von Daten und Funktionen löst, ist heute noch schwer abzuschätzen. Die Erfolge mit betriebswirtschaftlichen Objektbibliotheken sind bis heute ernüchternd.

Um dieses mythenreiche Thema mit empirischer Evidenz zu erleuchten, laden wir die Leser dieses Buches ein, zusammen mit dem Institut für Wirtschaftsinformatik der Universität St. Gallen Realisierungsfälle betriebswirtschaftlicher Objektbibliotheken zu sammeln und zu publizieren (s. E-Mail- und WWW-Adresse in Vorwort).

4.3   Merkmale der Integrationsarten

Fassen wir die grobe Analyse der Integration zusammen, so finden wir folgende konstituierende Merkmale:

- *Modell der Anwendungswelt*
  Basieren die kooperierenden Applikationen auf demselben oder unterschiedlichen Modellen der Anwendungswelt? Entsprechend können sie von einer gleichen oder einer mehr oder weniger divergierenden Semantik der auszutauschenden Daten ausgehen.

- *Redundanz (Anzahl der logischen Datenbanken)*
  Benutzen die kooperierenden Applikationen dieselbe logische (nicht unbedingt physische) Datenbank?

- *Aktualität*
  Mit welcher Geschwindigkeit - synchron oder asynchron mit
  Zwischenstufen - stimmen sich die Applikationen ab?

4.4 Integration in der Literatur

[Mertens/Holzner 1992] bezeichnen die Integration als zentralen
Forschungsgegenstand der Wirtschaftsinformatik und belegen
dies durch eine umfangreiche Sammlung unterschiedlichster In-
tegrationsansätze. Kurbel fordert sogar eine eigene Disziplin, das
Integration Engineering [Kurbel 1996, vgl. auch Rautenstrauch
1993]. Trotzdem sind die Charakteristika und Varianten der Integration, wie sie oben grob umrissen wurden, abgesehen von
einigen theoretischen Arbeiten zur Integration von Datenschemata noch wenig untersucht. Die Ursache könnte einerseits in
einer ungenügenden Analyse der Integration in der Praxis, andererseits in der Schwierigkeit der Modellierung betriebswirtschaftlicher Semantik liegen.

Ein nicht unerheblicher Teil der eher formalen Wissenschaft re-
duziert das Integrationsthema auf technische Mechanismen zur
Kommunikation von Programmen. Es wird der Eindruck
erweckt, dass mit der Realisierung von CORBA das Problem der
Integration von Applikationen gelöst sei [vgl. z.B.
Mowbray/Zahavi 1995, S. 18-23]. Die OMG (Object Management
Group), die den CORBA-Standard geschaffen hat, versucht die
Standardisierung auf sog. Business Objects auszudehnen [vgl.
OMG 1996; Riehm/Vogler 1996]. Einen ähnlichen Versuch unternimmt die OAG (Open Application Group), eine Vereinigung
von Herstellern von Business Packages (Baan, PeopleSoft, SAP
usw.) [vgl. OAG 1995]. Diese Bemühungen werden sicher eini-
ges zum Bewußtsein für die Standardisierung beitragen, doch
gibt es Grund zur Annahme, daß die tatsächlichen Standards
über die Marktmacht geschaffen werden, wie dies für beinahe
alle Softwarestandards in der Vergangenheit der Fall war.

5 Middleware

Die vielfältigen Gründe für die Verteilung haben einen Paradig-
menwechsel von der klassischen Hostarchitektur zur Client/Ser-
ver-Architektur erzwungen. Die Euphorie, daß dadurch die Systementwicklung schneller und einfacher werde, ist allerdings
der Erkenntnis gewichen, daß Verteilung und Heterogenität zusätzliche Komplexität erzeugen.

Begriff Middleware

Der enorme Bedarf nach Integration und die zunehmende Heterogenität ließ eine neue Softwarekategorie entstehen, die Middleware. Diese ist eine Softwareschicht, die zwischen den Applikationen und den Plattformen liegt. Sie soll die Services der Plattformen den Applikationen so bereitstellen, als benützten diese nur eine einzige Plattform. Sie soll also eine Brücke zwischen den unterschiedlichen Semantiken von Services aus unterschiedlichen Systemen schaffen.

Anforderungen an Middleware

An Middleware sind folgende Anforderungen zu stellen [vgl. z.B. Bernstein 1996; Riehm/Vogler 1996]:

- Middleware ermöglicht die Kommunikation zwischen Applikationen. Insbesondere überwindet Middleware die vielfältigen Barrieren zwischen den Systemen und behandelt Ausfälle und Fehler einzelner Teilsysteme.

- Middleware unterstützt eine einheitliche Benutzeroberfläche.

- Middleware gewährleistet die globale Sicherheit der Systeme.

- Middleware regelt eine flexible Adressierung der Applikationen und der Benutzer.

- Middleware dient der Systemkonfiguration und der Ressourceneinsatzplanung.

Diese Anforderungen beleuchten die Komplexität und Vielfalt des Aufgabenspektrums von Middleware.

Vision des Workflow-Managements

In den späten achtziger Jahren entstanden Workflow-Managementsysteme zur Prozeßumsetzung. Diese sollten Transaktionen bestehender Applikationen auf beliebigen Plattformen gemäß dem neu entworfenen Prozeß verbinden.

Praxis des Workflow-Managements

Die Praxis zeigte recht bald, daß die Erwartungen an Workflow-Managementsysteme nicht zuletzt durch die Ankündigungen seitens der Anbieter weit zu hoch gesteckt wurden [vgl. Vogler 1996]. Die heutigen Workflow-Managementsysteme adressieren nur einen kleinen Teil der Probleme. Insbesondere für die Integration der Applikationen muß man heute auf andere Middleware zurückgreifen.

Heutige Middleware Produkte

Unter dem Begriff Middleware existiert heute eine bunte Vielfalt von Software-Produkten, die in ihrer Gesamtheit fast das ganze Aufgabenspektrum abdecken: es gibt einerseits Produkte, die sich auf die Verbindung zweier Welten spezialisiert haben (z.B. MVS und Windows) und andererseits Produkte, die sich dedizierten Aufgaben zuwenden (Präsentationsdienste, Sicherheitsdienste).

Die Heterogenität verlagert sich damit derzeit von den Plattformen zu den Middleware-Produkten, wobei das Grundproblem der Inkompatibilitäten zwischen Systemen bestehen bleibt.

Die hohe Komplexität, der Innovationsgrad und die zum Teil prohibitiven Kosten von Middleware-Produkten verzögern zusätzlich die Etablierung von Middleware-Software und das Entstehen von Standards. Dies führt sogar dazu, daß größere Unternehmen die benötigte Middleware selbst zu entwickeln versuchen.

Nächste Generation von Middleware

Die Erwartungen und die Realisierung klaffen bis heute weit auseinander. In der nächsten Generation von Middleware-Produkten wird diesen hohen Erwartungen auf verschiedenen Arten begegnet:

- Einzelne Middleware-Dienste werden zu einem Produkt zusammenwachsen, welche ein breites Aufgabenspektrum abdecken.

- Gremien wie IETF, OMG, OSI versuchen gemeinsame Standards zu schaffen. Gleichzeitig wollen einige wenige, führende Unternehmen ihre eigenen Produktspezifikationen als defacto Standard im Markt durchsetzen.

- Das Internet entwickelt sich zum bedeutendsten Integrator der Informatikgeschichte. Standards wie HTTP, FTP und SMTP sowie das universelle Adressierungssystem URL haben vielfältige Applikationen und Plattformen kommunikationsfähig gemacht.

- Viele Middleware-Dienste werden in die Betriebssysteme eingehen.

Nur wenige Hersteller werden die Entwicklungskosten derartiger Middleware tragen und die nötige Marktmacht zur Durchsetzung aufbringen, so daß mit einer raschen Marktbereinigung gerechnet werden kann.

Mittelfristig wird Middleware den Applikationen einen transparenten Zugriff auf die Services vielfältiger Plattformen erlauben. Dies wird einen Schub für die Integration auf den Ebenen Informationssystem, Geschäftsprozesse und Geschäftsstrategie auslösen.

6 Kompetenzzentrum PSI

Die theoretischen Beiträge dieses Buches sind Ergebnisse des Kompetenzzentrums "Prozeß- und Systemintegration" (CC PSI) des Forschungsprogramms "Informationsmanagement HSG" (IM HSG) am Institut für Wirtschaftsinformatik der Universität St. Gallen (HSG). 1994 haben führende Schweizer Unternehmen zusammen mit dem Institut für Wirtschaftsinformatik der Universität St. Gallen (HSG) das Kompetenzzentrum "Prozeß- und Systemintegration" (CC PSI) mit den Schwerpunkten Workflow-Management und Integration von Applikationen gegründet [CC PSI 1996].

Ziele des CC PSI

In einer ersten Phase hat das CC PSI eine Methode zur Entwicklung von Workflow-Anwendungen, PROMET®PSI [IMG 1996; Österle/Vogler 1996] entwickelt und praktisch erprobt. Die zweite Phase hat nun die Entwicklung einer Methode zur Weiterentwicklung von Informationssystemen, insbesondere zur Planung und Durchführung der Integration von heterogenen Applikationen in Unternehmen, zum Ziel. Statt einer integrierten Gesamtlösung steht die Integration von Teillösungen im Vordergrund, statt einer umfassenden Soll-Informationssystem-Architektur die Architektur der Schnittstellen.

Als erstes Ergebnis liegt eine Methode zur Beschreibung des Ist-Informationssystems vor [Gassner 1996].

Ausblick

Parallel zur Entwicklung einer Integrationsmethode baut das Kompetenzzentrum einen neuen Schwerpunkt rund um die Internet-Technologie als spezielle Form der Middleware auf.

7 Zusammenfassung

Wirtschaftliche Potentiale der Integration

Die Integration bis anhin getrennter Aufgaben der Informationsverarbeitung eröffnet gewaltige wirtschaftliche Potentiale. Sie ermöglicht neue Abläufe und ist damit vielleicht die wichtigste Grundlage des Business Process Redesigns. Sie ermöglicht neue Wirtschafts- und Unternehmensstrukturen im Informationszeitalter.

Zentrale Lösung im Vorteil	Die Koordination zweier separater Applikationen erzeugt, verglichen zu einer einzigen, integrierten Applikation, grundsätzlich einen zusätzlichen Aufwand.
Middleware löst nur IT-Ebene	Integration ist nicht mit der Bereitstellung von Middleware getan. Middleware hilft lediglich, die Probleme aus heterogenen Plattformen besser zu bewältigen. Middleware ermöglicht die Integration auf den Ebenen Informationssystem, Prozeß und Strategie.
Semantik	Die Basis für die Integration ist, daß die Kommunikationspartner dieselbe Semantik mit den ausgetauschten Nachrichten verbinden.
Middleware	Middleware ist ein Oberbegriff für alle Services, auf welche man bei der Entwicklung betrieblicher Anwendungen zurückgreifen kann. Middleware verbindet die vielfältigen Komponenten der Informationstechnik miteinander; sie integriert auf der informationstechnischen Ebene.
Middleware-Internet	Der Erfolg der Middleware Internet beruht vor allem auf der Integrationsleistung des Internet, einerseits zwischen vielfältigen Datentypen und -strukturen, andererseits zwischen unterschiedlichen Software-Plattformen.

8 Literatur

[Bernstein 1996]
Bernstein, P., Middleware: A Model for Distributed System Services, in: Communications of the ACM, Jg. 39, 1996, Nr. 2, S. 86-98

[Bues96]
Buess, T., Business Process Reengineering in der Assekuranz, Gastvortrag an der Universität St. Gallen 1996

[CC PSI 1996]
Institut für Wirtschaftsinformatik, Universität St. Gallen (Hrsg.), Competence Center for Process and Systems Integrations (CC PSI), in: http://www-iwi.unisg.ch/iwi2/cc/psi, 29.07.96

[FedEx 1996]
Federal Express (Hrsg.), FedEx Learning Lab, in: http://www.fedex.com/logistics, 29.07.96

[Gassner 1996]
Gassner, C., Konzeptionelle Integration heterogener Transaktionssystemen, Dissertation, Universität St. Gallen, wird im Herbst 1996 veröffentlicht

[Heilmann 1996]
Heilmann, H. (Hrsg.), Information Engineering: Wirtschaftsinformatik im Schnittpunkt von Wirtschafts-, Sozial- und Ingenieurwissenschaften, Oldenbourg/München 1996

[IMG 1995]
Information Management Gesellschaft (Hrsg.), PROMET®PRO: Methodenhandbuch für den Entwurf von Geschäftsprozessen, Version 1.5, St. Gallen/München 1995

[IMG 1996]
Information Management Gesellschaft (Hrsg.), PROMET®PSI: Methodenhandbuch für die Prozess- und Systemintegration, Version 1.0, St. Gallen et al. 1996

[Klein 1996]
Klein, S., Interorganisationssysteme und Unternehmensnetzwerke, Wechselwirkungen zwischen organisatorischer und informationstechnischer Entwicklung, DUV, Wiesbaden 1996

[Krüger 1993]
Krüger, W., Organisation der Unternehmung, 2. Aufl., Kohlhammer, Stuttgart et al. 1993

[Kurbel 1996]
Kurbel, K., Integration Engineering: Konkurrenz oder Komplement zum Information Engineering? - Methodische Ansätze zur Integration von Informationssystemen, in: Heilmann, H. (Hrsg.), Information Engineering: Wirtschaftsinformatik im Schnittpunkt von Wirtschafts-, Sozial- und Ingenieurwissenschaften, Oldenbourg/München 1996

[Laidig 1996]
Laidig, K.-D., Business Engineering: Auf dem Weg zum vernetzten Unternehmen, Vortrag im Rahmen des Managerkolloquium Telekooperation in Bonn 1996

[Mertens/Holzner 1992]
Mertens, P., Holzner, J., Eine Gegenüberstellung von Integrationsansätzen der Wirtschaftsinformatik, in: Wirtschaftsinformatik, Jg. 34, 1992, Nr. 1, S. 5-25

[Mowbray/Zahavi 1995]
Mowbray, T., Zahavi, R., The Essential CORBA: Systems Integration using Distributed Objects, Wiley, New York et al. 1995

[OAG 1995]
Open Applications Group, OAG White Paper, Chicago IL 1995

[OMG 1996]
Object Management Group (Hrsg.), Welcome to OMG´s Home Page, in: http://www.omg.org, 29.07.96

[Österle 1995]
Österle, H., Business Engineering, Prozeß- und Systementwicklung, Band 1, Entwurfstechniken, Springer, Berlin et al. 1995

[Österle/Lindtner 1996]
Österle, H., Lindtner, P., Reengineering logistischer Prozesse, in: Fleisch E., Schertler W. (Hrsg.), Reorganisation und Standardisierung im Tourismus, ENTER 96, Österrreichische Computer Gesellschaft, R. Oldenbourg, Wien et al. 1996

[Österle 1996]
Österle H., Riehm R., Vogler P. (Hrsg.), Middleware - Grundlagen, Produkte, Praxisbeispiele für die Integration heterogener Welten, Vieweg, Braunschweig/Wiesbaden 1996

[Österle/Vogler 1996]
Österle, H., Vogler, P. (Hrsg.), Praxis des Workflow-Managements, Vieweg, Braunschweig/Wiesbaden 1996

[Picot et al 1996]
Picot, A., Reichwald R., Wigand R. T., Die Grenzelose Unternehmung: Information, Organisation und Management, Gabler Verlag, Wiesbaden 1996

[Rao et al. 1996]
Rao, H. R., Pegels, C. C., Salam, A. F., Hward, K. T., Seth, V., The Impact of EDI Implementation Commmitment and the Implementation Success on Competitive Advantage and Firm Performance, in: Information Systems Journal, Jg. 5, 1995, Nr. 3, S. 185-202

[Rautenstrauch 1993]
Rautenstrauch, C., Integration Engineering, Konzeption, Entwicklung und Einsatz integrierter Softwaresysteme, Addison-Wesley, Bonn et al. 1993

[Riehm/Vogler 1996]
Riehm, R., Vogler, P., Middleware: Infrastruktur für die Integration, in: Österle H., Riehm R., Vogler P. (Hrsg.), Middleware - Grundlagen, Produkte, Praxisbeispiele für die Integration heterogener Welten, Vieweg, Braunschweig/Wiesbaden 1996

[SAP 1996]
SAP Info - Das Magazin der SAP Gruppe, August 1996, in Veröffentlichung

[Scheer 1994]
Scheer, A.-W., Wirschaftsinformatik: Referenzmodelle für industrielle Geschäftsprozesse, 4. Aufl., Springer, Berlin et al. 1994

[Vogler 1996]
Vogler, P., Chancen und Risiken von Workflow-Management, in: Österle, H., Vogler, P. (Hrsg.), Praxis des Workflow-Managements, Vieweg, Braunschweig/Wiesbaden 1996, S. 343-367

Middleware: Infrastruktur für die Integration

Autoren

Rainer Riehm
Wissenschaftlicher Mitarbeiter am Institut für Wirtschaftsinformatik der Universität St. Gallen.

Petra Vogler
Leiterin des Kompetenzzentrums "Prozeß- und Systemintegration" (CC PSI) an der Universität St. Gallen.

Gliederung

1 Middleware - Begriff und Einordnung

Middleware wird im folgenden als eine Softwareschicht charakterisiert, welche Dienstleistungen für die Integration in einer verteilten, heterogenen Umgebung erbringt. Ausgehend von den Anforderungen der Integration von Applikationen leitet der Abschnitt eine Kategorisierung von Middlewarediensten ab und gibt einen Überblick über Auftretensformen von Middleware.

1.1 Charakterisierung von Middleware

Der Begriff *Middleware* findet heute in einem weiten Zusammenhang Verwendung. Entsprechend unterschiedlich sind Produkte, die mit Middleware in Verbindung gebracht werden. Abb. 1/1 ordnet Middleware als Softwareschicht zwischen betrieblichen Anwendungsprogrammen und der Systemsoftware ein. Systemsoftware umfaßt dabei die Betriebssysteme und Software zum Datenaustausch über Rechnernetzwerke [Elbert/Martyna 1994, S. 13].

Abb. 1/1:
Middleware als Softwareschicht

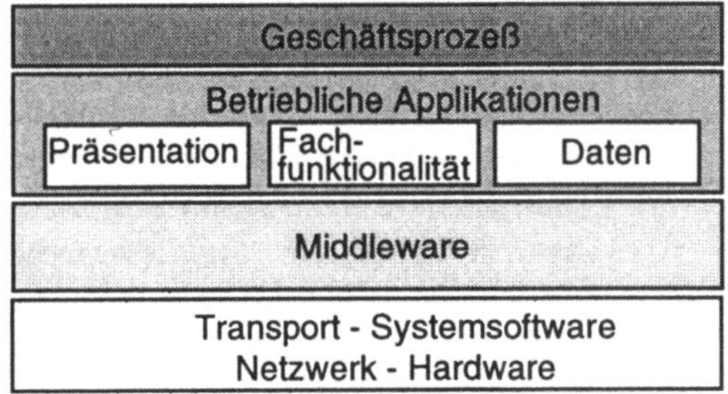

Aus dem Anspruch heraus, auf verteilte, heterogene Daten im Unternehmen über eine einheitliche Schnittstelle zugreifen zu können, entstand zunächst im Umfeld von Datenbanken Middleware als eine *Softwareschicht* zwischen Applikationen und Datenmanagementsystemen. Mit der Verbreitung von Client/Server-Systemen wird Middleware im breiteren Kontext als verbindende Schicht zwischen in einem Netzwerk verteilten Komponenten einer Client/Server-Applikation - Präsentation, Fachfunktionalität und Datenverwaltung - aufgefaßt. Middleware ist im Rahmen des ISO/OSI-Referenzmodells für Rechnerkommunikation in offenen Systemen den anwendungsorientierten Protokollen (Ebenen 5-7) zuzuordnen.

Middleware stellt den Applikationen *Dienste* (engl.: Service) in verteilten Systemen mit standardisierten Schnittstellen (API: Application Programming Interface) und Protokollen bereit. Während das API Struktur und Aufruf der Operationen eines Dienstes spezifiziert, legen Protokolle die Regeln für die Kommunikation fest. Dazu gehören insbesondere Format, Inhalt und Bedeutung der auszutauschenden Nachrichten. Middlewaredienste ermöglichen verteilten Applikationen, in heterogenen Umgebungen zu kommunizieren und zusammenzuwirken [Bernstein 1996]. Middleware nimmt die Rolle der Infrastruktur für die Verteilung und Integration ein [vgl. Popien et al. 1995, S. 47, Geihs 1995, Kap. 4]. Dabei steht vermehrt auch die Integration von neuen Client/Server-Applikationen mit vorhandenen Altsystemen (engl.: legacy systems) im Vordergrund.

Die wesentliche Anforderung an Middlewaredienste ist die Realisierung von *Transparenz*. Transparenz bedeutet, daß Benutzer und Entwickler eine einheitliche Systemsicht haben. Die Komplexität durch die Verteilung soll letztlich abgeschirmt sein. Ein Beispiel dafür ist die Ortstransparenz, welche unabhängig vom Ort einer Ressource für ein einheitliches Verhalten und Erscheinungsbild sorgt. Ein Anwender kann im Idealfall nicht mehr erkennen, wo sich eine Ressource, z.B. eine Datei, befindet.

Middleware Definition

Zusammenfassend gesagt ist **Middleware** eine *Softwareschicht*, welche auf Basis standardisierter Schnittstellen und Protokolle *Dienste* für eine *transparente* Kommunikation verteilter Anwendungen bereitstellt. Middlewaredienste stellen eine **Infrastruktur für die Integration** von Anwendungen und Daten in einem heterogenen und verteilten Umfeld zur Verfügung.

Die Einführung einer Softwareschicht hat aus Sicht der Applikationen zwei wesentliche Folgerungen: Middleware schirmt einerseits von der Komplexität heterogener Systeme (Betriebssysteme, Datenbankmanagementsysteme, Netzwerkprotokolle usw.) ab und ermöglicht damit eine Integration. Andererseits übernimmt sie Funktionen, die bislang im Rahmen von Applikationen abgedeckt wurden. Diese Entwicklung zeichnet sich z.B. für die Steuerung der Interaktion zwischen Applikationen ab und ist analog zur Herausnahme von Datenmanagementfunktionalität aus den Applikationen zugunsten dedizierter Datenbankmanagementsysteme. Die weitere Betrachtung von Middleware in dieser Arbeit stellt den Aspekt von Middleware als "Dienstleister" bzw. als Infrastruktur für die Integration in den Vordergrund.

1.2   Kategorien, Auftretensformen und verteilte Umgebungen

Abschnitt 1.1 hebt die Eigenschaft von Middleware hervor, den Applikationen Dienste anzubieten. Im folgenden wird eine Kategorisierung von Middlewarediensten als Grundlage für eine weitere Analyse von Middleware vorgenommen. Einzelne Middlewaredienste können in verschiedenen Formen auftreten und verwendet werden. In diesem Zusammenhang wird das Konzept einer verteilten Umgebung erläutert. Schließlich grenzt der Abschnitt die hier verwendete Kategorisierung in Form eines Überblicks von anderen Einteilungen ab.

Integration und Kategorisierung

Bei der Kategorisierung von Middleware stellt sich die Frage, welche Arten von Diensten eine Infrastruktur für die Integration anbieten soll. Ausgangspunkt ist eine durch das Client/Server-Architekturmodell motivierte Unterscheidung der drei Ebenen einer Applikation Präsentation, Funktionalität und Daten (vgl. Abb. 1/2) [z.B. Donovan 1994, Kap. 6, Martin/Leben 1995, Kap. 7].

Abb. 1/2:
Dreischichtige Applikationsarchitektur

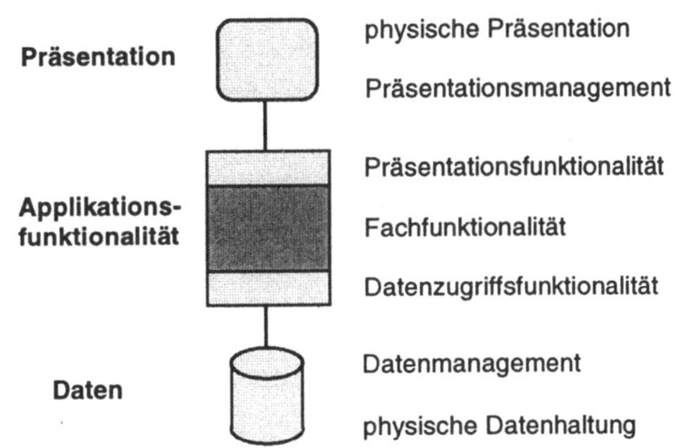

Abb. 1/2 zeigt eine logische Aufteilung der Applikationskomponenten und gruppiert diese in drei Ebenen. Die Abbildung macht allerdings keine Aussage zur physischen Verteilung der Komponenten auf verschiedene Rechner. Die *Präsentationsebene* ist für die Ein- und Ausgaben der Applikation, z.B. auf einer graphischen Oberfläche oder einem Drucker, zuständig. Die *Datenebene* übernimmt die Verwaltung von Information und deren Manipulation. Auf Ebene der *Applikationsfunktionalität* ist die Logik der Applikation festgelegt. Präsentations- und Datenzugriffsfunktionalität bestimmen das Verhalten und die Manipulation der entsprechenden Ebenen. Die Fachfunktionalität reali-

siert die eigentliche geschäftliche Logik der Applikation [Hacka-
thorn 1993, Kap. 4.3.].

Aus dieser Einteilung in drei Ebenen ergeben sich entsprechend
unterschiedliche Ansatzpunkte zur Integration von Applikationen
(vgl. Abb. 1/3) [vgl. Brodie/Stonebraker 1995, Kap. 1].

Abb. 1/3:
Integration und
Middlewaredienste

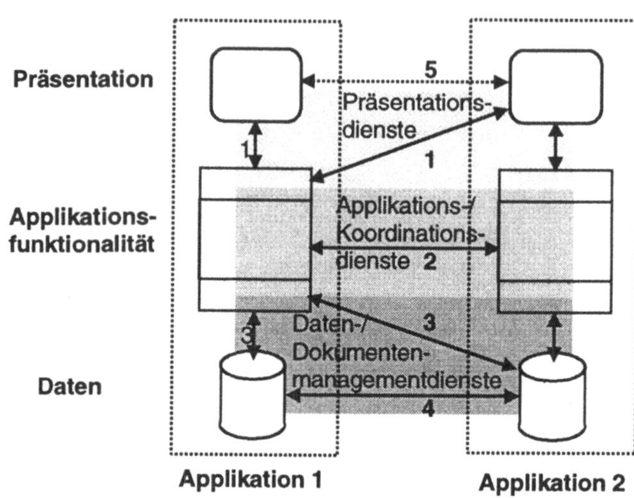

Die Realisierung einer Integrationsbeziehung erfolgt aus Sicht
der Applikationsfunktionalität durch Zugriff auf die Präsentationsschnittstelle (1), Datenschnittstelle (3) oder Schnittstellen auf
applikatorischer Ebene (2). Auf dieser Ebene (2) steht insbesondere auch die Koordination bzw. Steuerung des Zusammenwirkens der Applikationen im Vordergrund. Weiter besteht die
Möglichkeit, daß Daten ohne Beteiligung der Applikationsfunktionalität auf Ebene Daten ausgetauscht werden, z.B. in Form
von Replikation (4). Stehen auf Ebene Präsentation dem Benutzer die Applikationen zur Verfügung, können auch einfache Mechanismen wie "cut and paste" möglich sein (5). Eine solche
"manuelle" Integration wird hier nicht weiter betrachtet.

Abb. 1/3 verdeutlicht, daß ausgehend von den drei Schichten
einer Applikation drei verschiedene Gruppen von Mechanismen
für die Integration unterschieden werden können. Die Mechanismen kommen sowohl zur Integration mit anderen Applikationen als auch für das Zusammenwirken von Komponenten der
drei Ebenen innerhalb einer Applikation zur Verwendung. Diese
spezialisierten Mechanismen können wiederum auf elementarere
Kommunikationsmechanismen aufsetzen oder direkt Systemschnittstellen (z.B. auf Ebene Netzwerktransport) verwenden.

Diese Kommunikationsmechanismen sind für alle hier aufgezeigten Typen von Integrationsbeziehungen einsetzbar. Für den Applikationsentwickler sind sie vor allem für eine Integration auf applikatorischer Ebene (2) sowie bei Aufteilung der Applikationsebene (vgl. Abb. 1/2) auf mehrere Rechner relevant.

Abb. 1/4 zeigt die Gruppierung der verschiedenen Mechanismen in Form eines Ebenenmodells, wobei besonders der elementare Charakter der Kommunikationsmechanismen erkennbar ist.

Abb. 1/4:
Middlewarekategorien im Ebenenmodell

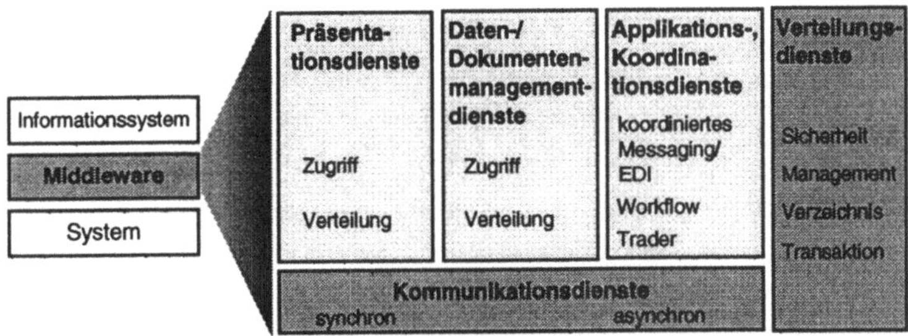

Die einzelnen Mechanismen sind durch entsprechende Middlewaredienste realisiert:

Präsentationsdienste

Präsentationsdienste realisieren den Zugriff der Applikationsebene auf die Präsentationsebene (insbesondere graphische Oberfläche). Dabei schirmen sie die Heterogenität verschiedener Präsentationsressourcen ab (z.B. Windows, X/Motif Oberfläche). Verteilung ermöglicht es mehreren, verteilten Applikationen, eine Präsentationsressource zu nutzen.

Daten- und
Dokumentenmanagementdienste

Daten- und Dokumentenmanagementdienste ermöglichen den Zugriff auf heterogene und verteilte Informationen in Datenbanken, Dateisystemen oder Dokumentenarchiven. Weiter können sie eine Koordination der Verteilung von Daten, z.B. durch Mechanismen verteilter Datenbanken und Replikationsmechanismen, rein auf Datenebene realisieren.

Applikations- und
Koordinationsdienste

Applikations- und Koordinationsdienste realisieren den Austausch von Nachrichten auf applikatorischer Ebene. Weiter können sie die Koordination und Steuerung der Interaktion zwischen Applikationen übernehmen.

Kommunikationsdienste

Kommunikationsdienste realisieren Formen synchroner und asynchroner Kommunikation sowohl direkt zwischen Applikationskomponenten als auch innerhalb von Gruppen von Applikationen. Sie schirmen von der Komplexität der darunterliegenden, heterogenen Netzwerkprotokolle und Betriebssysteme ab.

Darüber liegende Dienste können Kommunikationsdienste für den Datentransport verwenden oder direkt auf Systemschnittstellen zugreifen.

Verteilungsdienste

Weiter zeigt Abb. 1/4 eine Gruppe von Diensten mit "übergreifendem" Charakter. Diese *Verteilungsdienste* betreffen wesentliche Aspekte verteilter Systeme, die für alle anderen Dienste eine wesentliche Rolle spielen und diesen nicht direkt zuordenbar sind. So regelt ein Transaktionsmanagementdienst die Koordination einer verteilten Transaktion, an der mehrere Applikationen und Datensammlungen beteiligt sein können. Die Abwicklung der Transaktion betrifft sowohl die Interaktion auf applikatorischer Ebene als auch den Zugriff auf die Datenressourcen und eventuell auch auf die Präsentationsressourcen.

Auftretensformen

Abb. 1/5 verdeutlicht zwei Dimensionen des Auftretens von Middleware:

- Middleware als eigenständige Produktkategorie (weißes Rechteck in der Mitte) versus Middleware als Komponente anderer Software (schraffierte Rechtecke).

- Auf eine Dienstgruppe spezialisierte Middleware versus integrierte Mengen von Middlewarediensten.

Abb. 1/5:
Middleware in einer
verteilten Umgebung

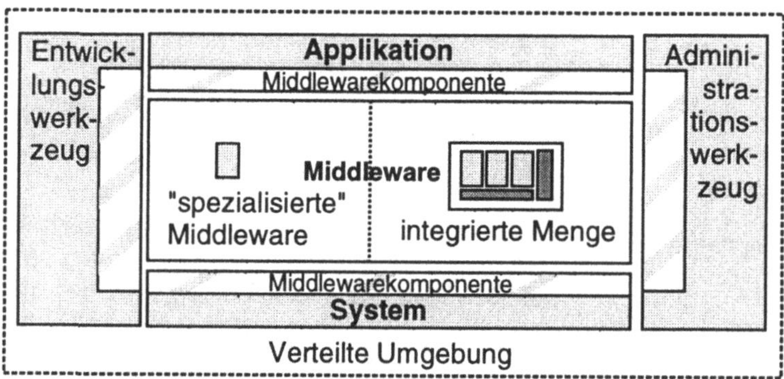

Middleware ist vielfach eine wichtige *Komponente* von Software, die sowohl der Anwendungs- als auch der Systemseite zuzuordnen ist. So ist die in Abschnitt 3.4 vorgestellte ALE-Schicht (Application Link Enabling) fester Bestandteil des Standardanwendungssoftwarepakets SAP R/3, welches die Integration von SAP-Applikationen durch einen kontrollierten Nachrichtenaustausch zum Ziel hat. Auf der anderen Seite enthalten Datenbankmanagementsysteme integrierte Replikations- und Triggermechanismen für einen Datenaustausch. Kommunikationsdienste wie Object Request Broker (z.B. Microsoft OLE) oder entfernte Prozeduraufrufe (z.B. DCE) sind in Betriebssystemen integriert.

Weiter spielt die Integration von Middleware eine wesentliche Rolle in *Entwicklungswerkzeugen* für Client/Server-Applikationen. Anwendungsentwickler sollen bei der Entkopplung einzelner Applikationskomponenten sowie deren Verteilung unterstützt werden. Die Interaktion der Komponenten kann entweder durch eine mitgelieferte Middleware oder durch dritte Middlewareprodukte realisiert sein [vgl. Carnelly 1995] (allgemein zu Entwicklungsumgebungen für verteilte Anwendungen siehe [Mühlhäuser/Schill 1992]). *Administrationswerkzeuge* unterstützen beim Systemmanagement und der Konfiguration verteilter Applikationen. Ihre Managementfunktionalität ist Bestandteil einer Middlewareinfrastruktur.

Während *spezialisierte Middleware* Dienste aus einer spezifischen Dienstgruppe anbietet, kommen in einer *integrierten Menge* (engl.: integrated set) verschiedene Middlewaredienste aufeinander abgestimmt zum Einsatz [vgl. Colonna/Srite 1995, S. 23]. So integriert die OSF Distributed Computing Environment (DCE) einen Kommunikationsdienst zum entfernten Prozeduraufruf (RPC) mit verschiedenen Verteilungsdiensten und einem verteilten Dateisystem (vertieft in Abschnitt 3.1). Vermehrt bieten Middlewarehersteller multifunktionale Middleware an, welche Dienste aus unterschiedlichen Kategorien, z.B. Datenbankzugriff in Verbindung mit verteilter Präsentation, gebündelt anbieten [Rymer 1996]. Integrierte Mengen bilden die Infrastruktur für eine verteilte Umgebung. Die Verwendung dieses Begriffs in dieser Arbeit wird im folgenden näher erläutert.

Verteilte Umgebung

Eine *verteilte Umgebung* unterstützt die Entwicklung und den Betrieb verteilter Applikationen. Wie in Abb. 1/5 verdeutlicht, gehören dazu primär eine Infrastruktur für die Verteilung, die durch Verwendung von Middleware realisiert sein kann, Entwicklungs- und Administrationswerkzeuge und die verteilten Applikationen selbst.

Abb. 1/6 unterscheidet drei Ebenen, welche von einer verteilten Umgebung abgedeckt sein können.

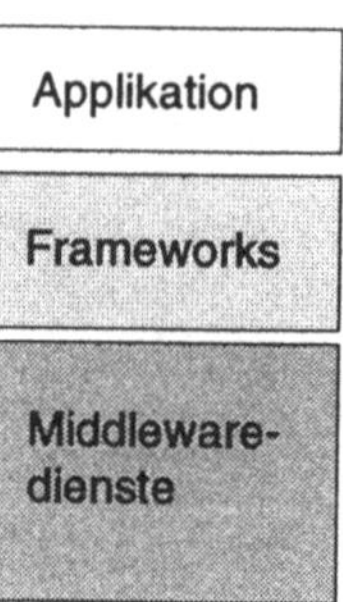

Middleware bildet dabei die Grundlage für die Verteilung von Applikationen und deren Komponenten in einem heterogenen Umfeld. Sie übernimmt die Kommunikation zwischen den Komponenten und kann weitere koordinierende Aufgaben, z.B. die Steuerung des Ablaufs, übernehmen. Sie bildet damit das Fundament für das Zusammenwirken der Applikationen auf der oberen Ebene.

Abb. 1/6 führt eine unterstützende Zwischenschicht *Frameworks* ein. Motivation für diese Ebene ist die Komplexität, die durch eine Verteilung von Applikationen entstehen kann. Ein Framework legt die Regeln fest, nach denen die Applikationskomponenten zusammenwirken. Indem sie die Architektur einer Applikation vordefinieren, schränken sie zwar den Entwickler ein, geben jedoch die Semantik auf applikatorischer Ebene vor und ermöglichen es damit, daß die Komponenten sich gegenseitig verstehen und koordiniert kooperieren [Orfali et al. 1996, Kap. 12, Pree 1996]. Sinnverwandt mit dem Frameworkbegriff sind *Referenzmodelle* in einer Standardsoftware, welche die Konfiguration der Softwarekomponenten vordefinieren. Sie schränken damit die Konfigurationsmöglichkeiten ein, gewährleisten dafür aber die Funktionsfähigkeit der Software.

Ein Framework ist in der Regel auf eine spezielle Applikationsdomäne beschränkt, z.B. Groupwareapplikationen, zusammengesetzte Dokumente, Transaktionssysteme oder die Applikationen innerhalb einer Standardsoftware. Durch diese Eingrenzung können sie je nach Framework unterschiedlich enge Vorgaben zur applikatorischen Semantik geben. Ein Framework in einer verteilten Umgebung setzt auf Middlewaredienste auf und kann dem Applikationsentwickler neben Schnittstellen (APIs) auch Werkzeuge zur Entwicklung und Administration sowie eine Benutzerschnittstelle anbieten [Bernstein 1996].

Zur *Einordnung* von verteilten Umgebungen wird in dieser Arbeit basierend auf dem Ebenenmodell in Abb. 1/6 die Abdeckung dieser Ebenen verwendet. Mindestanforderung ist dabei die Bereitstellung einer Infrastruktur in Form geeigneter, integrierter Middlewaredienste. Weiter ist zu untersuchen, welche Einschränkungen in bezug auf die Applikationen bestehen, z.B. Eignung auch für Altsysteme oder Applikationen außerhalb des Standardsoftwarepakets.

Andere Kategorisierungen

Folgende Zusammenstellung gibt einen Überblick über weitere Kategorisierungen aus der Fachliteratur bzw. von Marktforschungsinstituten. Die Kategorien der einzelnen Autoren werden dabei den hier verwendeten Kategorien zugeordnet. Weitere Kategorisierungen, die Hersteller zur Einordnung ihrer Middleware und Client/Server-Produkte erarbeitet haben, sind nicht aufgenommen (z.B. IBM [IBM 1994a] oder DEC [Colonna/Srite 1995]).

[Geihs 1994]

- *Präsentation:* -
- *Daten/Dokumente:* entfernter Datenbankzugriff
- *Applikation/Koordination:* -
- *Kommunikation:* message passing, RPC (ORB)
- *Verteilung:* Basisdienste (Namen, Zeit, Sicherheit, Management)
- *verteilte Umgebung/andere:* PC-Netzbetriebssystem, (DCE) verteilte Objektsysteme (CORBA)

[Middleware Spectra 1996]

- *Präsentation:* -
- *Daten/Dokumente:* database access
- *Applikation/Koordination:* Workflow
- *Kommunikation:* queueing, RPC/messaging, ORB
- *Verteilung:* -
- *verteilte Umgebung/andere:* distributed online transaction processing, mobile, Middleware environments, tools and utilities

Ovum [Rock-Evans 1996]

- *Präsentation:* -
- *Daten/Dokumente:* database connectivity
- *Applikation/Koordination:* -
- *Kommunikation:* message oriented

-    *Verteilung*: -
-    *verteilte Umgebung/andere*: DCE, DTPM

Patricia Seybold Group [Kramer 1995b]

- *Präsentation:* distributed display
- *Daten/Dokumente:* distributed database and OLTP
- *Applikation/Koordination:* messaging and coordination
- *Kommunikation:* distributed function (ORB, RPC, remote SQL/DB, MOM), distributed object (ORB)
- *Verteilung:* Middleware components (format, protocols, control signaling, maming, definition, security services)
- *verteilte Umgebung/andere:* -

[Rymer 1996]("Application Models of Middleware") Bemerkung: Variante von Seybold

- *Präsentation:* distribution of display
- *Daten/Dokumente:* remote file access, remote database access, distributed database management, database replication
- *Applikation/Koordination:* Workflow
- *Kommunikation:* store and forward/publish and subscribe, distributed object interaction, access to remote functions
- *Verteilung:* distributed transactions
- *verteilte Umgebung/andere:* formats, control

[Schreiber 1995]

- *Präsentation:* presentations services (user interface, print, multimedia)
- *Daten/Dokumente:* data management services (files, archives, DBMS
- *Applikation/Koordination:* application cooperation (Email, Workflow, EDI, transaction monitor, trx. Workflow)
- *Kommunikation:* object management, communication services (messaging, RPC, conversation, message queuing, trx. message queuing)
- *Verteilung:* management services (configuration, change, operations, problem, performance), distribution services (location, time, security)
- *verteilte Umgebung/andere:* distributed applications

Eine verwendungsgleiche Zuordnung ist nicht immer genau möglich. Grund dafür ist, daß Gruppierungen nicht weiter aufgelöst werden. So nimmt z.B. Schreiber [Schreiber 1995] Transaktionsmonitore in die Kategorie Koordinationsdienste auf. In dieser Arbeit wird ein Transaktionsmonitor jedoch als Framework, welches unter anderem auf einen Verteilungsdienst zum Transaktionsmanagement aufsetzt, behandelt.

Die Zusammenstellung zeigt jedoch, daß eine weitgehende Kompatibilität der hier vorgestellten Kategorisierung mit anderen Ansätzen gegeben ist. Unterschiede spiegeln verschiedene Sichtweisen auf die Middlewarethematik wider. Eine Kategorisierung eines so umfassenden Themenfelds wie Middleware ist unvermeidlich auch mit gewissen Mehrdeutigkeiten verbunden. Die hier gewählte Kategorisierung ist aus der Struktur von Client/Server-Applikationen abgeleitet und an der Zielsetzung der Verwendung von Middleware zur Integration ausgerichtet.

2 Kategorien von Middleware

Die Abschnitte zur Diskussion der Kategorien von Middleware sind nach dem Schema in Abb. 2/1 gegliedert.

Abb. 2/1:
Gliederung von Kapitel 2 Middlewarekategorien

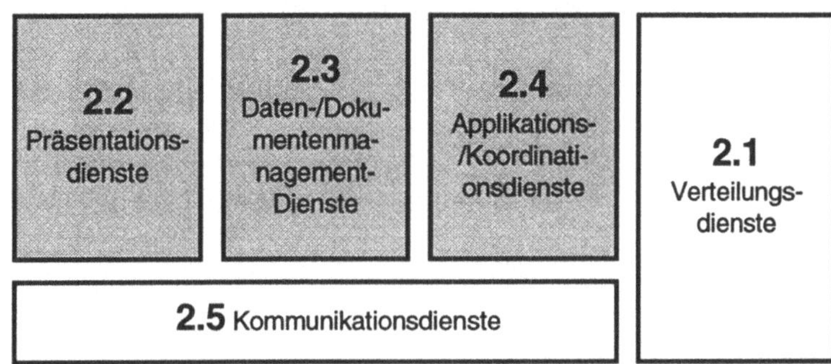

Im Mittelpunkt der Erläuterungen steht jeweils die Architektur der einzelnen Middlewaredienste. Ziel ist es, jeweils die wichtigsten technischen Konzepte und Standards einzuführen.

2.1 Verteilungsdienste

Die folgenden Abschnitte besprechen Funktionalitäten zum Systemmanagement, zur Sicherheit, Namenverwaltung und zur Sicherstellung der Transaktionseigenschaft. Diese Themenstellungen sind in Forschung und Praxis von entscheidender Bedeutung bei der Errichtung einer Infrastruktur für verteilte Systeme. Die Verfügbarkeit dieser Funktionalitäten ist ein wichtiges Kriterium bei der Beurteilung eines Middlewareprodukts unabhängig von dessen Zuordnung zu einer Kategorie. Wegen dieses übergreifenden Charakters und ihrer Bedeutung in einem verteilten System, werden Dienste zur Sicherstellung dieser Funktionalitäten hier unter dem Begriff Verteilungsdienste eingeordnet.

Verteilungsdienste können einen festen Bestandteil eines Middlewareprodukts bilden oder als einzelne Produktkategorie vertreten sein. Ein Middlewareprodukt kann somit auch mit einem externen Verteilungsdienst zusammenwirken, um die entsprechende Funktionalität zu realisieren. Für eine Bewertung ist daher darauf zu achten, ob die Produkte bzw. Produktbestandteile zusammenwirken können. Ein Beispiel dafür ist die Kompatibilität eines Dienstes innerhalb eines Datenbankmanagementsystems zur Sicherstellung der Transaktionseigenschaft mit einem weiteren, unabhängigen Dienst zur Koordination verteilter Transaktionen.

2.1.1   Systemmanagement

Aufgabe des Systemmanagement ist allgemein der effektive und effiziente Einsatz von Systemressourcen sowie die verläßliche und rechtzeitige Bereitstellung von Diensten an die Benutzer [Bauer et al. 1994]. Das Systemmanagement ist bereits in der traditionellen, zentralen Welt eine oft planlos durchgeführte, mangelhaft definierte Aufgabe. In einer verteilten Systemwelt mit einer Vielzahl von über ein Netz verbundener, heterogener Hardware- und Softwarekomponenten ist das Systemmanagement ein wesentlich komplexeres und umfangreicheres Problem [Colyer/Wong 1994]. Zur Veranschaulichung dieses umfassenden Themenfelds können die in Abb. 2/2 dargestellten Dimensionen des Managements unterschieden werden [Hegering/Abeck 1993, Kap. 2.2].

Funktionale
Dimension

Die Unterscheidung innerhalb der **funktionalen Dimension** entspricht den Funktionsbereichen, welche im Rahmen der ISO Standardisierung im Bereich des Systemmanagements vorgenommen wird. Das *Konfigurationsmanagement* betrifft die Anordnung und Beziehungen der verschiedenen Ressourcen in einer verteilten Umgebung. Das Spektrum reicht von der Einrichtung von Benutzern, der Planung von kritischen Prozessen, der Installation von Software und Hardware bis zur Optimierung der Netzwerktopologie. Das *Fehlermanagement* soll die Verfügbarkeit des verteilten Systems gewährleisten. Zu den Aufgaben des Fehlermanagements gehören die Einrichtung von Backups, das Erkennen von abgestürzten Systemprozessen und eine Ausbesserung bzw. der Ersatz von fehlerhafter Soft- und Hardwarekomponenten. Das *Leistungsmanagement* strebt eine ständige Verbesserung der Systemperformance an. Dazu nimmt es Messungen im System vor, versucht Flaschenhälse und Leerläufe zu erkennen und wertet diese Information für die Leistungs- und Kapazitätsplanungen aus. Das *Abrechnungsmanagement* entwickelt Verfahren zur Berechnung der Kosten der Diensterbringung und zu deren Aufteilung auf die Ressourcennutzer. Das *Sicherheitsmanagement* schließlich wendet Konzepte zur Eingrenzung des Zugriffs auf die verschiedenen Systemressourcen an. Wegen der hohen Bedeutung dieser Managementaufgabe wird dieses Gebiet in einem gesonderten Abschnitt (Abschnitt 2.1.2) vertieft.

Abb. 2/2:
Dimensionen des Managements,
[Hegering/Abeck 1993, S. 87]

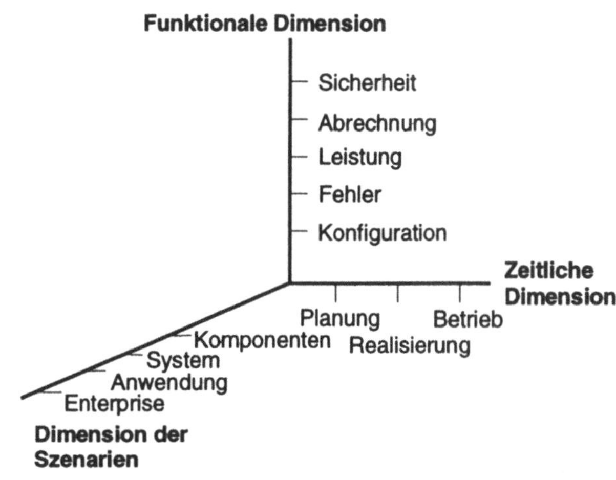

Zeitliche Dimension

Innerhalb der **zeitlichen Dimension** kommt zum Ausdruck, daß Systemmanagement ein Managementprozeß ist, der durch die Phasen Planung, Realisierung und Betrieb charakterisiert ist.

Dimension der Szenarien

Die **Dimension der Szenarien** legt den Fokus auf die Zielobjekte, die Gegenstand des Managements sein können. Dazu gehören primär Netzkomponenten wie Rechner und Gateways sowie Anwendungen (z.B. eine E-Mail-Applikation). Ein gesondertes, übergeordnetes Systemmanagement ist erforderlich, wenn diese Zielobjekte verteilt sind und sich nach außen wie ein virtuelles System präsentieren sollen. Schließlich soll das Enterprise Management den Unternehmenskontext einbringen.

Die Rolle von Tools und Standards zur Unterstützung des Systemmanagements zeigt Abb. 2/3.

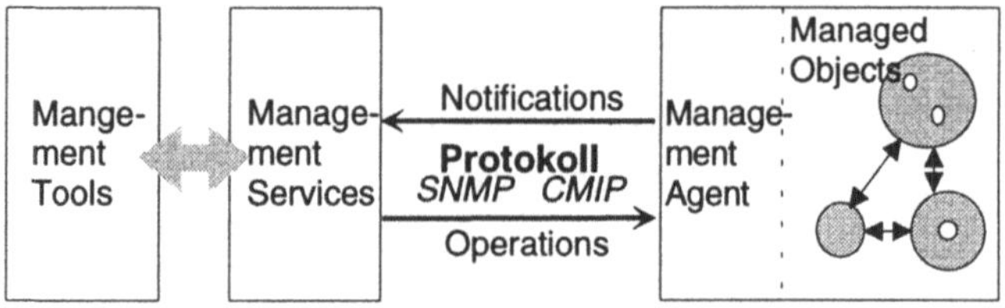

Abb. 2/3:
Architektur für Systemmanagement in verteilten Systemen, [Bauer et al. 1994, S. 432] und [Halsall 1992, S. 664]

Im Rahmen der Management Services stehen dem Systemadministrator eine Reihe von. Dienste zur Verwaltung von Zielobjekten (engl.: managed objects) zur Verfügung. Management Services interagieren mit den Zielobjekten auf dem entfernten System indirekt über Agenten. Die dazu erforderliche Kommunikation ist über ein spezielles Managementprotokoll geregelt. Agenten haben Zugriff auf die Zielobjekte, welche selbst untereinander durch Vererbung und Aggregation in Beziehung stehen. Tools zur Unterstützung des Managements setzen auf den Management Services auf und unterstützen den Systemmanager bei verschiedenen Aktivitäten wie dem Konfigurationsmanagement, der Performanceanalyse, der Visualisierung von Systemaktivitäten oder der Simulation und Modellierung. Mit der zunehmenden Verfügbarkeit solcher Werkzeuge dürfte der Entwurf und die Realisierung komplexer verteilter Systeme wesentlich beherrschbarer werden [Bauer et al. 1994, Manchester 1995].

Die beiden wichtigsten Standards im Bereich des Systemmanagement sind innerhalb des ISO/OSI Referenzmodells und der TCP/IP-Protokollfamilie definiert. CMISE (Common Management Information Service Element), ein Protokoll der Anwendungsebene des ISO/OSI Modells, spezifiziert eine Reihe allgemeiner Management Services. Zu CMISE gehört das CMIP Protokoll (Common Management Information Protocol), das die erforderliche Kommunikation regelt. Das Pendant zu CMIP auf Seite TCP/IP ist das wichtigere SNMP (Simple Network Management Protocol) sowie dessen Nachfolger SNMP2. Im Rahmen der CORBA Object Services (vgl. Abschnitt 3.3) ist der neue X/Open Standard SysMan, der auf dem Tivoli Management Environment (TME) basiert, der wahrscheinlichste Kandidat für eine Annahme durch die OMG [Orfali et al. 1996, S. 251f].

2.1.2   Sicherheit

Sicherheit ist ein Problembereich, dem bei der Integration von Systemen eine hohe Bedeutung zukommt. Ziel ist es, daß die Ressourcen gegen unerlaubten Zugriff geschützt und bei Bedarf auch verfügbar sind [East 1994, S. 122]. Ein Sicherheitskonzept wird daher ein weites Feld vom Sabotageschutz, der Wahrung der Datenintegrität bis zum Schutz vor Datenverlust umfassen. Besondere Sicherheitsanforderungen ergeben sich im Bereich des elektronischen Handels. So verlangen die beteiligten Parteien bei einer elektronischen Zahlung, daß bei der Datenübertragung Manipulationen ausgeschlossen sind. Der Sender will einen Nachweis des Empfangs während der Empfänger die Identität des Senders kennen will.

In einem zentralisierten System liegt das Sicherheitsmanagement im Umfeld eines Betriebssystems mit bekannten und beherrschbaren Eigenschaften. Dem steht das Risiko gegenüber, daß ein einziger Fehler dazu ausgenutzt werden kann, die gesamte Systemsicherheit zu durchbrechen. In verteilten Systemen mit vielen Komponenten wirkt sich ein Sicherheitsmangel einer einzelnen Komponente in der Regel nur lokal aus. Dafür kommen eine Reihe neuer Sicherheitsfragen im Vergleich zu zentralen Systemen hinzu: das verteilte System umfaßt verschiedene Subsysteme mit unterschiedlichen Betriebssystemen und jeweils verschiedenen Sicherheitskonzepten, weder ein einzelnes Betriebssystem und vor allem keine der Netzwerkverbindungen können als sicher betrachtet werden [Schroeder 1993].

Middlewaredienste zur Sicherheit betreffen die Authentifizierung und Autorisierung der Benutzer sowie das Auditing [Schiller 1994]. Bei der *Authentifizierung* geht es darum festzustellen, welche Person bzw. welche Funktion einen Dienst beanspruchen möchte. Nachdem der Anfrager erkannt ist, muß im Rahmen der *Autorisierung* die Berechtigung geprüft werden. In der Regel werden dazu Zugriffslisten eingerichtet. Eine dritte Sicherheitstechnologie ist das *Auditing*, das genaue Aufzeichnungen über alle Aktivitäten im System vornimmt. Damit sollen etwaige Angriffe auf die Systemsicherheit nachvollzogen werden können. Hinzu kommt ein abschreckender Effekt, da ein potentieller "Angreifer" befürchten muß, nachträglich entdeckt zu werden.

Die Grundlage der Sicherheitstechnologien bilden Techniken zur Datenverschlüsselung. Bei dem grundlegenden DES Standard (Data Encryption Standard) benutzen Sender und Empfänger den gleichen Schlüssel zur Ver- bzw. Entschlüsselung der Daten. Hauptproblem dieses Verfahrens ist, daß Schlüssel regelmäßig geändert werden müssen. Ein neuer Schlüssel kann aber nicht sicher über ein Netzwerk an die Beteiligten versendet werden. Die für verteilte Systeme wichtige RSA Technologie umgeht dieses Problem durch ein auf einer Kombination von privatem und öffentlichen Schlüssel basierendem Konzept [Halsall 1992, Kap. 11.5.].

Ein wichtiges Kriterium für die Beurteilung von Sicherheitsdiensten ist die Integration der Zugriffslisten verschiedener Sicherheitssysteme sowie deren Kompatibilität (z.B. System 1: Zugriffsschutz auf Feldebene, System 2: nur auf Dateiebene). Ziel ist eine konsistente Verwaltung der Zugriffsrechte und die Möglichkeit, daß der Benutzer nur mit einem Kennwort auf alle für ihn relevanten Ressourcen zugreifen kann (engl.: single logon; single sign-on). Ein Schritt in diese Richtung ist die GSSAPI-Schnittstelle (Generic Security-Service API). Über diese Schnittstelle können verschiedene Anwendungen einheitlich OSF Kerberos - ein in OSF DCE (s. Abschnitt 3.1). integriertes Authentifizierungssystem auf Basis des DES Standards - nutzen. Auf spezielle Aspekte der Sicherheit im Internet geht Abschnitt 3.5. ein.

2.1.3   Verzeichnis

In einem Verzeichnis werden die Namen der Ressourcen bzw. Dienste in verständlicher Form zusammen mit ihrer genauen Adresse abgelegt [Needham 1993]. Diese Adresse ist systemabhängig und besteht in einem verteilten System aus einer Netzwerk- und Betriebssystemprozeßkomponente. Verzeichnisdienste managen diese Zuordnung von logischen Namen und systeminternen Adressen. Sie ermöglichen es somit, eine Ressource mit einem symbolischen Namen anzusprechen. Ein Verzeichnisdienst erlaubt weiter eine dynamische Veränderung der Auflistung im Verzeichnis. Eine Änderung des Verzeichniseintrags ist erforderlich, wenn eine Ressource im Zeitverlauf auf einen anderen Rechner migriert wird und daher eine andere Adresse zugewiesen bekommt. Da der symbolische Name unverändert bleibt, realisieren Verzeichnisse auf diese Weise Ortstransparenz (s. Abschnitt 1.1).

Voraussetzung dafür ist, daß jede Ressource einen eindeutigen Namen hat. So benutzt der weltweit standardisierte Verzeichnisdienst X.500 eine flexible, hierarchische Namensvergabe (z.B. C=CH/O=UNISG/OU=IWI/CN=IWIServer) und liefert zu einem Namen die genaue Adresse. Weitere Verzeichniskonzepte sind DCE CDS (Cell Directory Service) und das TCP/IP Domain Name System.

Da Verzeichnisse hohe Zugriffszahlen bewältigen müssen, wird ein zentrales Verzeichnis schnell zum Engpaß. Eine Lösung für dieses Problem ist die Verteilung eines Verzeichnisses auf mehrere Rechner verbunden mit einer regelmäßigen Replikation der Einträge. Die Verteilungsmöglichkeit sowie die Unterstützung bei der Pflege der Einträge sind somit wichtige Kriterien zur Beurteilung von Verzeichnisdiensten.

2.1.4 Transaktionseigenschaft

Die Sicherstellung der Transaktionseigenschaft ist eines der wichtigsten Themen im Bereich verteilter Systeme. Diese kann mit Hilfe eines Transaktionsmanagers realisiert sein, einer betriebssystemnahen Software zur Realisierung der mit einer Transaktion verbundenen Koordinationsaufgabe. Dieser Abschnitt führt im weiteren das Transaktionskonzept ein, erläutert die Aufgaben eines Transaktionsmanagers und zeigt dessen wichtigste Schnittstellen auf.

ACID-Kriterien

Eine Transaktion ist eine Verrichtungseinheit, die entweder erfolgreich abgeschlossen ist (engl.: commit) oder im Fehlerfall zu einer Wiederherstellung des Ausgangszustands führt (engl.: rollback). Eine Transaktion wird ganz oder gar nicht ausgeführt (engl.: atomicity), führt in einen konsistenten Zustand über (engl.: consistency), wird nicht durch andere Transaktionen beeinflußt (engl.: isolation) und hat eine dauernde Wirkung auf die betroffenen Daten (engl.: durability). Abb. 2/4 verdeutlicht den Aufbau einer Transaktion.

Abb. 2/4:
Aufbau und Ablauf
einer Transaktion

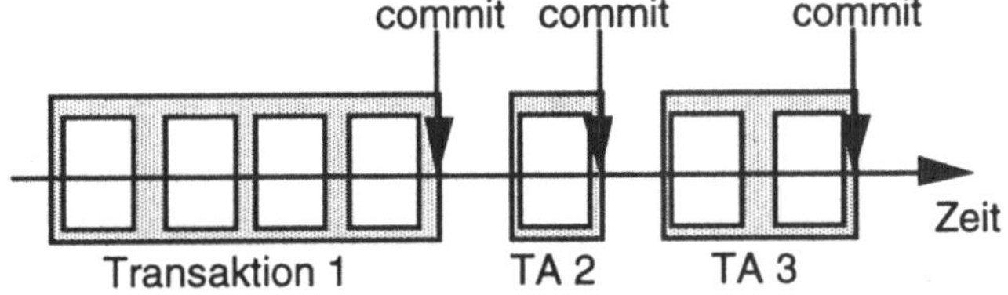

Eine Transaktion wird durch ein Hauptprogramm realisiert (schattierter Block) und nutzt einzelne Serviceprogramme (weiße Kästen). Innerhalb der Serviceprogramme können einzelne Zugriffe auf verschiedene Ressourcen, z.B. ein SQL-Statement auf eine Datenbank, vorgenommen werden. Ein Serviceprogramm kann zur Ausführung auch Middlewaredienste, z.B. zum Datenzugriff, nutzen. Auf den Ablauf innerhalb der einzelnen Serviceprogramme hat das Transaktionsprogramm keinen Einfluß. Soweit die Serviceprogramme auf Datenbanken zugreifen, kommen die Funktionalitäten des entsprechenden Datenbankmanagementsystems (DBMS) zur Transaktionsabwicklung zum Tragen. Diese betreffen aber nur die Datenbankzugriffe im Rahmen der

Serviceprogramme. Damit kann in der Folge nicht gewährleistet werden, daß über die gesamte Länge der Transaktion alle betroffenen Funktionen des Hauptprogramms sowie der Serviceprogramme eine Einheit im Sinne obiger Kriterien bilden.

Die Sicherstellung dieser Eigenschaften ist Aufgabe eines Transaktionsmanagementdienstes. Die Anforderungen an das Transaktionsmanagement gehen heute weit über die Ansprüche aus den klassischen, Host-basierten Transaktionssystemen hinaus. Verteilung der Daten und Applikationen, verschachtelte Transaktionen, längere Transaktionsgrenzen und Benutzerbedenkzeiten im Transaktionsablauf sind dabei kritische Faktoren.

Abb. 2/5 zeigt vereinfacht in Anlehnung an das X/Open Distributed Transaction Processing Model die Schnittstellen eines Transaktionsmanagers. Transaktionen sind in einzelnen Applikationen realisiert und greifen auf verschiedene Ressourcen zu. Zu jeder Ressource gibt es einen speziellen Ressourcenmanager, welcher spezifische Schnittstellen anbietet. Ein Beispiel dafür ist die Kombination Datenbank, Datenbankmanagementsystem und SQL.

Abb. 2/5:
Schnittstellen im Umfeld eines Transaktionsmanagers

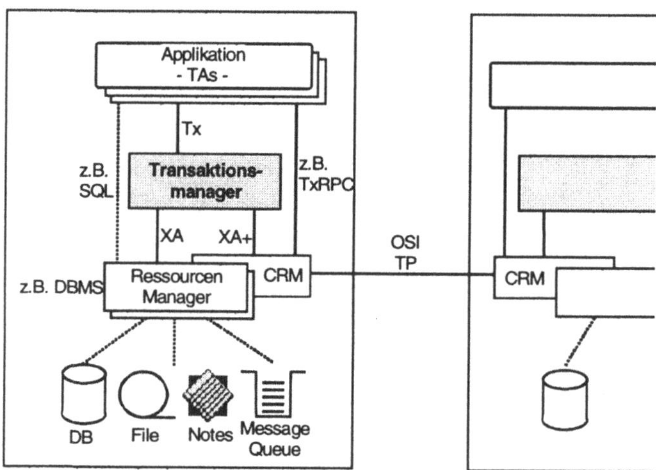

Um die Transaktionseigenschaften zu gewährleisten, können die Applikationen die Dienste eines Transaktionsmanagers nutzen. Der Transaktionsmanager übernimmt dabei die notwendigen Koordinations- und Managementaufgaben (Synchronisation, Two-Phase-Commit, Optimierungen) beim Zugriff auf die potentiell unterschiedlichen Ressourcen [IBM 1994a, S. 22f, 27]. Da zum Beispiel ein Datenbankmanagementsystem selbst ebenfalls

Funktionalitäten zur Transaktionssicherung im Rahmen der Zugriffe auf die Datenbank anbietet, können redundante oder widersprüchliche Funktionalitäten auftreten. In der Folge ist eine enge Abstimmung zwischen dem Transaktionsmanager und den Ressourcenmanagern notwendig [Umar, Kap. 6.5].

Abb. 2/5 zeigt im linken, eingerahmten Teil den lokalen Fall einer Transaktionsabwicklung. Eine verteilte Transaktion umfaßt hingegen mehrere Applikationsprogramme, die auf verschiedenen Rechnersystemen ausgeführt werden, was im rechten Teil der Abbildung angedeutet ist. Für diesen verteilten Fall ist eine besondere Ressource, der Communication Resource Manager (CRM), zuständig. Über den CRM können die Applikationen eine transaktionsorientierte Kommunikation realisieren. Dazu bietet ein CRM elementare Kommunikationsschnittstellen wie den TxRPC, einen um Transaktionssemantik erweiterten Remote Procedure Call, an (vgl. Abschnitt 2.5.2). Neben der Kommunikation muß auch im verteilten Fall die Transaktionseigenschaft sichergestellt werden. Ein Transaktionsmanager koordiniert jedoch nur die lokalen Ressourcen. Die daher erforderliche Koordination mit entfernten Transaktionsmonitoren übernimmt der CRM unter Nutzung von OSI TP, einem Protokoll der Anwendungsebene des ISO/OSI Referenzmodells [Briem/Denzel 1993, Kap. 3].

Standardisierungsbestrebungen im Bereich Transaktionsmanagement gibt es durch das X/Open Konsortium sowie die ISO. Die durch X/Open spezifizierten Schnittstellen sind in Abb. 2/5 durch eine durchgezogene Linie eingezeichnet und mit ihrer Bezeichnung versehen (z.B. XA-Schnittstelle: Schnittstelle zwischen Applikationen und Ressourcenmanager).

Zur Beurteilung einer Middleware stellt sich die Frage, inwieweit die Ausführung eines Middlewaredienstes den Transaktionseigenschaften genügt. Eine Middleware kann dazu eigene Synchronisationsfunktionalität implementieren oder kann mit einem Transaktionsmanager integriert sein. Transaktionsmanager sind die zentrale Komponente in einem TP-Monitor, einer Umgebung für Transaktionssysteme. TP-Monitore werden im Rahmen der Diskussion verteilter Umgebungen näher erläutert (s. Abschnitt 3.2). Wegen der Koordinationsfunktion der in ihnen integrierten Transaktionsmanager stehen TP-Monitore im engen Zusammenhang mit den in Abschnitt 2.4 diskutierten Applikations- und Koordinationsdiensten.

2.1.5   Weitere Verteilungsdienste

Im Bereich Verteilungsdienste bestehen eine Reihe weitere Dienste, denen je nach Anforderung an die Verteilungsinfrastruktur unterschiedliche Bedeutung zukommt. Zu deren Funktionalitäten gehören z.B. die Replikation von Diensten oder die Synchronisation von Systemuhren. Solche systemnahen Verteilungsdienste werden hier nicht weiter erörtert, da sie für die Integration und Koordination aus applikatorischer Sicht nicht näher interessieren. Eine Vertiefung gibt z.B. Mullender [Mullender 1993b]. Weitere Beispiele für Verteilungsdienste sind in Abschnitt 3.3 im Rahmen der CORBA Object Services aufgeführt.

2.2   Präsentationsdienste

Präsentationsdienste betreffen das Zusammenwirken zwischen der Funktionalitätsebene und der Präsentationsebene von Applikationen. Ihre Aufgabe ist es, die Darstellung von Information und die Interaktion mit dem Benutzer zu unterstützen, ohne auf die Applikationsfunktionalität direkt zuzugreifen [Colonna/Srite 1995, Kap. 6]. Die wichtigsten Präsentationsformen sind die Benutzeroberfläche auf einem Bildschirm sowie die Druckausgabe. Im Mittelpunkt stehen im folgenden graphische Benutzerschnittstellen (GUIs), deren Möglichkeiten letztlich die Verwendung der vorhanden Applikationsfunktionalität durch die Benutzer bestimmen.

Benutzer richten heute ihre Erwartungen an den Eigenschaften moderner Desktopoberflächen aus. Die meisten Altsysteme greifen jedoch immer noch über einen Terminalserver auf einfache, zeichenbasierte Terminals zu. Auch kann dabei in der Regel auf einem Bildschirm immer nur mit höchstens einer Applikation kommuniziert werden.

Während bei den Diensten zum Präsentationszugriff der Zugriff einer Applikation, insbesondere auch eines Altsystems, auf eine graphische Oberfläche im Vordergrund steht, betrifft die verteilte Präsentation die Darstellung verschiedener, im Netz verteilter Applikationen als Fenster auf einem Bildschirm.

Präsentationszugriff
Dienste zum Präsentationszugriff schirmen die Applikationen von der Heterogenität von Präsentationsprodukten (z.B. Windows, Presentation Manager) und der betroffenen Systeme ab. Ein Anwendungsentwickler soll sich nicht um unterschiedliche Fenstersysteme, den Ort der Präsentation und Netzwerkproto-

kolle kümmern müssen. Diese Transparenz ist eine wichtige Anforderung an GUI Tools für Client/Server Applikationen.

Ein Spezialfall für den Präsentationszugriff sind Terminaldienste. Diese greifen auf den Terminaldatenstrom (z.B. IBM 3270 Datenstrom) zu oder kommunizieren mit einem Terminalemulator (z.B. mit dem TCP/IP Telnet Protokoll). *Screen Scraper* ermöglichen auf diese Weise den Zugriff auf zeichenorientierte Bildschirme und damit die Präsentationsschnittstelle von Altapplikationen. Eine Anwendung dieser Technologie ist es, zeichenorientierte Bildschirme durch eine moderne, graphikorientierte Oberfläche zu ersetzen und damit auch zu einer "Lebensverlängerung" des Altsystems zu verhelfen (s. Abb. 2/6).

Abb. 2/6:
Zugriff auf zeichenorientiertes Terminal

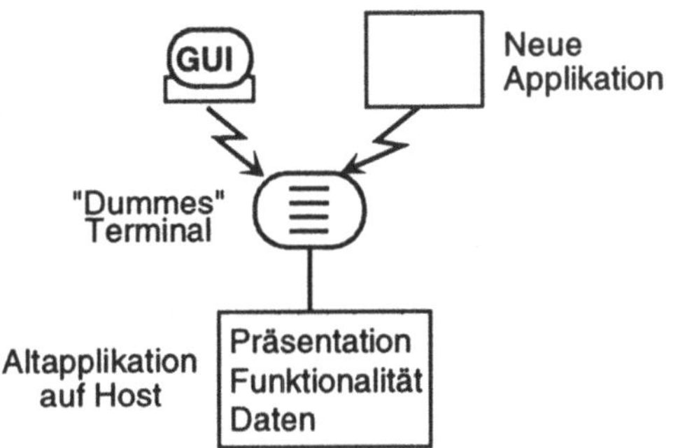

Neben der Möglichkeit zum Reengineering der Benutzeroberfläche können diese Dienste auch eine wichtige Bedeutung für die Integration haben. Zunächst stehen mit einer Umleitung der Präsentation auf eine moderne Desktop Oberfläche dem Benutzer einfache, "manuelle" Mechanismen zur Integration wie "Cut and Paste" zur Verfügung. Wichtiger ist jedoch die Möglichkeit für andere Applikationen, auf die Benutzerschnittstelle von Altapplikationen zuzugreifen (s. Abb. 2/6). Eine Kommunikation mit der Altapplikation wird dabei durch Simulation eines Benutzerdialogs erreicht. Diese Integrationstechnik wird dann eingesetzt, wenn keine anderen geeigneten Schnittstellen zum Zugriff auf die Daten oder Funktionalität vorhanden sind oder wegen einer hohen Verflechtung innerhalb der Applikation nicht ohne weiteres realisierbar sind [vgl. Brodie/Stonebraker 1995, Kap. 6]. Insbesondere ist dies dann der Fall, wenn nur durch einen solchen simulierten Dialog die notwendigen Integrität- und Plausibilitätsprüfungen zuverlässig durchgeführt werden können. Allerdings handelt es sich dabei eher um eine Notlösung für die

Integration. Insbesondere die Performance des Datenaustauschs und die Sicherheit des Verfahrens sind kritisch zu überprüfen.

Verteilte Präsentation

Fensterdienste ermöglichen Applikationen die Nutzung von im Netz verteilten Workstations mit ihren graphischen Oberflächen zur Präsentation. Ein Pionierprodukt für diese Funktionalität ist das am MIT entwickelte X Windows System, das die Verwaltung mehrerer Fenster auf einem Bildschirm ermöglicht. Lokale und entfernte Applikationen sollen dem Benutzer gleichzeitig zur Verfügung stehen, wobei jede Applikation einem Fenster auf dem Bildschirm entspricht [Umar 1993, Kap. 5.4.3.].

Präsentationsdienste

Präsentationsdienste dienen somit vor allem der Frontend-Integration von Applikationen sowie der Integration von Altapplikationen durch einen simulierten Benutzerdialog. Sie kommen insbesondere dann zum Einsatz, wenn eine Applikation keine anderen Schnittstellen anbietet, über welche zuverlässig Daten unter Wahrung der Integrität ausgetauscht werden können.

Neben den hier erörterten, am Benutzerdialog orientierten Präsentationsdiensten, gehören im weiteren Sinn auch Druckdienste in diese Kategorie. Druckdienste ermöglichen einen Zugriff auf verteilte Druckerressourcen in einem Netzwerk.

2.3   Daten- und Dokumentenmanagementdienste

Die historisch gewachsene Datenhaltung in den Unternehmen ist vielfach durch getrennt entstandene Datenbestände geprägt. Das Spektrum der Datensammlungen reicht von Datenbanken über sequentielle Files, Textdokumente bis zur Lotus Notes-Datenbank.

Zu den Aufgaben des Datenmanagements gehört es, Zugriffe auf heterogene Daten zu ermöglichen, die Datenverteilung zu koordinieren sowie flexible, prozeßorientierte Sichten auf die Daten zu ermöglichen [vgl. Meier 1994]. Dabei wird das Datenmanagement durch eine Reihe von Middlewarediensten zum Datenzugriff und den darauf aufbauenden Diensten zur Redundanzkoordination unterstützt. Spezifische Probleme, welche mit Middleware zum Datenmanagement angegangen werden, sowie die Architektur solcher Dienste sind in Abschnitt 2.3.1 beschrieben.

Neben den klassischen Datenbanken nehmen Systeme zur Verwaltung von Dokumenten eine immer höhere Bedeutung ein. Die in Abschnitt 2.3.2 diskutierte Middleware kann helfen, auf verteilte und heterogene Dokumentenmanagementsysteme zuzugreifen. Sie ist damit ein wichtiges Hilfsmittel bei der Nutzung von Dokumenten als wichtige Träger betrieblicher Information.

Abschnitt 2.3.3 vertieft schließlich Anwendungen von Daten- und Dokumentenmanagementdiensten. Neben der Realisierung föderierter Datenverwaltungskonzepte als Alternative zu verteilten Datenbanken gehören dazu auch neuere Themen wie die Nutzung von Middleware zur Realisierung eines Data Warehouse und die Integration von Internetdiensten mit Datenbanken. Speziellere Aspekte sind Konzepte zur Informationsgewinnung wie Data Mining und die Abbildung von Objekten auf relationale Datenbanken.

2.3.1 Datenmanagementdienste

Datenmanagementdienste sind gewissermaßen die klassische Middleware. Als Schicht zwischen Applikationen und Datenmanagementsystemen ermöglichen sie aus Sicht von Client/Server Applikationsentwicklern den transparenten Zugriff der Client Applikationskomponenten auf Server Datenbanken und Dateien. Datenmanagementdienste können sowohl als eigenständiges Produkt oder auch als funktionale Komponente eines DBMS realisiert sein. Im ersten Fall werden sie meist als komplementäre Produkte zu einer Datenbank vom jeweiligen Hersteller angeboten. Ein abschließender Abschnitt geht auf verteilte Dateisysteme ein, welche Dienste für den Zugriff und damit gemeinsame Nutzung von verteilten Dateien realisieren. Die Bedeutung von Datenmanagementdiensten für die Integration liegt in der Zugriffsmöglichkeit auf Daten anderer Applikationen und in Techniken zur Konsistenzerhaltung redundant gehaltener Datenbestände.

Zielsetzung Datenmanagementdienste

Datenmanagementdienste kommen aus dem Umfeld von Client/Server Datenbankkonfigurationen. Grundidee ist dabei die Trennung von Applikationslogik und Datenbankmanagement (vgl. Abschnitt 1.2). Abb. 2/7 zeigt vereinfacht das entsprechende Schema.

Abb. 2/7:
Client/Server Daten-
bank Konfiguration

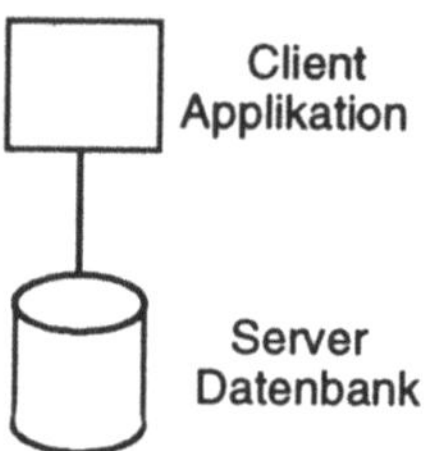

Der Client der Datenbank in Abb. 2/7 enthält die Applikation mit ihren Komponenten Präsentations-, Funktionalitäts- und Datenzugriffslogik, der Datenbank Server enthält die eigentliche Datenbank und die Datenbanksoftware, welche den Datenbankzugriff durchführt [Martin/Leben 1995, Kap. 7]. Client und Server laufen in der Regel auf getrennten Maschinen und sind über ein Netzwerk verbunden. Je nach Konfiguration können ferner die einzelnen Applikationskomponenten auf einen oder mehrere Rechnern verteilt sein. Um Anfragen an die Datenbank abzusetzen, kommuniziert die Applikation über eine Schnittstelle (API) mit dem Datenbankmanagementsystem unter Verwendung einer Datenzugriffssprache. Mit Abstand wichtigste Datenzugriffssprache ist SQL (Structured Query Language, ausführlich in Date [Date 1990]). Die Schnittstelle (API) regelt dabei, wie eine Applikation SQL Anfragen an die Datenbank absetzt. Diese von der zum X/Open Konsortium gehörenden SQL Access Group standardisierte Sprache war ursprünglich als eine Abfragesprache für relationale Datenbanken konzipiert [vgl. Lamersdorf 1994, Kap. 8.2]. Inzwischen gilt SQL eher als Verbindungssprache zu Daten unterschiedlicher Form. So ist SQL zusammen mit dem SQL CLI (Call Level Interface) als API im Rahmen des Information Warehouse Framework von IBM als Zugriffssprache auf relationale und nichtrelationale Daten positioniert [Singleton/Schwartz 1994].

Die Verwendung des SQL Standards reicht aber nicht aus, um eine Datenbank einfach durch eine andere Datenbank zu ersetzen. Sollte der neuen Datenbank ein Datenbankmanagementsystem eines anderen Herstellers zugrunde liegen, genügt es nicht, wenn der Hersteller die Einhaltung des SQL Standards verspricht. Ursache dafür sind Transparenzprobleme, die sich einerseits auf die Daten und andererseits auf die Transaktionen, die auf den Daten operieren, beziehen [Hackathorn 1993, Kap. 2.6 und 3.4].

Datentransparenz

Ursachen für Probleme der *Datentransparenz* bei einem Datenbankwechsel rühren vor allem von einer unterschiedlichen Verwendung und Realisierung von SQL her. Diese Unterschiede betreffen die Schnittstellen, über welche ein SQL Statement abgesetzt werden kann, den Verbindungsaufbau zur Datenbank, die Syntax und Semantik der SQL Sprachkonstrukte, Struktur und Inhalt des Systemkatalogs sowie verwendete Datentypen und deren Darstellung (z.B. ASCII versus EBCDIC). Weiter gehören dazu unterschiedliche Status- und Fehlermeldungen, Sortierreihenfolgen und verschiedene Datensemantik. Die Problematik der Datensemantik fällt dabei etwas aus der Reihe, da die Unterschiede aus dem Entwurf des Datenmodells und der zugehörigen Transaktionen und nicht durch das Datenbankprodukt bestimmt sind.

Transaktionstransparenz

Probleme der *Transaktionstransparenz* bei einem Wechsel der Datenbank entstehen durch unterschiedliche Handhabung von Transaktionsgrenzen (entspricht schattiertem Block in Abb. 2/4), verschiedene Sperrbereiche (z.B. ganze Datenbank, Feld) sowie unterschiedliche Benutzerauthentifizierung und -autorisierung (vgl. Abschnitt 2.1.2.).

Diese Problembereiche erschweren nicht nur den Wechsel einer Datenbank, sondern kommen erst recht zum Tragen, wenn im Rahmen eines Datenzugriffs Daten aus mehreren, heterogenen Datenbanken zusammengeführt werden sollen, (z.B. SQL Statement betrifft mehrere Datenbanken) bzw. zwischen diesen ein Austausch erreicht werden soll. *Datenzugriffsdienste* haben zum Ziel, eine transparente Kommunikation zwischen Applikationen und Datenbanken zu ermöglichen. Transparenz umfaßt sowohl die speziellen Probleme der Daten- und Transaktionstransparenz als auch die Abschirmung der heterogenen Rechner- und Netzwerklandschaft, in welcher die Daten verteilt sein können (vgl. Abschnitt 1.1).

Datenzugriffsdienste

Datenzugriffsdienste haben zum Ziel, über eine einheitliche Schnittstelle einen transparenten Zugriff auf heterogene, in einem Netz verteilte relationale und nichtrelationale Datenbanken zu ermöglichen. Sie ermöglichen eine integrierte Sicht auf verteilte Daten und eine Integration mit anderen Applikationen durch Zugriff auf deren Daten. Sprachstandard für den Datenzugriff ist SQL

Der Verwendung von *Datenverteilungsdiensten* liegt der Ansatz föderierter Datenbanken zugrunde. Föderierte Datenbanken sind ein Alternativkonzept zu verteilten Datenbanken. Verteilte Datenbanken basieren auf einem integrierten, globalen Datenmodell, auf dessen Basis die Daten auf die einzelnen Knoten verteilt werden [Date 1990, Kap. 23]. Neben den hohen technischen Anforderungen zur Realisierung verteilter Datenbanken und eher theoretischen Kritikpunkten, welche auf einen Verlust an Flexibilität durch das unterstellte gemeinsame Datenschema abzielen, steht das Konzept verteilter Datenbanken vor allem der betrieblichen Praxis entgegen [vgl. Bright et al. 1992, Goodhue et al. 1992]. Dort ist von gegebenen, verteilten heterogenen Datensammlungen auszugehen. Sowohl deren Ablösung durch eine verteilte Datenbank als auch die Integration der verschiedenen Datenschemata in ein gemeinsames Modell ist in der Regel nicht realistisch.

Diesem Kritikpunkt versuchen föderierte Datenbankansätze durch ein Konzept für das Zusammenwirken vorhandener Datensammlungen entgegenzukommen (ausführlich in Sheth [Sheth/Larson 1990]). Im Vordergrund steht somit die Integration durch Austauschbeziehungen und nicht durch ein gemeinsames Datenmodell [vgl. Österle 1995a, Kap. 3.9.]. Dieser Ansatz nimmt jedoch in Kauf, daß in den Datensammlungen erhebliche Redundanzen vorhanden sein können und daher ein laufender Koordinationsbedarf entsteht. Hier ist zu entscheiden, inwieweit Redundanzen behoben, durch Datenaustausch nach spezifizierten Vorgaben regelmäßig konsistent gehalten werden oder einfach belassen bleiben. Bei der Implementierung eines föderierten Systems kommen die im folgenden erläuterten Datenzugriffs- und -austauschmechanismen zum Tragen. Dabei müssen je nach Zielsetzung Einschränkungen im Vergleich zu einem reinen verteilten Datenbankmanagementsystem hingenommen werden. Einen Überblick zu Konzepten der verteilten Datenverwaltung aus Sicht der Forschung gibt Jablonsky [Jablonski 1991].

Datenverteilungs-dienste

Datenverteilungsdienste sind komplementär zu Datenzugriffsdiensten. Im Vordergrund steht die Realisierung von Datenaustauschbeziehungen zur Konsistenzerhaltung redundanter Daten in gegebenen, heterogenen, verteilten Datensammlungen.

Architektur einer Datenzugriffslösung

Je nach Gegenstand der Standardisierung sind die wichtigsten Verfahren, um auch bei heterogenen, proprietären Architekturen einen Zugriff auf die Daten zu ermöglichen [Hackathorn 1993, Kap. 6.4., Martin/Leben 1995, Kap. 9]:

- gemeinsame Schnittstelle,

- gemeinsames Protokoll und

- gemeinsames Gateway.

Eine Zugriffslösung wird in der Regel aus einer Kombination dieser Teillösungen bestehen. Zur Darstellung dieser Architekturen wird das Grundmodell aus Abb. 2/7 durch die Darstellung der Schnittstellen von Client und Server sowie des Protokolls ergänzt (vgl. Abb. 2/8).

Abb. 2/8:
Verbindung Applikation-Datenbank in einer Client/Server-Architektur

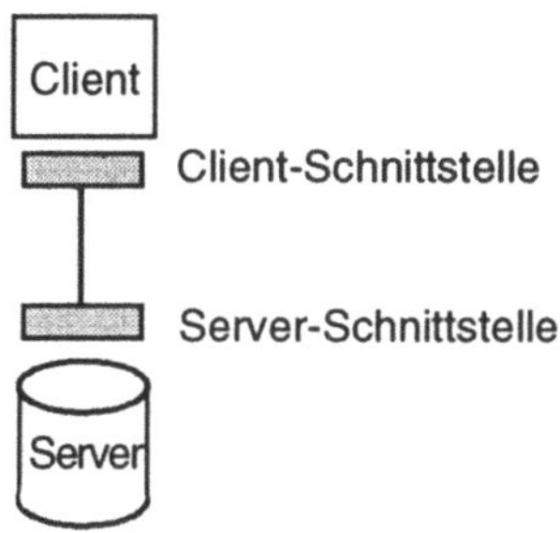

Das verwendete Protokoll spezifiziert die Regeln des Datenaustauschs sowie die Datenformate der auszutauschenden Nachrichten [Martin/Leben 1995, S. 125].

Gemeinsame
Schnittstelle

Grundidee dieses Ansatzes ist es, die Datenzugriffsschnittstelle zu standardisieren. Eine Client-Applikation greift über diese Schnittstelle (API) auf heterogene Datenserver zu und nutzt eine zur Standardschnittstelle vorgegebene Menge von SQL Statements. Da die Datenserver eine andere Schnittstelle unterstützen können, ist zur Realisierung ein Treiber notwendig, der die Befehle von der standardisierten Schnittstelle auf die jeweilige Serverschnittstelle umsetzt (vgl. Abb. 2/9).

Abb. 2/9:
Clients verwenden gemeinsame Schnittstelle

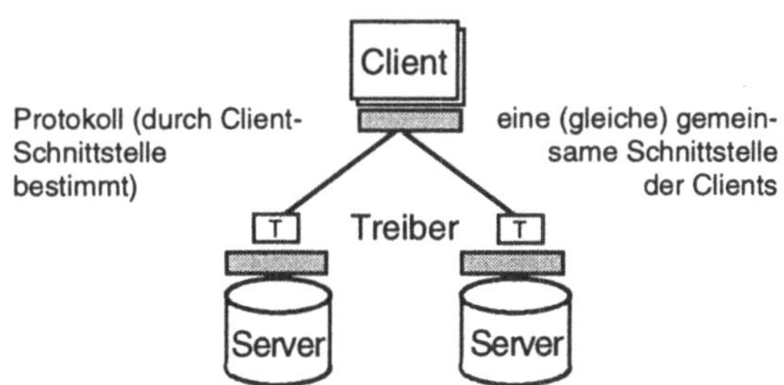

Zu den Aufgaben des Treibers gehört es somit, Aufrufe an die Schnittstelle zu verarbeiten, den Austausch mit der Datenbank abzuwickeln und dazu gegebenenfalls SQL Syntax Konversionen vorzunehmen. Der Treiber befindet sich entweder auf Server oder auf Client Seite. Neben der Plazierung des Treibers ist das verwendete Protokoll ein zweiter Parameter einer Konfiguration.

Das Protokoll kann entweder durch die Clientschnittstelle - also der Standardschnittstelle - oder durch die Serverschnittstelle und somit durch den Datenbankhersteller bestimmt sein. Abb. 2/9 zeigt als Beispiel eine mit EDA/SQL von IBI mögliche Konfiguration mit Treiberinstallationen für jeden Server.

Die wichtigsten Schnittstellen sind der Standard SQL CLI sowie das daraus abgeleitete ODBC von Microsoft [Lamersdorf 1994, Kap. 8.2.1.]. ODBC (Open Database Connectivity) ist als de facto Standard zu werten, da es unter Datenbank- und Toolherstellern wie auch in kommerziellen Applikationen eine breite Unterstützung findet. Im Unterschied zu Abb. 2/9 liegt der ODBC Treiber auf Seite des Clients. Je nach Konfiguration kann das Protokoll durch den Client, d.h. durch ODBC, oder durch die Datenbank, d.h. durch den Datenbankhersteller, bestimmt sein. Die Client-Applikation nutzt unabhängig von der Konfiguration die einheitliche ODBC-Schnittstelle und kann je nach Treibertyp aus drei verschiedenen Mengen von SQL Statements wählen (engl.: core, conformance level 1 and 2).

Gemeinsames
Protokoll

Ein weiterer Ansatzpunkt, damit ein Client auf verschiedene Servertypen zugreifen kann, ist die Standardisierung des Datenzugriffsprotokolls, auf das Client und Server ihre Aufrufe und Antworten umsetzen (Abb. 2/10). Dieses gemeinsame Protokoll kann verschiedene Schnittstellen (API) zulassen, soweit diese mit dem Protokollstandard konform sind [Martin/Leben 1995, S. 124].

Abb. 2/10:
Gemeinsames Proto-
koll

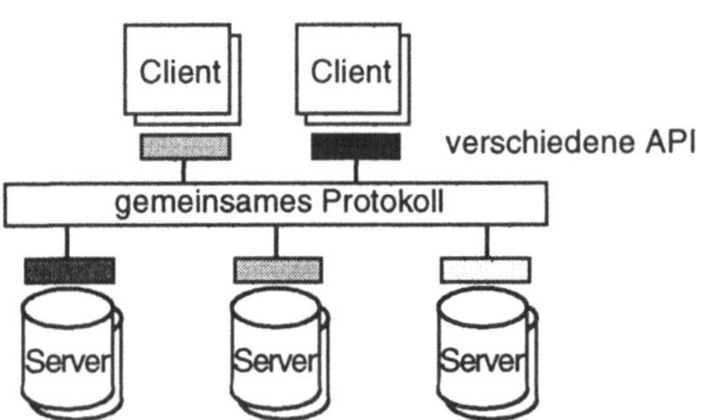

Datenzugriffsprotokolle bestimmen den Inhalt und die Bedeutung der Anfragen und Informationen, die zwischen Client und Server ausgetauscht werden [Singleton/Schwartz 1994, S. 309]. Wichtige Funktionen eines Datenzugriffsprotokolls sind der Aufbau der Kommunikation, die Darstellung der auszutauschenden Daten (Transfer Syntax), die Bereitstellung eines Befehlssatzes zur Nutzung der Protokolldienste sowie eine SQL Datenzugriffsschnittstelle [Hackathorn 1993, S. 215]. Datenzugriffsprotokolle setzen auf einem Kommunikationsprotokoll auf. So ist das RDA-Protokoll der ISO (Remote Database Access) auf der Anwendungsebene des ISO/OSI-Modells angeordnet (ausführlich in Lamersdorf [Lamersdorf 1994, Kap. 6 u. 7]). Eine kritische Anforderung an offene, standardisierte Datenzugriffsprotokolle ist es, daß sie eine gemeinsame Sprache für verschiedene, insbesondere auch für zukünftige Client- und Servertypen bereitstellen müssen.

Gemeinsames Gateway

Die einfachste Variante zur Realisierung eines Datenzugriffs auf heterogene Daten ist die Verwendung eines Gateways. Ein Gateway nimmt gegenüber der Client-Applikation die Rolle eines Servers und gegenüber dem Datenbankserver die Rolle des Clients ein (Abb. 2/10).

In Abb. 2/11. verwendet der Client die Schnittstelle des linken Servertyps. Die beiden anderen Servertypen (Mitte und links) realisieren jedoch andere Schnittstellen. Damit der Client auch auf diese Servertypen zuzugreifen kann, ohne deren Schnittstellen implementieren zu müssen, verwendet der Client ein Gateway. Das Gateway empfängt eine Anfrage vom Typ der linken Serverschnittstelle und setzt diese auf die jeweilige Schnittstelle der tatsächlich angesprochenen Datenbank um.

Abb. 2/11: Gemeinsames Gateway

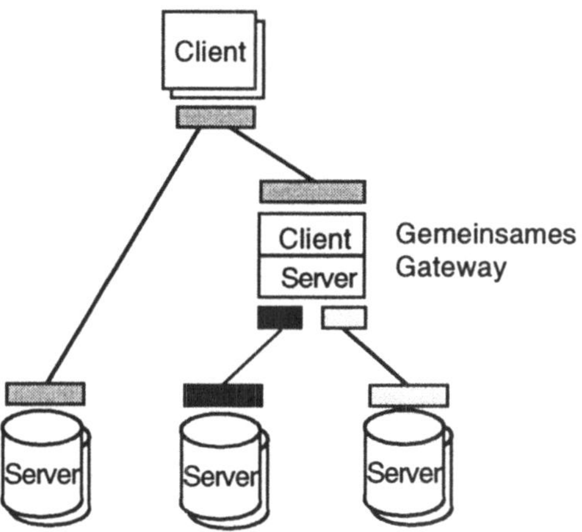

In einem heterogenen, verteilten Umfeld sind zusätzliche Kommunikationskomponenten zur Realisierung von Zugriffen auf Daten, die unter einem anderen Kommunikationsprotokoll laufen, notwendig. So soll es z.B. möglich sein, von einem PC-Client auf einem lokalen Netz unter NetBIOS auf einen Mainframe-

Datenbank-Server auf einem Weitverkehrsnetz unter LU 6.2 zu-zugreifen.

Datenbankgateways können je nach Produkt sehr verschieden sein. Die Unterschiede liegen in der zusätzlichen Funktionalität, welche die Produkte über die reine Abbildung von Anfragen auf eine andere Schnittstelle hinaus anbieten. Beispiele dafür sind mögliche SQL-Syntaxkonversionen, Datenkonversionen, Aufdeckung semantischer Unterschiede, Lastverteilung oder die Möglichkeit zur Weiterleitung von Daten an ein Mailsystem. Wichtige Punkte einer Gateway Konfiguration sind die Art der Abwicklung von Transaktionen über das Gateway und die Einhaltung von Sicherheitsregelungen [Singleton/Schwartz 1994, S. 311-314, Hackathorn, S. 153f].

In der Regel bieten Datenbankhersteller auch Gateway Software an. Sie ermöglichen es, mit Hilfe eines Gateways einerseits über fremde Schnittstellen (API) auf ihre Datenbanken und andererseits über ihre Schnittstelle auf Datenbanken anderer Hersteller zuzugreifen. Die Ausrichtung der Funktionalität als auch der Systemanforderungen eines Gateways auf ein vom Hersteller abgegrenztes Umfeld kann für den Anwender letztlich aber zu einer Abhängigkeit führen [Martin/Leben 1995, S. 122].

Architektur einer Datenverteilungslösung

Daten können bewußt - z.B. aus Performancegründen oder aufgrund besonderer lokaler Anforderungen - und unbewußt - z.B. durch unkoordinierte Systementwicklung - im Unternehmen redundant verteilt sein. Ein Koordinationskonzept für redundante Daten beinhaltet Maßnahmen zum Abgleich durch geeigneten Datenaustausch. Im folgenden werden Replikationsserver und spezielle Mechanismen zur Realisierung eines Datenabgleichs skizziert.

Replikationsserver

Primäre Ziele der *Replikation* sind eine Optimierung der Datenverfügbarkeit, eine höhere Zuverlässigkeit des Gesamtsystems, eine verbesserte Performance sowie eine Begrenzung des Netzwerkverkehrs, indem die gleichen Daten bewußt an mehreren Standorten gespeichert werden [vgl. Tanenbaum 1995, S. 317]. Eine *Replik* ist eine physische Kopie der Originaldaten, z.B. einer Tabelle oder einem Teil einer Tabelle, wobei auch eine Aktualisierung der kopierten Daten vorgesehen sein kann. Dadurch können mehrere Versionen eines Datums entstehen. Aufgabe eines *Replikationsservers* ist es, durch Datenaustausch für einen Gleichlauf der verschiedenen Versionen zu sorgen. Der dazu erforderliche Replikationsmechanismus ist als komplementärer Dienst Bestandteil eines Datenbankmanagementsystems. Ein Replikationsmechanismus kann sowohl synchron als auch asynchron realisiert sein. Im ersten Fall werden quasi in Echtzeit noch im selben Prozeß wie der Änderung auch die Änderung im Replikat bzw. Original vorgenommen. Im asynchronen Fall sind erste Änderung und Abgleich in zwei verschiedenen Prozessen realisiert, so daß je nach Konzept des Produkts auch ein späterer Abgleich möglich ist. Die meisten Produkte erlauben als Variante der asynchronen Replikation die Spezifikation von Zeitpunkten für den Datenaustausch.

Ein weiteres wichtiges Unterscheidungskriterium ist das Verhältnis von Original und Replik. Während beim Master/Slave Konzept Änderungen nur im Original möglich sind, welche an die Kopien weitergegeben werden, ist beim Peer-to-Peer Prinzip auch eine Änderung der Replik erlaubt. Diese Gleichberechtigung kann jedoch zu Konflikten führen. Das realisierte Konzept zur Konfliktvermeidung, z.B. dynamische Weitergabe des Änderungsrechts, ist daher ein wichtiges Kriterium zur Bewertung eines Replikationsservers [Ofer 1994].

Unterstützung Redundanzmanagement

Während ein Replikationsserver als Komponente einer Datenbankkonfiguration den zeitkritischen Abgleich identischer, redundanter Daten bewältigt, streben die hier betrachteten Mechanismen einen Abgleich von redundanten Daten mit unterschiedlicher Datenstruktur an. Damit können sie bei der Integration einer neuen Software sowie bei einem ex post Abgleich ursprünglich unbewußt entstandener Redundanzen eingesetzt werden. Solche weitergehende Mechanismen können mit Hilfe von Gateways, wobei insbesondere deren Konversionsfunktionalität zum Tragen kommt, oder auch wiederum als Komponente eines DBMS realisiert sein.

Abb. 2/12 zeigt die Architektur eines Mechanismus zum Management redundanter Daten.

Dabei findet ein Datentransfer von Quelldatenbanken zu Zieldatenbanken bzw. Senken des Datentransfers statt. In einem ersten Schritt werden die zu kopierenden Daten aus den Quelldatenbanken gelesen und gegebenenfalls Konversionen von Datenstrukturen vorgenommen, fehlende Werte abgeklärt sowie Datenelemente gruppiert. Redundante Daten in den Senken können aus Daten von mehreren Datenquellen zusammengesetzt sein. Aufgabe im Rahmen des Bindens ist es, entsprechend Datenmengen von verschiedenen Quellen zu einer Kopiermenge zu verknüpfen. Die so generierte Datenaustauscheinheit leitet die Routingfunktion an die Zieldatenbanken (Senken) weiter. Kritisch sind vor allem die Gewährleistung von Transaktionseigenschaften (s. Abschnitt 2.1.4) und damit verbunden das Fehlermanagement bei den Kopiervorgängen. Neben umfassenden Konversionsmöglichkeiten sollte der Mechanismus möglichst flexibel die Spezifikation von Zeitpunkten und Ereignissen, an denen ein Datenaustausch durchgeführt wird, zulassen.

Abb. 2/12:
Management re
dundanter Daten,
[Hackathorn 1993,
S. 225]

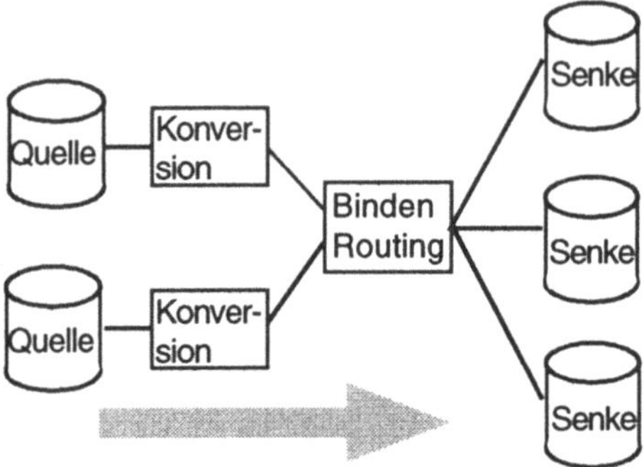

Im Zusammenhang mit Datenverteilungslösungen sind auch Konzepte aus dem Bereich *aktiver Datenbanken* interessant. Eine aktive Datenbank reagiert auf spezifizierte Ereignisse mit Aktionen, die in Regeln definiert sind. Eine Aktion kann dabei der "Datenaustausch" zur Herstellung der Konsistenz nach dem Ereignis "Datenbankänderung" sein. Generell übernehmen aktive Datenbanken das Erkennen von Situationen und die Durchführung von Folgeaktivitäten auf Ebene der Datenbanken. Damit übernimmt das Datenbankmanagementsystem überwachende und steuernde Aufgaben, die aus der Ebene der Applikationslogik herausgenommen werden (vgl. Abb. 1/2). Aktive Datenbanken sind noch ein Forschungsgegenstand, weshalb es erst Prototypen und noch keine Standards gibt. Jedoch sind verschiedentlich in kommerziellen Datenbankmanagementsystemen bereits einfache Triggerkonzepte realisiert, wobei unter einem Trigger eine Kombination aus Ereignis, Bedingung und Aktion zu verstehen ist. Für diese drei Komponenten sind dabei noch erhebliche Einschränkungen hinzunehmen; so ist ein Ereignis meist nur als eine Änderungsoperation definierbar und Aktionen sind auf die verfügbaren "stored procedures" begrenzt. Einen Überblick über den aktuellen Stand von aktiven Datenbanken gibt Widom [Widom et al. 1995].

Verteilte Dateisysteme

Ein verteiltes Dateisystem erlaubt den Applikationsclients einen transparenten Zugriff auf verteilte Dateiserver. Ein Dateiserver verwaltet Dateien und bietet Dienste zu deren Manipulation an (z.B. UNIX-Dateidienste), wodurch seine Schnittstelle definiert ist. In einem verteilten Dateisystem hat der Benutzer bzw. die Applikation im Idealfall den Eindruck, es mit nur einem lokalen Dateisystem zu tun zu haben. Auf diese Weise können Dateien relativ einfach von verschiedenen Applikationen gemeinsam genutzt werden. Verteilte Dateisysteme gehören zu den bewährtesten Konzepten verteilter Systeme. Die meisten Dateisysteme behandeln eine Datei als reine Bytefolge, deren Struktur und Bedeutung nur den Applikationen bekannt ist. Auch weicht die Semantik entsprechender Dienste (z.B. Datei löschen, hinzufügen) verschiedener Dateiserver vielfach nicht voneinander ab. In der Folge entfallen eine Reihe der aufgeführten Transparenzprobleme.

Um einen *Zugriff* auf verteilte Dateien zu ermöglichen, kann der Dateidienst eines verteilten Dateisystems entweder entfernte Dateien auf das lokale Dateisystem kopieren und geänderte Dateien wieder zurückkopieren oder er ermöglicht den direkten Zugriff auf die entfernte Datei. Auch bieten verteilte Dateisysteme Dienste für die *Dateireplikation* an, die die Replikation von einzelnen Dateien auf mehrere Rechner übernimmt.

Verteilungsdienste sind wesentliche Bestandteile eines verteilten Dateisystems. Ein Verzeichnisdienst realisiert die logische Benennung von Dateien und Dateiverzeichnissen im verteilten System und Sicherheitsdienste sind für die Benutzerauthentifizierung und den Zugriffsschutz notwendig. Transaktionsdienste können bei der Verwaltung des gleichzeitigen Zugriffs auf gemeinsam genutzte Dateien eine Rolle spielen [vgl. Tanenbaum 1995, Kap. 5, Satyanarayanan 1993].

2.3.2   Dokumentenmanagementdienste

Das Management von Dokumenten als zentrale Wissensträger in einer Organisation kann ein wesentlicher Faktor bei der Informationsverarbeitung innerhalb eines Geschäftsprozesses sein. Bei einer Einbindung des Dokumentenmanagements in den Prozeßablauf steht vor allem eine arbeitsplatzübergreifende Verarbeitung von Dokumenten im Vordergrund. Dokumentenmanagementsysteme sollen eine effiziente, datenbankgestützte Ablage, Verwaltung und Bereitstellung von Dokumenten ermöglichen.

Solche Systeme stehen im engen Zusammenhang mit Officesoftware sowie Archivierungs-, Workflowmanagement- und Groupwaresystemen (vgl. Abschnitt 2.4.2). Diese Applikationen decken zum Teil bereits die Anforderungen an das Dokumentenmanagement ab bzw. ergänzen ein Dokumentenmanagementsystem (z.B. effiziente Speicherung im Archivsystem).

Dokumentenorientierte Middleware hat in diesem Umfeld zum Ziel, die Interoperabilität und Konsistenz zwischen Anwendungen und verschiedenen Dokumentenmanagementsystemen auf heterogenen Plattformen zu gewährleisten. Middleware ermöglicht den Anwendungen einen einheitlichen Zugriff auf die jeweiligen Dokumenten-Repositories. Wichtigstes Gremium für die Standardisierung von Schnittstellen ist die Hersteller- und Anwendervereinigung Document Management Alliance (DMA, s. Abb. 2/13).

Abb. 2/13:
DMA Standardschnittstellen

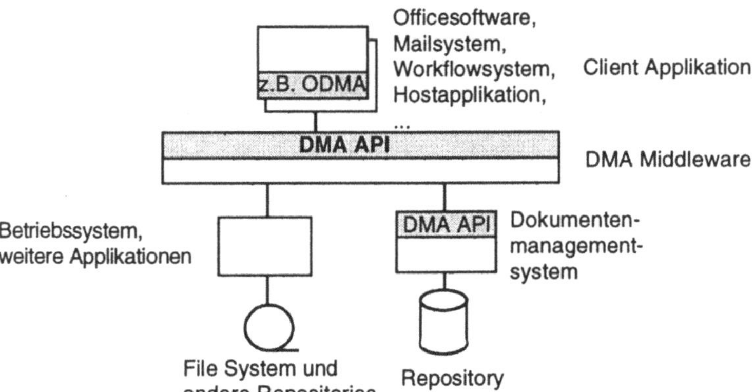

DMA Middleware ermöglicht einen Zugriff auf verschiedene Ablagesysteme. Neben DMA-schnittstellenkompatiblen Dokumentenmanagementsystemen können dies auch klassische Datenrepositories wie File Systeme sein. Die DMA erhofft, daß das DMA API für Dokumentenmanagementsysteme die gleiche Rolle einnehmen wird wie SQL im Datenbankbereich. Eine Erweiterung der DMA Schnittstellen können "höhere", applikationsspezifische Schnittstellen (engl.: high-level interfaces) sein. Dabei handelt es sich um ergänzende Schnittstellen zwischen den DMA Schnittstellen und weiteren Applikationstypen. Wichtigstes Beispiel ist die von Herstellern geschaffene und relativ einfache ODMA-Schnittstelle (Open Document Management API) für die Einbindung von Desktopapplikationen [DMA 1995, Schneider 1995].

2.3.3 Weitere Anwendungen

Die Beschreibung der verschiedenen Konzepte im Umfeld des Daten- und Dokumentenmanagements stellt den Zugriff auf die Ressourcen und den Austausch zwischen ihnen in den Vordergrund. Neben der Möglichkeit, Datenaustauschbeziehungen im Rahmen der Integration zu ermöglichen, können diese Dienste für weitere Konzepte bedeutend sein. Im folgenden werden drei solche mögliche Anwendungen kurz charakterisiert.

Migration

Abb. 2/14 skizziert die Migration von einer alten (hellgrau schattiert) zu einer neuen Applikation (dunkelgrau) mit Hilfe eines Datenbankgateways. Dabei wird vorausgesetzt, daß eine Trennung zwischen fachlicher Applikationsfunktionalität und den Daten möglich ist. Ziel ist eine inkrementelle Migration von der alten zu der neuen Applikation [Brodie/Stonebraker 1995, Kap. 2].

Abb. 2/14:
Migration mit Hilfe
Datenbankgateway

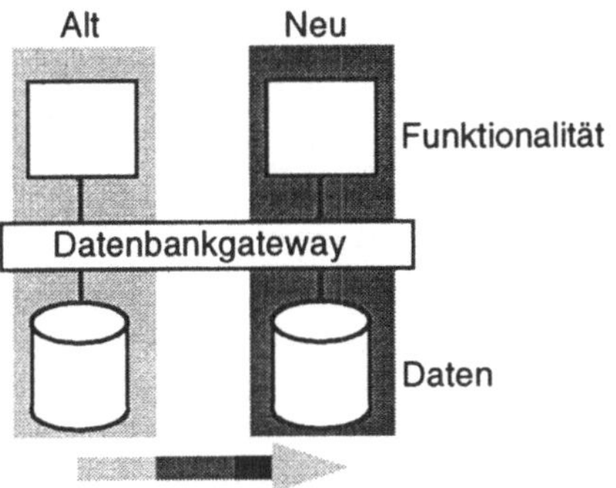

Zunächst schirmt das Gateway die Funktionalität von der Datenebene ab. Das heißt, eine Anfrage auf die alte oder die neue Datenbank macht aus Sicht der Funktionalitätsebene keinen Unterschied. Damit ist es möglich, nach und nach eine neue Datenbank aufzubauen, ohne Änderungen in den Programmen vornehmen zu müssen. Das Gateway unterstützt diesen Vorgang im Idealfall dadurch, daß es zwischen den Datenbeständen für Konsistenz sorgt und bei einer Anfrage auf die Daten die Weiterleitung an das alte oder das neue Datenbanksystem in Abhängigkeit vom aktuellen Stand der Migration koordiniert.

Data Warehouse und
Message Warehouse

Eine wichtige Rolle spielen vor allem Datenzugriffsdienste bei der Beschaffung von Informationen zur weiteren Auswertung. Typische Applikationen sind hier Führungsinformationssysteme, Kundeninformationsapplikationen oder auch eine einfache Tabellenkalkulationssoftware. Auswertende Applikationen können grundsätzlich direkt bzw. mit Hilfe eines Datenzugriffsdienst auf die relevanten Datenbanken zugreifen. Alternativ können die Daten aus den produktiven Datenbanken aber auch zunächst in eine gesonderte, speziell für Auswertungsbedürfnisse entworfene Datenbank extrahiert werden [Inmon 1992]. Bei der Einspeisung von Daten in ein solches *Data Warehouse* können Datenmanagementdienste helfen, Ereignisse oder Zeitpunkte für eine Aktualisierung zu erkennen, eventuell Konversionen vorzunehmen und die Daten in das Data Warehouse einzufügen [vgl. Schreier 1996].

Die Idee des Data Warehouse kann auch zur Realisierung eines Konzepts für einen koordinierten Nachrichtenaustausch eingesetzt werden (s. Abschnitt 2.4.1). Ein solches *Message Warehouse* speichert als zentrale, koordinierende Stelle die auszutauschenden Nachrichten. Eine Applikation legt darin eine Nachricht ab, die von einer weiteren Applikation wieder abgeholt wird. Dem Message Warehouse kommt dabei die Rolle eines Sternverteilers zu (engl.: hub). Zur eigentlichen Koordination kann ein Message Warehouse primär durch die aktive Steuerung des Nachrichtenaustauschs beitragen. Hier können z.B. Triggermechanismen oder zusätzliche Programme auf ein Ereignis hin eine Nachricht an eine Applikation oder eine weitere Datenbank weiterleiten. Weiter kann ein Message Warehouse zur Vereinheitlichung der auszutauschenden Nachrichten dienen. Dazu werden in einem Repository Syntax und Semantik der gemeinsamen Nachrichten definiert. Die beteiligten Applikationen müssen dann entsprechende Konversionen vornehmen, bevor sie ihre Nachrichten an das Message Warehouse weitergeben [vgl. Eckerson/Wayne 1995, Adam 1996].

Internet

Eine weitere Anwendung von Datenzugriffsdiensten ist es, Daten- und Dokumentenmanagementsysteme in das Internet zu integrieren. Ist ein Zugriff über das World Wide Web (WWW) möglich, können diese Informationen potentiell von jedem PC der Welt abgerufen werden. Beispiele für die Realisierung der Integration klassischer relationaler Datenbanken und Anwendungen über das WWW geben [Björn 1995, Beitz et al. 1995]. Eine nähere Diskussion der Integrationspotentiale mit dem WWW folgt in Abschnitt 3.5 .

2.4   Applikations- und Koordinationsdienste

Applikations- und Koordinationsdienste gehen von autonomen Applikationen aus, die über ihre Schnittstellen auf applikatorischer Ebene miteinander kommunizieren. Im Gegensatz zu den Koordinationsfunktionalitäten anderer Dienste, z.B. der Koordination einer verteilten Transaktion durch einen Transaktionsmanager, steht hier ein enger Bezug zur Umsetzung eines Geschäftsprozesses im Vordergrund. Autonome Applikationen sollen so zusammenwirken, daß sie letztlich die Vorgaben des Geschäftsprozesses realisieren. Eine erste Gruppe von Diensten ermöglicht den Applikationen den Austausch von "höheren" Nachrichten. Diese Nachrichten spiegeln einen fachlichen Sachverhalt wider. Der Koordination des Datenaustauschs durch Nachrichten steht in einer zweiten Gruppe, den Workflow-Systemen, vor allem die Koordination durch Steuerung von Aktivitäten gegenüber.

Schließlich geht der Abschnitt mit dem Traderdienst auf einen Koordinationsmechanismus ein, der noch vorwiegend Gegenstand der Forschung ist.

2.4.1 Koordiniertes Messaging

Dieser Abschnitt betrachtet den Austausch von Nachrichten zwischen Applikationen sowie Benutzern. Ausgehend von E-Mailsystemen steht die Koordination des Austauschs von Information im Vordergrund.

Austausch von "höheren" Nachrichten

Die Abbildung eines Geschäftsprozesses auf das Informationssystem führt zu einem Datenaustausch zwischen den Applikationen sowie den Benutzern. Datenaustausch zwischen Applikationen, die über ihre Schnittstellen kommunizieren, bedeutet Austausch von Nachrichten. Auf Ebene der Netzwerkprotokolle werden Nachrichten als ein Strom geeignet definierter Datentypen - z.B. ein Zeichenstring - betrachtet. Die Struktur und Bedeutung und letztlich die Interpretation der übertragenen Information ist Aufgabe der Applikation bzw. des Benutzers, welcher die Nachricht empfängt. Damit Applikationen sich austauschen können und so den vom Geschäftsprozeß abgeleiteten Informationsfluß wiedergeben, müssen sie sich über die Bedeutung der ausgetauschten Nachrichten wie auch über deren Reihenfolge einig sein. Die Bezeichnung "höhere" Nachrichten drückt aus, daß diese Fragestellung "über" den Netzwerkprotokollen auf Ebene der Applikationen und Benutzer angesiedelt ist [Halsall 1992, S. 730f].

Solche Nachrichten können strukturiert oder unstrukturiert sein. Der Austausch unstrukturierter Information ist ursprünglicher Gegenstand von E-Mailsystemen (engl.: electronic mail).

**Electronic Mail
und EDI**

Electronic Mail Systeme (synonym E-Mailsystem, Messaging System) unterstützen die nicht-interaktive Übertragung von Text, Daten, Graphiken, Sprache und Videosequenzen über Netzwerke. Elektronische Nachrichten werden nach dem "store and forward" Prinzip, d.h. durch sukzessive Weitergabe und Zwischenspeicherung bis der adressierte Nachrichtenspeicher erreicht ist, weitergeleitet. Aus diesem Speicher kann schließlich der Empfänger die Nachricht abrufen. Elektronische Post kann nicht nur zum Austausch von Information zwischen Personen, sondern auch zur Kommunikation von Anwendungen mit Personen bzw. zwischen Anwendungen eingesetzt werden. Voraussetzung dafür ist, daß eine Applikation Mechanismen zur Übertragung von Nachrichten nutzen kann (engl.: e-mail enabled application). Typische Anwendungen, welche die Dienste eines E-Mailsystems verwenden, sind Office-Applikationen (z.B. elektronischer Kalender, Tabellenkalkulation), Datenbanken und Workflow-Systeme (s. Abschnitt 2.4.2). E-Mailsysteme gelten daher als grundlegende Technologie für Groupware Lösungen sowie für die Büroautomatisierung und somit für die Koordination der Aktivitäten von Personen, die an einem Geschäftsprozeß beteiligt sind [Jayachandra 1994, Kap. 8., Teufel 1996].

Eine wichtige Rolle nehmen Messaging Konzepte im Bereich des elektronischen Datenaustausch von Geschäftsdokumenten in einem standardisierten Nachrichtenformat ein (EDI - Electronic Data Interchange). E-Mailsysteme übernehmen dabei für EDI-Anwendungen den Transport von standardisierten Nachrichten, z.B. einer EDIFACT-Nachricht, zwischen den Applikationen [vgl. Österle 1995b, Kap. 2.2.1.2. und 3.9.4.]. Die eigentliche Übertragung der Nachrichten über ein Netzwerk wird im Rahmen der Erläuterung von Kommunikationsdiensten in Abschnitt 2.5.2 als Realisierungsform eines asynchronen Datenaustauschs eingeordnet.

**Koordination des
Nachrichtenaus-
tauschs**

Während E-Mailsysteme lediglich ein Hilfsmittel zur Koordination der Aktivitäten von Benutzern darstellen, wird von Systemen zum koordinierten Austausch von Nachrichten zwischen Applikationen eine eigenständige Umsetzung von Koordinationsmechanismen gefordert. Eine wichtige Motivation für solche Systeme ist es, eine Vielzahl unkoordinierter Punkt-zu-Punkt-Verbindungen zwischen Applikationen in den Griff zu bekommen ("Schnittstellenspaghetti"). Zielsetzungen reichen von der Kontrolle des Nachrichtenflusses über dessen gezielte Steuerung bis zur Etablierung eines Schnittstellenstandards im Unternehmen (vgl. Abb. 2/15).

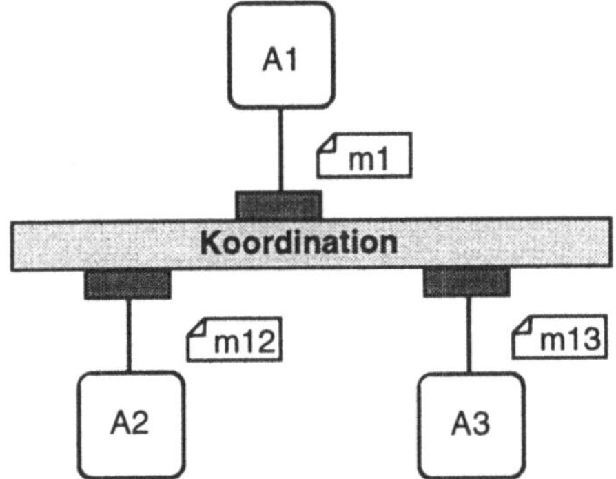

In Abb. 2/15 sendet die Applikation A1 eine Nachricht m1, mit der sie einen Dienst anfordert. In einem Schnittstellenmodul werden Anpassungen in der Syntax und Semantik der Nachricht vorgenommen. Diese Konversionen richten sich nach der Zielapplikation bzw. nach einem festgelegten Datenaustauschstandard (z.B. unternehmensspezifisches EDIFACT). Ein solcher interner Standard soll gewährleisten, daß alle Applikationen ein einheitliches Verständnis des Inhalts der ausgetauschten Nachrichten haben und weitere Applikationen einfacher integriert werden können. Der eigentliche Koordinationsmechanismus generiert nach vorgegebenen Regeln die Folgenachrichten m12 und m13 und steuert die Versendung an die Applikationen A2 und A3. Für den Transport werden die Nachrichten an einen geeigneten Kommunikationsdienst (z.B. RPC, ORB, E-Mail, s. Abschnitt 2.5) weitergeleitet.

Koordinationsdienste dienen so der Verwaltung von Schnittstellen und Steuerung des Informationsflusses. Zu den Funktionalitäten gehören allgemein Konversionen, die Generierung von Nachrichten und Ermittlung von Empfängern zu einer Nachricht, die Steuerung des Nachrichtenaustauschs nach Vorgaben wie Regeln und Zeitplänen sowie die Weitergabe und effektive Nutzung von Kommunikationsdiensten. Hinzu kommen Administrationsfunktionen vor allem zur Konfiguration, Überwachung und Aufzeichnung des Nachrichtenaustauschs. Entsprechend der Funktionalität von Diensten zur Datenverteilung (s. Abschnitt 2.3.1) können auch hier Regeln nach dem Ereigniskonzept spezifiziert sein. Ereignisse können z.B. Zeitpunkte oder das Eintreffen bestimmter Nachrichten sein. Der Koordinationsdienst überprüft, ob es zu einem Ereignis vordefinierte Regeln gibt und führt gegebenenfalls die festgelegten Folgeaktivitäten wie die Generierung neuer Nachrichten aus. Im Rahmen der Diskussion von SAP ALE in Abschnitt 3.4 wird die Funktionalität von Systemen für einen koordinierten Nachrichtenaustausch weiter vertieft.

Das Konzept des koordinierten Nachrichtenaustauschs ist noch ziemlich jung, so daß es noch keine Standards und auch noch kein einheitliches Verständnis zur Soll-Funktionalität solcher Systeme gibt. Zu typischen Produkten gehören EDI-Software und spezielle Systeme zur Steuerung des Nachrichtenaustauschs, die auch unter Bezeichnungen wie "Message Broker", "Interface Engine", "Applikationsbus" oder "Intgrationstool" angeboten werden [vgl. Colonna/Srite 1995, S. 258-262, Eckerson/Wayne 1995]. Eine Integration von solchen Systemen mit weiterer Middleware ist insbesondere in bezug auf das Transaktionsmanagement und die Verwendung verschiedener Kommunikationsdienste relevant. Insbesondere zur Implementierung einer ereignisgetriebenen Steuerung ist die Einbindung des in Abschnitt 2.5.3 erläuterten Publish and Subscribe Konzepts eine Möglichkeit. Ein weiterer wichtiger Aspekt ist die Integration mit Repository Systemen zur Darstellung der Metadaten von Nachrichten als technische Voraussetzung für die Realisierung eines Nachrichtenstandards im Unternehmen.

Neben solchen Produkten zur Koordination sind Koordinationsdienste Gegenstand der Standardisierung durch die OMG (Task Management Framework, s. Abschnitt 3.3) und eng mit Workflow-Systemen verwandt. Da bei Workflow-Systemen die Koordination durch regelgebundene Steuerung im Vordergrund steht, werden diese im folgenden als Ausprägung der Koordinationsdienste aufgefaßt.

2.4.2   Workflow-Systeme

Ein Workflow-System ist ein rechnergestütztes System zur Steuerung eines Ablaufs und wird vielfach als Middlewaretechnologie eingestuft [z.B. Jablonski 1995, Lewis 1995]. Nach den Vorgaben einer aus dem Geschäftsprozeß abgeleiteten Ablaufspezifikation koordiniert es die Aufgaben zwischen Benutzern und Applikationen, ermittelt den nächsten Bearbeitungsschritt, kontrolliert die Verantwortlichkeiten, stellt notwendige Informationen bereit, startet automatisch Programme zur Ausführung von Aktivitäten und überwacht deren fristgerechte Erledigung [Derungs 1995a, S. 5, Vogler 1996].

Abb. 2/16 zeigt einen Workflow als eine Kette von Aktivitäten, welche wiederum Arbeitsschritte umfassen. Das Workflow-System erlaubt die Spezifikation, Ausübung und Steuerung des Ablaufs in einem heterogenen, verteilten Informationssystem. Dazu muß es die erforderlichen Applikationen sowie Daten- und Dokumentensysteme einbinden können.

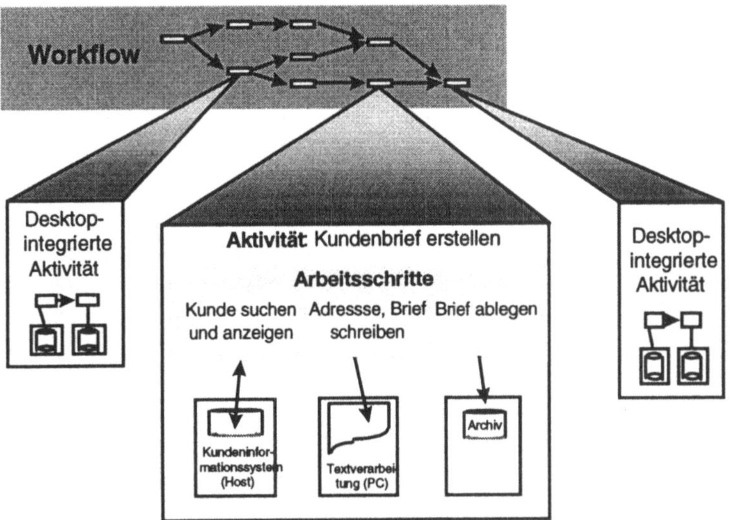

Abb. 2/16: Desktop-Integration und Workflow-System - [Vogler 1996, S. 346]

Bei der Realisierung eines Prozesses mit Hilfe eines Workflow-Systems spielt daher die Desktop-Integration eine wesentliche Rolle. Die Desktop-Integration verbindet die einzelnen Arbeitsschritte zu Aktivitäten und stellt die erforderlichen Applikationen am Arbeitsplatz bzw. Desktop des Benutzers zur Verfügung (vgl. Abb. 2/16).

Während die Koordinationsaufgaben Kernfunktionalität eines Workflow-Systems sind, bieten die derzeit am Markt befindlichen Produkte kaum eigene Mechanismen zur Einbindung von Applikationen an [Derungs 1995b]. Aus diesem Grund müssen zur Desktop-Integration zusätzliche Integrationsmechanismen eingesetzt werden. Eine wesentliche Bedeutung haben dabei Präsentations- und Kommunikationsdienste [vgl. Halter 1996]. Weiter kommen vor allem zur Integration mit Dokumenten- und Archivsystemen auch Zugriffsmechanismen der Daten- und Dokumentenmanagementdienste zum Einsatz. Gegenstand der Forschung ist noch die Einbindung von Transaktionsmanagementdiensten in Workflow-Systeme. Transaktionsmechanismen sollen parallel ablaufende Workflows synchronisieren sowie die Rücksetzbarkeit bei einem Fehler während des Ablaufs ermöglichen [Deacon 1995].

Mit der Workflow Management Coalition (WfMC) existiert ein Anwender- und Herstellergremium zur Standardisierung der Schnittstellen von Workflow-Systemen zu anderen Systemen. Aus dem von der WfMC erstellten Referenzmodell ergeben sich fünf verschiedene Schnittstellen eines Workflow-Systems: Schnittstellen zu anderen Workflow-Systemen, zu Applikationen, die vom Workflow-System aufgerufen werden, sowie zur Workflow Client Applikation, welche die Benutzerschnittstelle zum Workflow-System bildet. Weiter betrachtet die WfMC Schnittstellen zu Werkzeugen zur Geschäftsprozeßspezifikation sowie zu Administrationswerkzeugen. Im Zentrum der bisherigen Aktivitäten dieses Gremiums steht die Interoperabilität zwischen Workflow-Systemen [WfMC 1994]. Eine Sammlung von Erfahrungen beim Einsatz von Workflow-Systemen in der Praxis sowie den aktuellen Stand des Workflow-Managements geben Österle und Vogler [Österle/Vogler 1996].

2.4.3 Traderdienste

Koordinationsdienste zur Steuerung des Nachrichtenflusses sowie des Ablaufs wie in den beiden vorhergehenden Punkten erläutert, basieren auf vorgegebenen Programmen (engl.: schedules). Dagegen versuchen Traderdienste eine Koordination auf der Grundlage von Marktmechanismen umzusetzen. Dazu stellen sie Funktionalitäten zur Dienstvermittlung bereit (s. Abb. 2/17).

Abb. 2/17:
Prinzip der Dienstvermittlung durch Trader

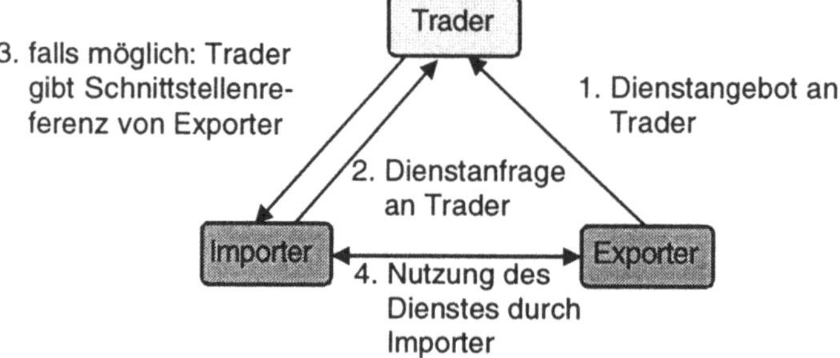

Importer und Exporter entsprechen Applikationsobjekten, welche ihre Dienste über ihre Schnittstellen anbieten. Ein Dienst ist primär durch die Operationen bzw. Methoden, auf welche er antwortet, beschrieben. Zur weiteren Unterscheidung können

Dienstattribute definiert und die Zugehörigkeit zu einer Menge von Diensten, dem sogenannten Tradingkontext, spezifiziert sein. Neben diesen Informationen gibt der Exporter eines Dienstes eine Referenz, mit deren Hilfe eine Verbindung zu dem Dienst hergestellt werden kann, an den Trader weiter. Nach dem in Abb. 2/17 dargestellten Schema gleicht der Trader diese Exporter-Dienstspezifikation mit den Anfragen der Importer ab und vermittelt bei einer Übereinstimmung eine Dienstnutzung. Der Trader muß dabei die jeweilige "Handelspolitik" der Objekte berücksichtigen. Neben der Dienstvermittlung ist die Kooperation zwischen Tradern ein wesentliches Konzept von Tradern (Traderföderation) [Raymond 1994, Popien et al. 1995, Kap. 7].

Solche Konzepte sind weitgehend noch Forschungsgegenstand. Die Definition von Traderfunktionen ist ein Schwerpunkt der Arbeiten im Rahmen der Open Distributed Processing Initiative der ITU und ISO (ODP, aktuelle Dokumente zur Standardisierung liefert ODP[ODP 1996]). Im Rahmen des ANSA Forschungsprojekts (Advanced Network System Architecture) ist Ende der achtziger Jahre in England eine inzwischen kommerzielle Realisierung eines ODP Traders entstanden [Popien et al. 1995, Kap. 7.6]. Die Standardisierung eines Traderdienstes als ein CORBA Object Service ist durch die OMG vorgesehen (s. Abschnitt 3.3) [Orfali et al. 1996, S. 113f].

Zusammenfassend ist festzuhalten

Applikations- und Koordinationsdienste unterstützen die Koordination verteilter, autonomer Applikationen durch Nachrichtenaustausch und Steuerung des Ablaufs entsprechend der aus den Geschäftsprozessen abgeleiteten Vorgaben. Neue Ansätze versuchen Koordination durch Marktmechanismen zu realisieren.

2.5 Kommunikationsdienste

Middlewaredienste dieser Kategorie bilden die grundlegenden, netzwerknahen Bausteine für eine Kommunikation zwischen verteilten Programmen. Charakteristisch für verteilte Programmsysteme ist die Notwendigkeit zur Kommunikation zwischen Rechnerprozessen [Mullender 1993a]. Ein Rechnerprozeß ist eine Instanz eines Programms, die in einem Rechner aktiv ist. Verteilte Programme resultieren in der Ausführung mehrerer Programme und somit von Prozessen auf potentiell verschiedenen, in einem Netz verteilten Rechnern. Jeder Rechnerprozeß führt dabei jeweils eine abgegrenzte Teilfolge von Aktivitäten aus. Die Notwendigkeit zur Kommunikation entsteht vor allem dadurch, daß ein Rechnerprozeß auf die Daten eines anderen Prozesses angewiesen ist [Herrtwich/Hommel, Kap. 1.2].

Dieser Abschnitt führt in kurzer Form in wesentliche Konzepte der Kommunikation in verteilten Programmsystemen ein, und erläutert wesentliche Middlewaredienste zur Kommunikation.

2.5.1   Kommunikationskonzepte

Zur Einordnung der Kommunikation zwischen Prozessen soll zunächst ein Metamodell die Notwendigkeit der Kommunikation verdeutlichen. Im weiteren werden grundlegende Varianten des Synchronisationsverhaltens und Konzepte der Gruppenkommunikation eingeführt.

Abhängigkeiten zwischen Programmen und Applikationen

Das Metamodell in Abb. 2/18 soll vereinfacht die Kommunikation zwischen Rechnerprozessen im Gesamtzusammenhang einordnen [vgl. Gaßner et al. 1995].

Abb. 2/18:
Metamodell zur
Kommunikation

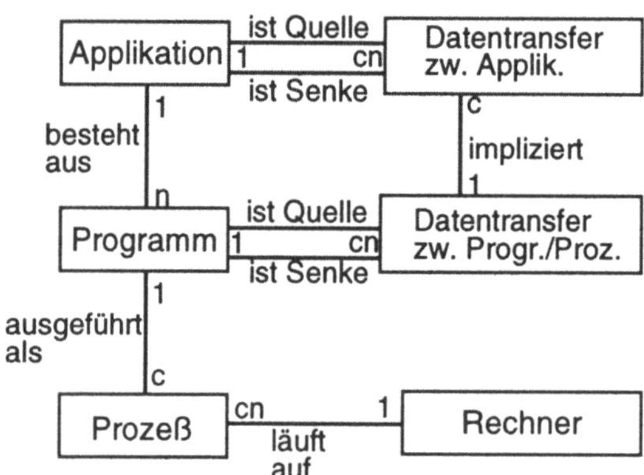

Eine Applikation besteht danach aus mehreren Programmen, z.B. Transaktionen, welche während der Laufzeit als ein Prozeß auf einem Rechner aktiv sind. Zwischen Programmen kann Kommunikation zum Austausch von Daten stattfinden, was wiederum während der Laufzeit zu einer Kommunikation zwischen Prozessen führt. Sind die jeweiligen Programme verschiedenen Applikationen zugeordnet, ist ein Datenaustausch zwischen den jeweiligen Applikationen impliziert.

Die Kommunikation zum Datentransfer zwischen Applikationen, Programmen und somit letztlich Rechnerprozessen ist Ergebnis von Abhängigkeiten. Im folgenden wird die Kooperation, z.B. zwischen Applikationen, als Ursache für Abhängigkeiten betrachtet. Grundsätzlich sind aus logischer Sicht zwei mögliche Kooperationsformen relevant (s. Abb. 2/19).

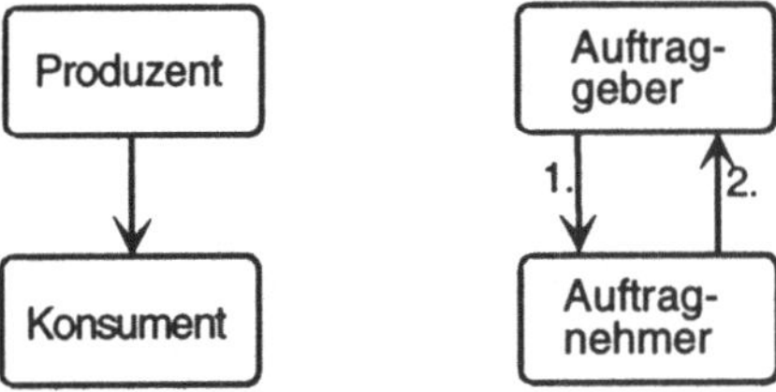

Abb. 2/19: Produzenten/Konsumenten und Auftraggeber/Auftragnehmer-Verhältnis, [Herrtwich/Hommel 1989, S.24]

Im *Produzenten/Konsumenten-Verhältnis* nimmt eine Applikation Daten auf, die in einer anderen Applikation erzeugt wurden, im *Auftraggeber/Auftragnehmer-Verhältnis* gibt die aufnehmende Applikation später, nach Ausführung eines Auftrags, wieder Daten zurück. Neben diesen Kooperationsformen können auch Konkurrenzsituationen, z.B. bei infolge beschränkter Rechnerkapazitäten, Ursache für Abhängigkeiten sein. Dieser Fall wird hier nicht weiter betrachtet [vgl. Herrtwich/Hommel 1989].

Die Realisierung dieser Abhängigkeiten führt zu Interaktionen zwischen Programmkomponenten. Die beiden wichtigsten Konzepte zu deren Umsetzung in einer Applikation sind das *Client/Server-* und das *Peer-to-Peer-Modell* (zu Client/Server vgl. Abschnitt 1). Das Client/Server-Architekturmodell ist vor allem aufgrund seiner Einfachheit in der Programmierpraxis wesentlich bedeutender. Eine Interaktion besteht aus genau einer Anfrage und einer Antwort und ist damit abgeschlossen. Dabei sind die Rollen einer Softwarekomponente als Auftraggeber (Client) oder als Auftragnehmer (Server) fest definiert. Insbesondere sind verschiedene Interaktionen voneinander unabhängig. Im Peer-to-Peer-Modell dagegen können beide Parteien gleichberechtigt (engl.: peer) die initiative Rolle einnehmen und es sind längere Interaktionen möglich. In der Folge müssen beide Seiten Einzelheiten über den Zustand des anderen kennen und austauschen. Client/Server führt zu einer loseren Kopplung der Softwarekomponenten und erlaubt damit auch eher die Wiederverwendung einer Komponente über Applikationsgrenzen hinweg [Umar 1993, Kap. 5.2., Sims 1994, Kap. 4.2.1].

Synchroner und asynchroner Nachrichtenaustausch

Die Möglichkeit zur Kommunikation über Prozeßgrenzen hinweg ist eine Grundlage für verteilte Betriebssysteme [Tanenbaum 1995]. Wie im vorhergehenden Punkt verdeutlicht, ist die Kommunikation ein Ergebnis der Kooperation zwischen Rechnerprozessen. In einem verteilten System steht den Prozessen auf verschiedenen Rechnern kein gemeinsamer Speicherraum zur Verfügung. Die Kommunikation erfolgt daher anhand von Nachrichten über einen Kommunikationskanal. Um die einzelnen Aktivitäten der miteinander kooperierenden Prozesse in eine Reihenfolge zu bringen, ist Koordination erforderlich. Ein elementarer Koordinationsmechanismus ist die Synchronisation. Grundsätzlich ist synchrone von asynchroner Kommunikation zu unterscheiden.

Den Unterschied zwischen diesen beiden Formen des Synchronisationsverhaltens verdeutlicht Abb. 2/20.

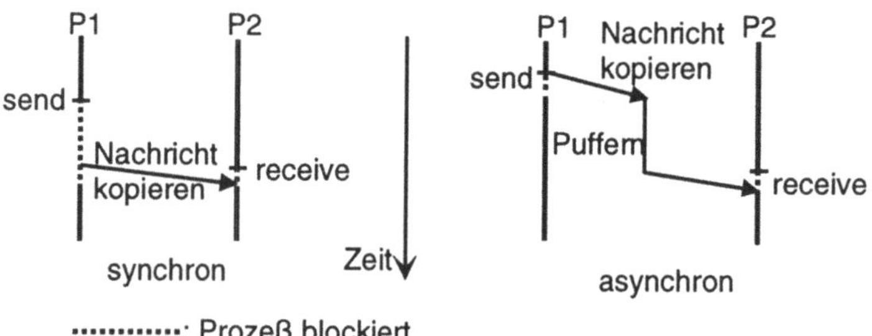

Abb. 2/20: Verzögerungen beim Nachrichtenaustausch zwischen zwei Prozessen P1 und P2, [Herrtwich/Hommel 1989, S. 276]

Im Fall eines synchronen Nachrichtenaustauschs ist der Prozeß P1 so lange blockiert, bis Prozeß P2 die Nachricht entgegengenommen hat. Dagegen wird bei einem asynchronen Nachrichtenaustausch die Nachricht in einen Zwischenspeicher oder Puffer kopiert, aus dem der empfangende Prozeß zu einem späteren Zeitpunkt die Nachricht liest. Der Sender ist somit bis auf die Übertragungszeit in den Puffer nicht blockiert. Unter Vernachlässigung der Übertragungszeit ist allgemein festzuhalten:

Prozesse ohne gemeinsamen Datenbereich kommunizieren durch Nachrichtenaustausch. Beim synchronen Nachrichtenaustausch bleibt der Sender blockiert, bis der Empfänger die Nachricht entgegengenommen hat. Bei einem asynchronen Nachrichtenaustausch setzt der Sender seine Verarbeitung nach dem Absenden fort. Der Empfänger braucht zum Sendezeitpunkt nicht verfügbar sein und kann die eingegangene Nachricht später bearbeiten.

Für eine differenzierte Betrachtung siehe z.B. Tanenbaum [Tanenbaum 1995, Kap. 2.3].

Gruppenkommunikation

In den beiden vorhergehenden Punkten ist eine Kommunikation zwischen zwei Partnern unterstellt. Im Gegensatz dazu sind in einer Gruppe Konzepte einer Eins-zu-Viele-Kommunikation erforderlich. Eine Gruppe ist eine Menge von Rechnerpozessen, die in einem System auf benutzerdefinierte Art zusammenarbeiten [Tanenbaum 1995, S. 128].

Abb. 2/21 verdeutlicht die beiden Formen von Kommunikationsbeziehungen. Ein Prozeß kann Mitglied mehrerer Gruppen sein. Mitgliedschaften in einer Gruppe können sich laufend ändern.

Abb. 2/21:
Punkt-zu-Punkt-
(links) und Gruppen-
kommunikation
(rechts)

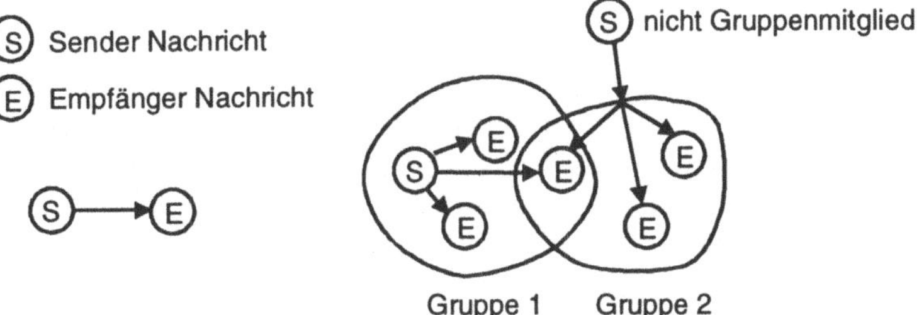

Wird eine Nachricht an eine Gruppe gesendet, erhalten stets *alle* Gruppenmitglieder diese Nachricht. Der Sender kann sowohl Mitglied der Gruppe (Gruppe 1 in Abb. 2/21) oder ein externer Prozeß sein (Gruppe 2). Falls die Gruppe den Zugang durch ein Nicht-Gruppenmitglied erlaubt, empfangen wiederum alle Prozesse in der Gruppe die Nachricht.

Zur *Implementierung* der Gruppenkommunikation gibt es drei Varianten. Zunächst kann ein sendender Prozeß an alle Gruppenmitglieder je eine Nachricht in Form einer Punkt-zu-Punkt-Übertragung senden. Dieses Verfahren wird auch *Unicasting* genannt. Dagegen muß er bei Verwendung eines Broadcasting oder Multicasting Mechanismus nur genau eine Nachricht versenden. Die Verfügbarkeit dieser beiden Mechanismen ist abhängig von der Funktionalität der Kommunikationssoftware. Beim *Broadcasting* wird die Nachricht an *alle* Prozesse, also auch Nicht-Gruppenmitglieder, gesendet. Jeder Prozeß überprüft dann anhand einer Adresse, ob die Nachricht für ihn bestimmt ist. Das *Multicasting* Verfahren vermeidet dagegen, daß auch Prozesse, die nicht zur Empfängergruppe gehören, diese Überprüfungen machen müssen. Hier werden die Nachrichten *ausschließlich* an die Prozesse der Empfängergruppe, die durch eine Gruppenadresse identifizierbar sind, gesendet. Die Abb. 2/22 verdeutlicht den Unterschied zwischen den drei Varianten anhand des Beispiels von Abb. 2/21, in dem insgesamt 7 Prozesse existieren. Dabei wird angenommen, daß ein Prozeß in Gruppe 1 mit insgesamt 4 Gruppenmitgliedern eine Nachricht sendet.

Abb. 2/22:
Anzahl Nachrichten
bei verschiedenen
Implementierungs-
varianten (s. Text
und Abb. 2/21)

Implementierungsvariante	Uni-casting	Broad-casting	Multicasting
Anzahl versendeter Nachrichten durch Sender	3	1	1
Anzahl Empfänger der Nachricht	3	7	4

Gruppenkommunikation wirft im Vergleich zur Punkt-zu-Punkt Kommunikation eine Reihe von Designaspekten auf, die hier nicht vertieft werden sollen [s. Tanenbaum 1995, Kap. 2.5.2]. Zu den wichtigsten Fragestellungen gehören die Atomarität und die Synchronisation der Nachrichtenreihenfolge. Ein Beispiel dafür ist ein Börsenhandelssystem mit mehreren, verteilten Händlerarbeitsplätzen. Kommt es zu einer Börsentransaktion, sollen die interessierten Händler die Daten zu dieser Transaktion sogleich auf ihrem Rechner bekommen. Die *Atomarität* soll gewährleisten, daß alle Händler die Information erhalten oder keiner. Auf diese Weise hat kein Händler einen Informationsvorsprung. Noch wichtiger ist die Einhaltung der *Reihenfolge*. Ein Handelsabschluß, der zeitlich vor einem anderen Geschäft stattgefunden hat, soll auch vorher mitgeteilt werden. Kommen die Daten in der falschen Reihenfolge an, könnte es passieren, daß ein Händler den Kurs eines früheren Abschlusses für den aktuellen Kurs hält und in der Folge verfehlte Dispositionen eingeht. In einem verteilten System mit mehreren, nicht gleichlaufenden Systemuhren, unterschiedlichen Datenübertragungszeiten und der Gefahr von Netz- und Rechnerausfällen erfordert die Realisierung dieser Anforderungen ausgeklügelte Protokolle [vgl. z.B. Babaoglu/Marzullo 1993].

2.5.2   Kommunikationsinfrastruktur

Für den Anwendungsentwickler steht bei der Implementierung der Kommunikation die Schnittstelle (API) im Vordergrund.

Middlewaredienste sollen dabei die Schnittstelle so einfach wie möglich machen. Der Programmierer soll sich nicht z.B. um die Adressierung oder um Eigenheiten eines Netzwerktransportprotokolls kümmern müssen. Folgende Einteilung ist eine Erweiterung der von IBM geprägten Unterscheidung von Kommunikationsdiensten Conversation, Remote Procedure Call (RPC) und Message Queuing [IBM 1994a, S. 18-20]. Während der RPC und die Conversation eine synchrone Charakteristik haben, stehen für eine asynchrone Kommunikation primär das Messaging und das Publish and Subscribe Konzept zur Auswahl.

Daneben werden weitere Kommunikationsdienste eingeordnet. Dazu gehören E-Mailsysteme als Kommunikationsmechanismus für die Übertragung "höherer" Nachrichten und Object Request Broker als Grundlage einer Infrastruktur für die verteilte Objektorientierung. Ein abschließender Punkt geht kurz auf die zunehmend wichtigere Mobilkommunikation ein.

Exemplarisch wird zunächst der Remote Procedure Call (RPC), dem eine grundlegende Bedeutung im Bereich der verteilten Systeme zukommt, ausführlicher diskutiert.

Remote Procedure Call

Bei einem Remote Procedure Call (RPC) wird aus einem Programm eine Prozedur, die von einem anderen Programm bereitgestellt wird, aufgerufen. Das auftragnehmende Programm kann dabei in einem entfernten Rechnerprozeß ablaufen. Der RPC ist somit eine natürliche Implementierung eines Auftraggeber/Auftragnehmer-Verhältnisses. Implizit handelt es sich dabei um eine Abstraktion von zwei Nachrichtenübertragungen: der Auftraggeber sendet eine Nachricht mit Angabe der aufzurufenden Prozedur sowie der notwendigen Parameter, der Auftragnehmer sendet nach der Verarbeitung eine Nachricht mit den Rückgabewerten zurück. Die Umsetzung eines Prozeduraufrufs in einen Nachrichtenaustausch wird von sogenannten "Stubs" geleistet (vgl. Abb. 2/23).

Da ein Stub lokal den Prozeduraufruf annimmt bzw. weitergibt, muß er die Schnittstelle der betroffenen Prozedur im Auftragnehmer kennen. Dazu gehören primär der Name der Prozedur, die Parameter sowie die benötigten Datentypen. Bevor ein RPC durchgeführt werden kann, müssen im Vorfeld die Schnittstellen deklariert sein und daraus die beiden Stubs generiert sein. RPC Implementierungen stellen dazu Schnittstellendefinitionssprachen und Präcompiler bzw. Stub Generatoren zur Verfügung.

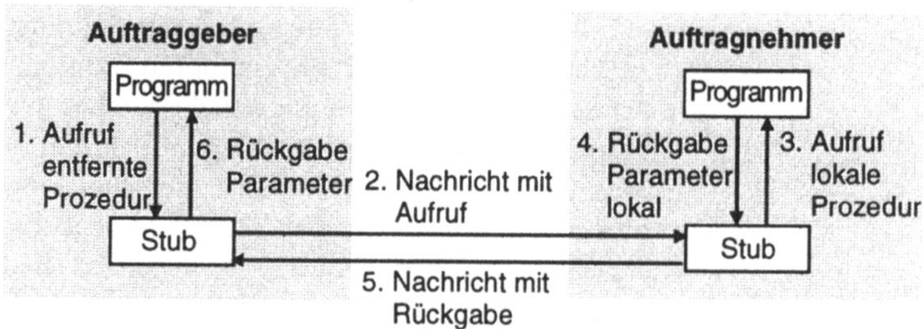

Abb. 2/23:
Ablauf eines RPC unter Einbezug von Stubs

Synchronisationsverhalten

Das *Synchronisationsverhalten* des RPC ist in der Regel synchron, das heißt der Auftraggeber ist wie bei einem lokalen Prozeduraufruf so lange blockiert, bis die Antwort vom Auftragnehmer eintrifft (s. Abb. 2/24, links). Verschiedentlich gibt es Ansätze für einen asynchronen RPC, z.B. durch Verwendung von mehreren Steuerflüssen innerhalb eines Prozesses (sogenannte Threads), was jedoch gute Systemprogrammiererkenntnisse voraussetzt [vgl. Lockhart 1994, Kap. 23, Ruddock/Dasarathy 1996]. Der Auftraggeber kann dann nebenläufig zum Auftragnehmer weiterarbeiten. Allerdings muß er ein Verfahren bereitstellen, um das später eintreffende Ergebnis anzunehmen. Weiter ist bei mehreren asynchronen RPCs der Rücklauf von Antworten zu überwachen, wodurch ein zusätzlicher Synchronisationsaufwand erforderlich ist (vgl. Abschnitt 2.5.2). Dieser Aufwand entfällt insbesondere, wenn vom Auftragnehmer keine Antwort erwartet wird.

Abb. 2/24:
Synchrone Kommunikation zwischen zwei Prozessen:
RPC (links), Conversation (rechts)

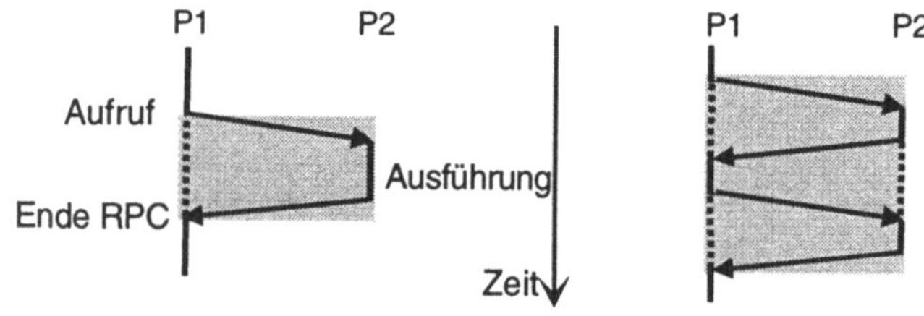

Damit die Entkopplung von Auftraggeber und Auftragnehmer durch einen asynchronen RPC von Vorteil ist, sollte es somit für den Auftraggeber in der Zeit bis zur Ergebnisrückgabe sinnvolle Arbeit geben und der Synchronisationsaufwand sollte vertretbar sein [vgl. Herrtwich/Hommel 1989, S. 326]. Theoretisch ist die Verwendung eines asynchronen RPC in einem verteilten Programmsystem nur dann deutlich besser als die synchrone Variante, wenn die Verarbeitungszeit im Auftragnehmer im Verhältnis zur eigentlichen Übertragungszeit der Nachrichten hoch ist [Mühlhäuser/Schill 1992, S. 122].

Transparenz

Eine weitere wichtige Fragestellung in bezug auf den RPC ist die *Transparenz*. Für einen Programmierer sollte im Idealfall ein RPC wie ein lokaler Prozeduraufruf aussehen. Dieses Ziel ist nur mit Einschränkungen machbar. Die wichtigsten Problembereiche betreffen die Parameterübergabe, die Ortstransparenz und Fehlerfälle.

Soll ein Parameter als Verweis übergeben werden (call by reference), so ist dies in der Regel nur für einfache Datenstrukturen sinnvoll. Auch sind RPC-Systeme für die Übergabe großer Datenmengen in der Regel schlecht geeignet. Ein weiteres Problem kann die Verlegung des Standorts des Auftragnehmers sein. Dies würde Anpassungen im Auftraggeberprogramm sowie in den Stubs erfordern. Dieser Aufwand kann zwar mit dem Konzept des *dynamischen Bindens* umgangen werden. Grundprinzip des dynamischen Bindens ist, daß ein "Binder" während der Laufzeit zu einer Schnittstellenbezeichnung die notwendigen Angaben (Handle) zum Aufbau einer Kommunikation ermittelt. Der Binder führt dazu ein Verzeichnis, welches als Nebeneffekt auch die Versionsverwaltung der Schnittstellen unterstützt. Allerdings ist dieses Verfahren mit einem erheblichen Overhead verbunden. Weiter muß ein Programmierer bei Verwendung eines RPC mit Fehlern rechnen. Dazu gehören Ausfälle im Auftraggeber und -nehmer sowie der Verlust von Nachrichten während der Übertragung. Neben zusätzlichen Fehlercodes stellt sich hier z.B. die Frage, wie lange der Auftraggeber auf eine Antwort warten soll. Eine erneute Anfrage nach langem Warten könnte zu einer unerwünschten Doppelausführung des Auftrags führen, z.B. die Belastung eines Kontos, falls doch kein Fehler eingetreten ist. Um solche Fälle zu vermeiden, muß der Anwender eines RPC genau wissen, wie das RPC Protokoll sich im Fehlerfall verhält [Tanenbaum 1995, Kap. 2.4].

Obwohl es zahlreiche RPC Implementierungen gibt, insbesondere von Betriebssystemherstellern, gibt es keine Standards für RPC Protokolle. Ein RPC-System ist die Kernkomponente des von der OSF (bzw. Open Group) propagierten DCE (s. Abschnitt 3.1) und bildet die Grundlage für einen Object Request Broker (s. Abschnitt 2.5.3).

Der RPC ist insgesamt eine einfache, stabile und mit dem Client/Server-Modell kompatible Abstraktion der Kommunikation in verteilten Programmsystemen. Er ist vor allem für synchrone Auftraggeber/Auftragnehmer-Beziehungen mit zwei Partnern, eher geringem Datenaustauschvolumen und kurzen Verarbeitungszeiten geeignet. Die Schnittstelle eines RPC entspricht zwar einem lokalen Prozeduraufruf; der RPC erfordert jedoch von einem Programmierer weitergehende Kenntnisse von Konzepten verteilter Systeme.

Conversation

In einer Conversation tauschen die Applikationen in einer Sequenz von gegenseitigen send und receive Befehlen Daten aus. Die Kommunikation ist synchron, weshalb die Applikationen sich gegenseitig blockieren, bis sie jeweils eine Antwort vom Partner erhalten haben (s. Abb. 2/24, rechts). Die bekannteste Implementierung ist die vom SAA (System Application Architecture der IBM) stammende Kommunikationsschnittstelle CPI-C, welche auch vom X/Open Standardisierungsgremium übernommen wurde. CPI-C ist ein netzwerknaher Mechanismus. So kann CPI-C auch als Grundlage für die Implementierung eines RPC dienen (z.B. SAP RFC, vgl. Abschnitt 3.4).

Eine Conversation entspricht einem synchronen Dialog zwischen zwei Programmen nach dem Client/Server- oder Peer-to-Peer-Modell. Der Standard CPI-C setzt unmittelbar auf der Transportebene eines Netzwerkprotokolls auf und erfordert von den hier vorgestellten Kommunikationsdiensten am meisten Kenntnisse der Kommunikation in Rechnernetzwerken.

Kommunikation durch Messaging

Während in Abschnitt 2.4.1. die Koordination des Nachrichtenaustauschs auf applikatorischer Ebene im Mittelpunkt der Betrachtung steht, betrachtet dieser Abschnitt den Austausch von Nachrichten als ein Kommunikationsmodell zwischen verteilten Programmen. Koordination betrifft auf dieser Ebene primär die Wahl einer Synchronisationsvariante.

Synchrones und asynchrones Messaging

Kommunikationsdienste, die ein Messaging Modell implementieren, ermöglichen den synchronen und asynchronen Austausch von Nachrichten zwischen heterogenen Systemen und Applikationen (vgl. Abb. 2/20). Die Middleware bietet dazu ziemlich einfache Programmierschnittstellen (API) wie "send" und "receive" an. Die Verwendung eines Verzeichnisses ermöglicht eine logische Adressierung von Sender und Empfänger. Zur Verarbeitung der Nachricht benötigt der Sender die Angabe des

Nachrichtentyps. Weiter müssen sich Sender und Empfänger über die Datenstruktur des Nachrichteninhalts einig sein.

Messaging eignet sich sowohl für die Umsetzung von Interaktionen nach dem Client/Server- als auch dem aufwendigeren Peer-to-Peer-Modell. Zur Realisierung einer Auftraggeber/Auftragnehmer-Beziehung muß ein Programmierer den Versand und Empfang von zwei Nachrichten koordinieren. Eine synchrone Kommunikationsbeziehung vergleichbar einem RPC bedeutet dabei zwei synchrone Nachrichtenaustauschvorgänge: eine Anfragenachricht und eine Antwortnachricht. Mehr Flexibilität ermöglicht eine asynchrone Kommunikationsbeziehung und damit eine Entkopplung der Aktivitäten von Auftraggeber und Auftragnehmer. Analog zur Diskussion in Abschnitt 2.5.2 muß der Programmierer in diesem Fall den Rücklauf der Nachrichten synchronisieren und für eine sinnvolle "Beschäftigung" des Auftraggebers in der Zeit zwischen Senden und Empfangen der Nachrichten sorgen. Bereits die Synchronisation von 10 asynchronen Anfragen kann dabei sehr komplex werden [Sims 1994, Kap. 4.2.6].

Die folgenden beiden Unterpunkte beschreiben Erweiterungen des grundlegenden Messaging Modells. Dabei werden Aspekte des asynchronen Datenaustauschs unter Einsatz von persistenten Warteschlangen sowie der Gruppenkommunikation vertieft.

Message Queuing

Message Queuing ist eine Implementierungsvariante für einen asynchronen Nachrichtenaustausch (s. Abb. 2/25). Message Queuing ergänzt das Grundkonzept des Messaging durch spezielle Queue Manager, welche Dienste zur Verwaltung von persistenten Warteschlangen (engl.: Queues) anbieten.

Abb. 2/25: Asynchroner Nachrichtenaustausch durch Message Queuing, [IBM 1994b, S. 39].

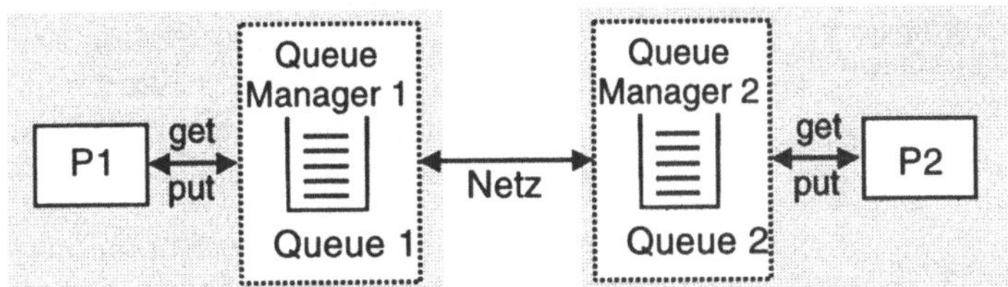

In Abb. 2/24 setzt Prozeß P1 eine Nachricht in eine Warteschlange (Queue 1), die auf der Platte zwischengespeichert wird. Ein Queue Manager übernimmt den Transport und das Routing der Nachricht über ein Netzwerk in die Zielwarteschlange (Queue 2), von wo Prozeß P2 die Nachricht zu einem späteren Zeitpunkt lesen kann. Die lokale Speicherung auf der Seite von

P1 gewährleistet den Schutz vor Datenverlust bei einem Übertragungsfehler.

Message Queuing Systeme bieten relativ einfache Schnittstellen (APIs) zur Kommunikation über verschiedene Plattformen hinweg. Einbindung in ein Transaktionskonzept (Queue als Ressource, vgl. Abschnitt 2.1.4), sichere Datenübertragung zwischen den Queues und Eignung für hohe Nachrichtenmengen gehören zu den Stärken dieser Systeme. Allerdings gibt es noch keinen Standard, Interoperabilität zwischen verschiedenen Produkten ist daher kaum gegeben. Mit der Message Oriented Middleware Association (MOMA) gibt es eine erste Herstellervereinigung zur Standardisierung. Kritisch ist auch die Integration mit Verteilungsdiensten. Aspekte sind dabei z.B. die Verschlüsselung von Nachrichten (Sicherheit), Kompatibilität mit einem Konzept zur Namensvergabe (Verzeichnis) und die Vermeidung eines "queue chaos" (Systemmanagement).

Verschiedene Anforderungen an einen Queue Manager ähneln denen an ein Datenbankmanagementsystem (DBMS). Dazu gehören die Handhabung großer Datenmengen, die Synchronisation konkurrierender Zugriffe, die Gewährleistung von Transaktionssicherheit und die Administration. Eine Alternative ist daher die Verwendung von DBMS zur Realisierung von Warteschlangen. Wird in Verbindung mit einer solchen Lösung weitere Koordinationsfunktionalität realisiert, insbesondere Regeln zur Steuerung des Datenaustauschs oder zur Konversion, entsteht dadurch eine an das Message Warehouse Konzept angelehnte Variante eines Konzepts für einen koordinierten Nachrichtenaustausch (s. Abschnitte 2.3.3 und 2.4.1) [vgl. Adam 1996].

Message Grouping ist eine Erweiterung des Messaging Konzepts um Funktionalitäten der Gruppenkommunikation. Primär zählt dazu die Möglichkeit, eine Nachricht durch Multicasting oder Broadcasting zu versenden.

Eine Anwendung der Gruppenkommunikation ist das Publish and Subscribe Konzept. Programme, die in einer solchen Kommunikationsform beteiligt sind, sind entweder "Abonnenten" oder "Herausgeber" von Ereignissen. "Ereignis" kann relativ weit interpretiert werden und hängt von den Vorgaben des Geschäftsprozesses ab, den die betroffenen Applikationen umsetzen. Ein Ereignis entsteht als Folge einer Ausführung einer Transaktion, in der Regel verbunden mit der Änderung von Daten. Typische Ereignisse betreffen die Verletzung eines Schwellenwertes. Beispiele sind die Unterschreitung des Soll-Lagerbestands oder die mehrmalige Eingabe eines falschen Sicherungscodes. Kennzeichnend für solche Ereignisse ist, daß die betroffene Applikation sofort reagieren soll.

Ein weiteres einfaches Beispiel ist das Ereignis "Kreditlimit Girokonto überschritten", das im Informationssystem (IS) einer Bank entstehen kann. Da das Ereignis im Buchungssystem definiert ist, publiziert es das Ereignis (engl.: publish). Applikationen, die an dem Ereignis interessiert sind, können es abonnieren (engl.: subscribe). Damit ist eine Gruppe definiert. Diese umfaßt alle Applikationen, welche an dem Ereignis beteiligt sind. Zur Definition des Ereignisses, zur Herausgabe und zum Abonnieren bietet der Kommunikationsdienst den Applikationen Schnittstellen (API) an.

Abb. 2/26 zeigt zur Erläuterung das einfache Szenario im Informationssystem einer Bank. Nachdem die Teilnehmer der Gruppe definiert sind, überwacht der Kommunikationsdienst das Eintreffen des Ereignisses. Tritt das Ereignis "Kreditlimit Girokonto überschritten" ein, z.B. als Folge einer Überweisung durch den Zahlungsverkehr, übernimmt der Kommunikationsdienst die Benachrichtigung der Applikationen, die das Ereignis abonniert haben.

Abb. 2/26:
Szenario einer Gruppenkommunikation in einem Bank IS

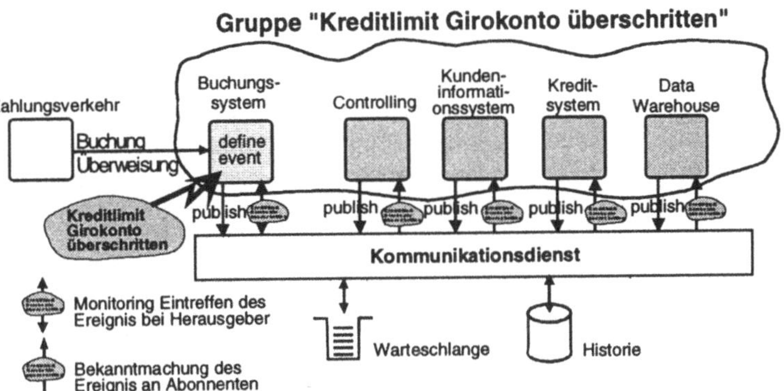

Die Mitteilung des Ereignisses (engl.: notification) erfolgt durch eine "unerwünschte" Nachricht. Die Applikationen werden also sofort aktiv unterbrochen und müssen die Nachricht verarbeiten. Alternativ dazu bieten verschiedene Systeme auch an, die Ereignismeldung in eine Warteschlange (engl.: Queue) zu stellen, aus der die Abonnenten später lesen können.

In Abgrenzung zum RPC ist die Kommunikation asynchron und setzt Eins-zu-Viele-Beziehungen um. Im Vergleich zum Message Queuing kann vermieden werden, daß kritische Ereignisse in einer Warteschlange liegen bleiben. Teilweise bieten solche Kommunikationsdienste zusätzlich die Möglichkeit an, Ereignisse zu filtern und einfache Regeln anzugeben. So ist im obigen Beispiel die Kreditapplikation nur dann an dem Ereignis "Kreditlimit Girokonto überschritten" interessiert, wenn der Kunde auch weitere Kreditkonten unterhält. Das Data Warehouse verarbeitet das Ereignis möglicherweise nur für Privatkunden weiter. Mit dieser Funktionalität grenzt solche Software nahe an Koordinationsdienste zur Steuerung des Nachrichtenflusses (s. Abschnitt 2.4.1). Die Herausnahme der Koordinationsfunktionalität aus den Applikationen reduziert die Komplexität der Anwendungssoftware und soll eine flexiblere und schnellere Umsetzung von Änderungen des Ablaufs eines Geschäftsprozesses im Informationssystem übernehmen [Kramer 1995a].

Die erste Implementierung eines Dienstes zur Gruppenkommunikation ist das im universitären Bereich entwickelte und inzwischen kommerzielle ISIS-System [Birman 1993]. Bei diesem betriebssystemnahen Softwaresystem steht die Synchronisation der Nachrichtenreihenfolge in einem verteilten System im Mittelpunkt. Erste Produkte, die neben dem ISIS-System Funktionalitäten zur Realisierung eines Publish and Subscribe Konzepts anbieten, kommen aus dem Bereich verteilter TP-Monitore (s. Abschnitt 3.2) oder werden als "Softwarebus" angeboten. Standards im Bereich solcher Systeme bestehen nicht. Publish and Subscribe Konzepte können weiter ein wesentlicher Bestandteil von Systemen für einen koordinierten Nachrichtenaustausch sein (s. Abschnitt 2.4.1).

Messaging Dienste werden vor allem zur Entkopplung von Programmen durch asynchrone Kommunikation eingesetzt. Neben Punkt-zu-Punkt Verbindungen sind auch Gruppenkonzepte realisierbar. Publish and Subscribe Konzepte realisieren einen ereignisgetriebenen Ablauf in Anlehnung an die Vorgaben eines Geschäftsprozesses.

E-Mailsystem

Punkt 2.4 führt E-Mailsysteme als grundlegenden Dienst für die Koordination von Personen und Applikationen ein. E-Mailsysteme spielen eine wichtige Rolle bei der Verbindung von Workflow Systemen mit Groupware sowie als Kommunikationsmechanismus für den Austausch von "höheren" Nachrichten zwischen Applikationen.

Abgrenzung zu Message Queuing	E-Mailsysteme realisieren eine asynchrone Kommunikation von Nachrichten mit strukturiertem oder unstrukturiertem Inhalt zwischen den Teilnehmern, d.h. Personen und Applikationen. Damit ähneln sie auf den ersten Blick Message Queuing Diensten, welche strukturierte Nachrichten zwischen Programmen asynchron austauschen. *Message Queuing* ist jedoch speziell auf die Anforderungen der Kommunikation zwischen verteilten Programmen auf heterogenen Plattformen ausgerichtet und setzt unmittelbar auf die Transportebene eines Netzwerkprotokolls auf (z.B. LU 6.2). Eine typische Anwendung ist z.B. die Integration eines Buchungssystems mit einem Controllingsystem. Zu den Anforderungen gehören die sichere Datenübertragung, die Bewältigung hoher Nachrichtenmengen, die effiziente Verwaltung von Warteschlangen und ein einfacher, spezifischer Befehlssatz zur Manipulation der Warteschlangen.

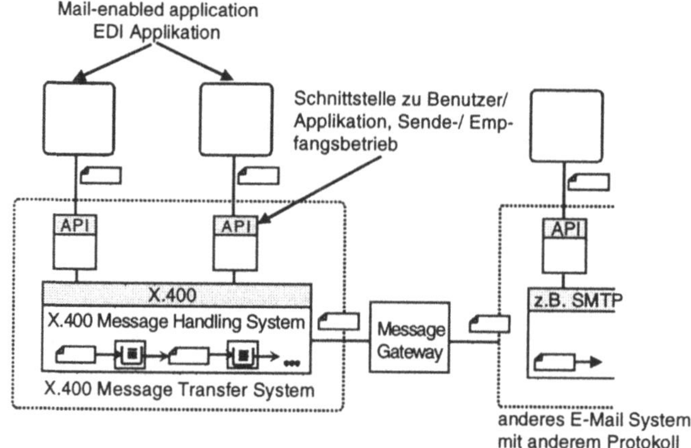

Zentrale Komponente eines E-Mailsystems ist ein System für die *Übertragung* von Nachrichten über ein Netzwerk. Die wichtigsten Protokolle für den Transport sind das auf TCP/IP aufsetzende SMTP (simple mail transfer protocol) sowie der ISO/ITU-TSS X.400 Standard. Während der Internet E-Mailstandard SMTP lediglich die Übertragung von Mails zwischen Rechnern abdeckt (vgl. Abschnitt 3.5), umfaßt X.400 die gesamte Architektur eines Messaging Systems (Message Handling System) und deckt daher zusätzlich Aufgaben wie die Annahme von Mails von einem Benutzer sowie deren Verteilung ab. Zur Adressierung des Nachrichtenempfängers verwendet X.400 den Verzeichnisstandard X.500 (vgl. Abschnitt 2.1.3). Ist bei der Übertragung eine Weiterleitung an ein System erforderlich, das durch ein anderes Protokoll definiert ist, muß ein geeignetes Gateway eingesetzt werden [Halsall, Kap. 12.2.5. und 12.3.3, Colonna/Srite 1995, S. 432f]. Die eigentliche Transportfunktionalität wird im folgenden Abschnitt 2.5 als Realisierungsform einer asynchronen Kommunikation eingeordnet.

Neben File Transfer ist der Nachrichtenaustausch auf Basis von X.400 in Kombination mit X.435 das wichtigste Verfahren zur Übertragung von EDIFACT-Nachrichten. Der X.435 Standard unterstützt dabei die Verbindung von EDI mit Messaging Systemen durch zusätzliche Funktionalität wie der Möglichkeit, den Empfänger auch innerhalb einer Nachricht zu adressieren [vgl. Deutsch 1995, Kap. 2.5]. Das Internet, welches durch die Verwendung des TCP/IP Kommunikationsprotokolls charakterisiert ist, spielt ferner eine zunehmende Rolle für den Austausch von EDI Nachrichten [vgl. Houser et al. 1996, EIT 1996]. Die Internet Protokolle zum File Transfer (FTP) sowie für E-Mail (SMTP) in

Verbindung mit MIME dürften daher als Transportmechanismen für EDI Nachrichten an Bedeutung gewinnen (zu SMTP und MIME s. Abschnitt 3.5.1).

Zugriff auf E-Mail-systeme

Für den *Zugriff* von Applikationen auf E-Mailsysteme bieten die Hersteller jeweils Schnittstellen (API, vgl. Abb. 2/15) an. Dominierender Industriestandard ist die von Microsoft definierte MAPI Schnittstelle (Messaging API). MAPI geht in die Arbeiten des Hersteller- und Anwendergremiums XAPIA (X.400 Application Programming Interface Association) ein. XAPIA strebt mit der Standardschnittstelle CMC API (Common Messaging Call) die Definition eines gemeinsamen Nenners zum Zugriff auf verschiedene E-Mailsysteme an [Jayachandra, Kap. 8.6.2.].

2.5.3 Object Request Broker

Ein Object Request Broker (ORB) ist ein Kommunikationsmechanismus für die transparente Interaktion zwischen verteilten, in verschiedenen Programmiersprachen implementierten Objekten über verschiedene Netzwerke und Plattformen hinweg. Die wichtigsten ORB Spezifikationen sind im Rahmen der CORBA Architektur und Microsoft OLE/COM definiert (s. Abschnitt 3.3).

Abb. 2/28 zeigt exemplarisch die Architektur des CORBA ORB, wobei der enge Bezug zu Konzepten des Remote Procedure Calls (RPC) deutlich wird. Aufgabe des ORB ist es, eine Client/Server-Kommunikation zwischen Objekten aufzubauen. Der Client ruft dabei eine Methode eines Serverobjekts auf (synonym: Aufruf Funktion).

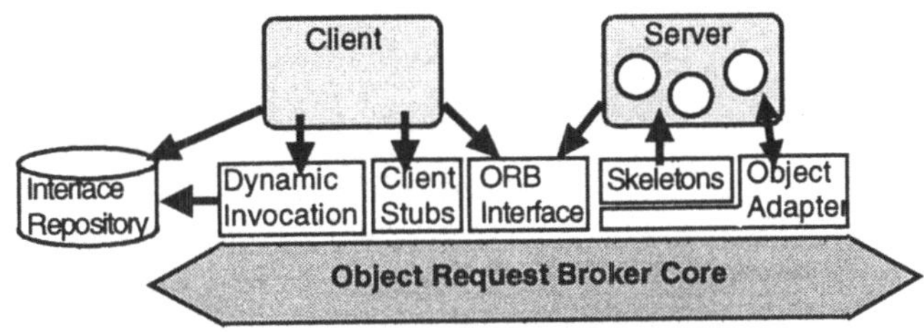

Abb. 2/28: Architektur des CORBA Object Request Brokers, [Orfali et al. 1996, S. 69]

Analog zum RPC muß die Schnittstelle des Serverobjekts definiert sein (s. Abschnitt 2.5.2). CORBA stellt dazu eine an die Programmiersprache C++ angelehnte Schnittstellensprache zur Verfügung (IDL - Interface Definition Language). Aus der IDL Schnittstellenspezifikation generiert ein Compiler die Stubs, die in CORBA auf Seiten des Servers Skeleton genannt werden. Die Serverobjekte werden in einer speziellen Laufzeitumgebung verwaltet (Object Adapter). Über diese Stubs kommunizieren

Objekte statisch, d.h. das Serverobjekt ist bereits zur Kompilierzeit bekannt. Um dynamisches Binden zu ermöglichen und so auch Serverobjekte erst während der Laufzeit zu bestimmen, baut der ORB ein Verzeichnis mit den verfügbaren Schnittstellenspezifikationen (Interface Repository) auf. Weiter können die Objekte über eine Schnittstelle (API) auf verschiedene lokale Dienste des ORB zugreifen (ORB Interface) [OMG 1996a].

Ein ORB kann auf Basis eines RPC Systems implementiert sein. Im Vergleich zu einem RPC System muß er zusätzlich die Verwendung objektorientierter Konzepte wie z.B. Vererbung und Polymorphismus abdecken. So impliziert der Polymorphismus, daß zwei Methoden mit dem gleichen Namen in ihren jeweiligen Objekten unterschiedlich implementiert sein können. Der ORB muß den Methodenaufruf an das im aktuellen Kontext gemeinte Objekt weiterleiten. Dagegen geht der RPC davon aus, daß alle Funktionen mit dem gleichen Namen gleich implementiert sind [Orfali et al. 1996, S. 56f].

Wie der RPC baut der ORB eine synchrone Punkt-zu-Punkt-Verbindung zwischen Client und Server auf. Zur Entkopplung der Kommunikation gibt es sowohl in CORBA als auch in OLE/COM einen Event Service. Der Event Service vermittelt im Sinn einer asynchronen Publish and Subscribe Gruppenkommunikation zwischen Objekten (vgl. Diskussion Object Services in Abschnitt 3.3) [Orfali et al. S. 121 (CORBA) und 448f (OLE/COM)]. Message Queuing Funktionalität ist mit den derzeitigen ORB Implementierungen nicht möglich. Für CORBA ist eine entsprechende Erweiterung des Event Service vorgesehen.

Ein Object Request Broker vermittelt eine synchrone Kommunikation zwischen Client- und Serverobjekten. Asynchrone Kommunikation und Eins-zu-viele-Verbindungen sind in Verbindung mit einem Publish and Subscribe Konzept durch zusätzliche Event Services möglich.

2.5.4   Mobile Computing

Im Umfeld von Kommunikationsdiensten wird der Bedarf nach "mobilen Lösungen" mit der zunehmenden Verbreitung von Notebooks z.B. im Vertrieb zunehmen. Ziel ist ein einfach anzuwendender sowie verläßlicher Datentransfer der mobilen Rechner mit einem weiteren Rechner, z.B. der Auftragsdatenbank auf einem zentralen Server. Dabei muß z.B. gewährleistet sein, daß alle Auftragsdaten genau einmal vom Server abgespeichert werden. Ziel eines Dienstes zur mobilen Kommunikation ist es, sowohl die Komplexität der damit verbundenen Programmierung als auch der unterschiedlichen Übertragungsmedien (drahtlos, LAN, WAN) abzuschirmen. Solche Lösungen fordern nach asynchronen Kommunikationskonzepten, da die Verarbeitung zwischen einem mobilen und weiteren Rechnern weitgehend entkoppelt ablaufen soll.

Wichtige Technologien sind GSM Data Services für die digitale Datenübertragung über ein GSM Netzwerk (GSM: global system for mobile communication) sowie das aus den USA stammende CDPD (cellular digital packet data) für die Datenübertragung über ein bestehendes Mobiltelefonnetz. Eine wichtige Zielsetzung wird es sein, Lösungen für die mobile Kommunikation mit der global verfügbaren Kommunikationsinfrastruktur des Internet zu integrieren [Scourias 1996, CDPD 1996].

3 Verteilte Umgebungen

Während Kapitel 2 einzelne Middlewaredienste beschreibt und kategorisiert, führen die folgenden Abschnitte in verschiedene Beispiele verteilter Umgebungen ein.

Eine verteilte Umgebung ermöglicht die Entwicklung und den Betrieb verteilter Applikationen. Entsprechend der Charakterisierung in Abschnitt 1.2 sind die Ausführungen wie in Abb. 3/1 dargestellt gegliedert (vgl. Abb. 1/6).

Abb. 3/1:
Gliederung von Abschnitt 3. Verteilte Umgebungen

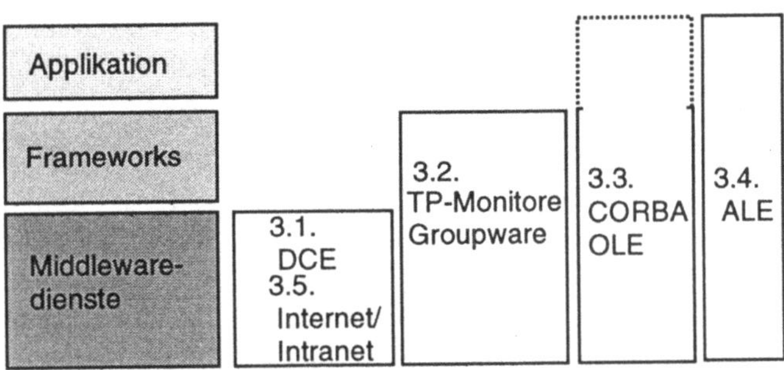

Abb. 3/1 gibt eine erste grobe Zuordnung der hier besprochenen verteilten Umgebungen zu den einzelnen Ebenen. Einordnung, Charakteristik und Anwendungsbereich der verschiedenen verteilten Umgebungen stehen im Mittelpunkt der weiteren Ausführungen. Neben Standardisierungsbestrebungen (DCE, CORBA) werden mit Microsoft OLE und SAP ALE zwei Konzepte von einzelnen Herstellern einbezogen. Ein abschließendes Kapitel trägt schließlich dem vielversprechenden Potential des Internet als Integrationsplattform in einer verteilten Umgebung Rechnung.

3.1   OSF DCE

Das Distributed Computer Environment (DCE) ist eine Entwicklung der Open Software Foundation (OSF), einer Ende der achtziger Jahre gegründeten Vereinigung. Die anfänglich hauptsächlich von HP, DEC und IBM finanziell getragene Gruppierung hatte zum Ziel, einen Middlewarestandard für verteilte Client/Server Systeme zu entwickeln.

Schwerpunkt der Entwicklungen der OSF ist DCE, eine integrierte Sammlung betriebssystemnaher Middlewaredienste. Im Zentrum der DCE Komponenten (s. Abb. 3/2) steht ein RPC-Mechanismus (s. Abschnitt 2.5.2).

Abb. 3/2:
Komponenten von
OSF DCE

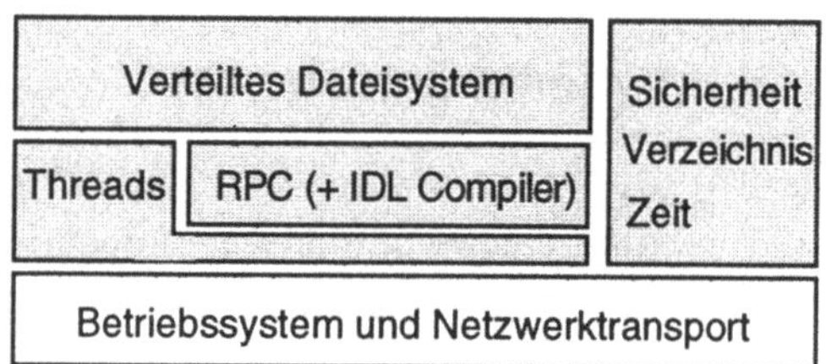

Neben den in Abb. 3/2 dargestellten Diensten sollte mit DME (Distributed Management Environment) noch ein integrierter Dienst für das Netz- und Systemmanagement entstehen [Geihs 1995, Kap. 5.6]. Dieses Vorhaben scheiterte bislang vor allem an technischen Schwierigkeiten und fehlender Unterstützung durch die Hersteller. Eine ausführliche Darstellung von DCE geben [Lockhart 1994 und Schill 1993].

Die OSF konnte bislang den von ihr selbst geweckten, hohen Erwartungen nicht genügen [z.B. Donovan 1994]. Nachdem sie zunächst selbst die Software entwickelt hatte, überließ sie seit 1994 die Entwicklung den beteiligten Herstellern und beschränkte sich auf die Rolle eines Lenkungsausschusses. Diese Organisationsform birgt allerdings die Gefahr in sich, daß die Implementierungen der verschiedenen Hersteller zunehmend voneinander abweichen. 1996 hat sich die OSF mit dem X/Open Konsortium zur Open Group fusioniert [OpenGroup 1996].

Für die offensichtlichen Probleme gibt es mehrere Gründe. So erweist sich ein Einsatz von DCE als ungebührlich komplex in heterogenen Umgebungen, auch ist DCE in einem immer mehr von PCs dominierten Markt einseitig auf die UNIX Welt ausgerichtet. Weiter gibt es bislang kaum Applikationen, die auf Basis DCE entwickelt wurden. Symptomatisch dafür ist, daß die OMG sich nicht für DCE als Basismechanismus für den CORBA ORB festgelegt hat (s. Abschnitte 2.5.3 und 3.3). Schließlich ist es problematisch, daß DCE auf einem RPC und somit einer synchronen Client/Server Kommunikation basiert. Gerade in verteilten Systemen erweist sich jedoch eine nicht blockierende asynchrone Kommunikation meist als vorteilhafter. Asynchrone Kommunikation ist unter DCE aber nur eingeschränkt und relativ kompliziert durch Einsatz des Thread Service erreichbar (vgl. Abschnitt 2.5.2 - Synchronisationsverhalten). In der Folge nehmen Hersteller von Messaging Middleware DCE die erhofften Anteile am Middlewaremarkt weg [Brett 1995].

Trotz hoher Investitionen in die Entwicklung von DCE und einer durchdachten technologischen Basis hat sich DCE bislang nicht als Standard durchgesetzt. Eine Hoffnung für DCE ist, daß Microsoft sich für DCE als Technologie zur Realisierung von Network OLE entschließt und so im PC Markt an Bedeutung gewinnt. Gelingt es, DCE auf allen wichtigen Plattformen zu etablieren, könnten andere Middlewaredienste vermehrt auf DCE aufsetzen. DCE kann für diese "höheren" Dienste die Kommunikation über heterogene Plattformen hinweg übernehmen. Auch arbeitet die OSF an einer Integration von DCE mit dem Internet (s. Abschnitt 3.5.2). DCE selbst verschwindet in allen Fällen jedoch immer mehr aus dem Blickfeld des Anwendungsentwicklers.

DCE ist eine Menge von integrierten Middlewarediensten aus den Kategorien Kommunikationsdienst und Verteilungsdiensten. Ein Einsatz kommt derzeit vor allem in einem UNIX Umfeld in Frage. DCE erfüllt den ursprünglichen Anspruch der zusammen mit X/Open in die Open Group aufgehenden OSF nicht, einen Middlewarestandard zu entwickeln. Trotz ungewisser Zukunft hat DCE einen wichtigen Beitrag im Bereich der verteilten Systeme geleistet.

3.2 Frameworks

Während DCE eine verteilte Umgebung für Client/Server Applikationen eines beliebigen Typs erstellen will, sind Frameworks auf eine spezielle Anwendungsdomäne ausgerichtet (s. Kapitel 1). Frameworks für verteilte Anwendungen setzen auf Middleware auf. Dazu bieten sie Schnittstellen zu Middlewarediensten an oder beinhalten eine "eigene" Middleware. Als Beispiel für ein Framework wird im folgenden die Architektur eines TP-Monitors erläutert.

TP-Monitor

Ein TP-Monitor Framework (Transaction Processing) bietet eine Umgebung für die Entwicklung und den Betrieb von Transaktionssystemen. Ein Transaktionssystem stellt hohe Ansprüche in bezug auf die Häufigkeit und Verläßlichkeit von Zugriffen auf gemeinsame Ressourcen, insbesondere Datenbanken und Dateisysteme. Der TP-Monitor koordiniert die Anfragen der Benutzer an die Applikationen, welche wiederum auf verschiedene Ressourcen zugreifen (vgl. Abb. 2/5).

Der TP-Monitor stellt Tools zum Betrieb der Applikationen und des TP-Monitors sowie eine Sprache zur Definition von Transaktionen zur Verfügung. Über eine Schnittstelle (API) steht den Applikationen eine Reihe von Diensten zur Verfügung. Im Zentrum steht ein Transaktionsmanagementdienst zur Koordination der Transaktionsabwicklung (s. Abschnitt 2.1.4). Weitere Dienste unterstützen die Darstellung von Masken und Menüs auf den Bildschirmen der Benutzer, vermitteln Zugriffe auf Ressourcen, stellen einen Kommunikationsmechanismus wie einen RPC bereit und verwalten Warteschlangen (Queues) zur Zwischenspeicherung von Daten, die zwischen Transaktionen ausgetauscht werden [Colonna/Srite 1995, S. 143-145].

Abb. 3/3 zeigt die Stellung eines TP-Monitors zwischen Applikationen und den Ressourcen. Der TP-Monitor kann die einzelnen Dienste selbst implementieren oder auf "fremde" Middlewaredienste aufsetzen, wodurch sich vor allem die Portabilität des TP-Monitors erhöht. Weiter integriert ein TP-Monitor die verschiedenen Dienste unter einer einheitlichen Schnittstelle (API), deren Handhabung wesentlich einfacher ist als ein direkter Zugriff auf die einzelnen Dienste durch die Applikationen [Bernstein 1996, S. 94f].

TP-Monitore für die verteilte Transaktionsverarbeitung kommen aus der Welt zentraler, hostbasierter Systeme. Im Bereich von Client/Server-Applikationen fanden sie bislang nur wenige Anhänger, nicht zuletzt da sie für die verbreiteten, auf ein Abteilungs-LAN begrenzten Client/Server-Applikationen nicht erforderlich waren. Je mehr Client/Server-Applikationen zentralisierte Hostapplikationen ablösen, desto mehr müssen Client/Server-Lösungen Anforderungen wie Integritätswahrung bei einer hohen Anzahl konkurrierender Zugriffe, Transaktionsabwicklung über mehrere Ressourcen oder Verteilung der Last gerecht werden. TP-Monitore sind konform zu einer dreischichtigen Client/Server-Architektur, welche Präsentation, Applikationslogik und Daten voneinander trennt (vgl. Abb. 1/2 und 3/3). Im Bereich der verteilten Objektorientierung verspricht ein Einbezug von TP-Monitoren eine kontrollierte Interaktion der Objekte im Programmablauf. Vermehrt werden TP-Monitore mit anderer Middleware wie CORBA und auch Workflow-Systemen integriert. Insgesamt sollten TP-Monitore vor allem für eine Migration in eine verteilte Umgebung vermehrt Beachtung finden [vgl. Orfali et al. 1996, S. 9-12].

Abb. 3/3:
Architektur eines TP-Monitor Frameworks

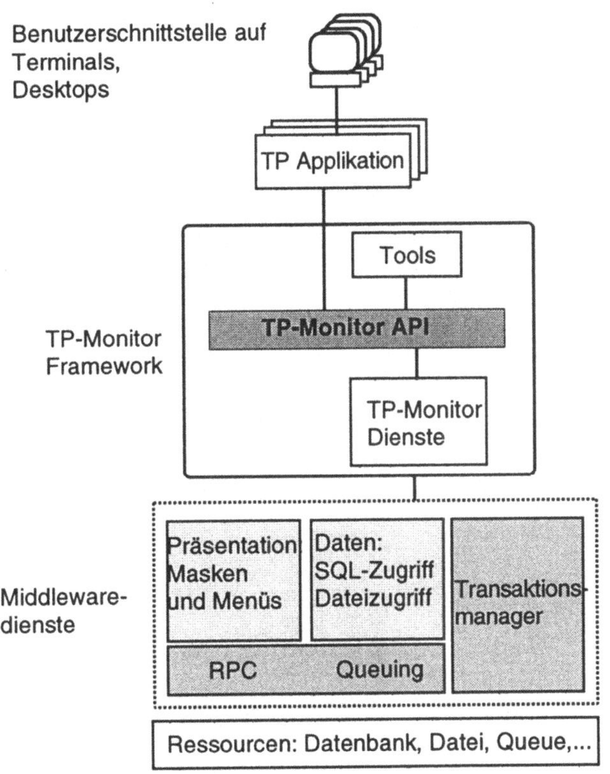

Weitere Frameworks

Weitere Beispiele für Frameworks sind [vgl. Colonna/Srite 1995, Kap. 13]:

EDI-Frameworks für administrative Applikationen zur Abwicklung von Geschäftransaktionen zwischen Unternehmen. Zentraler Middlewaredienst ist ein Koordinationsdienst für den Nachrichtenaustausch. Das in 3.4 erläuterte SAP ALE deckt Funktionalitäten eines EDI-Frameworks ab.

Im Mittelpunkt eines *Management Frameworks* steht die Verwendung eines Managementdienstes. Management Frameworks unterstützen die Entwicklung und den Betrieb von Applikationen zum Netz- und Systemmanagement.

Fokus eines *Groupware Frameworks* ist die Unterstützung von Applikationen für die gemeinsame Verwaltung von Dokumenten. Marktführer ist in diesem Bereich Lotus Notes. Lotus Notes beinhaltet eine Reihe an Middlewarefunktionalitäten. Dazu gehören primär ein Replikationsmechanismus für Datenbanken, Dienste zum Dokumentenmanagement, ein E-Mailsystem sowie Verteilungsdienste wie ein Verzeichnisdienst, ein Sicherheitsdienst zur Verschlüsselung und Funktionen zur Systemadministration.

Frameworks sind weiter eine Hauptkomponente der CORBA Architektur, die Gegenstand des folgenden Abschnitts ist.

3.3   CORBA und Network OLE: Verteilte Objektorientierung

CORBA und Network OLE stehen für zwei ambitiöse Vorhaben, einen Standard für die Systemintegration auf Basis der verteilten Objektorientierung zu etablieren. Während CORBA Ergebnis der Arbeiten eines breit angelegten Standardisierungsgremiums ist, steht hinter Network OLE bzw. OLE/COM der Marktführer für Desktop Applikationen Microsoft. Abb. 3/4 gibt eine erste Einordnung der technologischen Konzepte.

Abb. 3/4:
Kernkomponenten
von CORBA und
OLE/COM

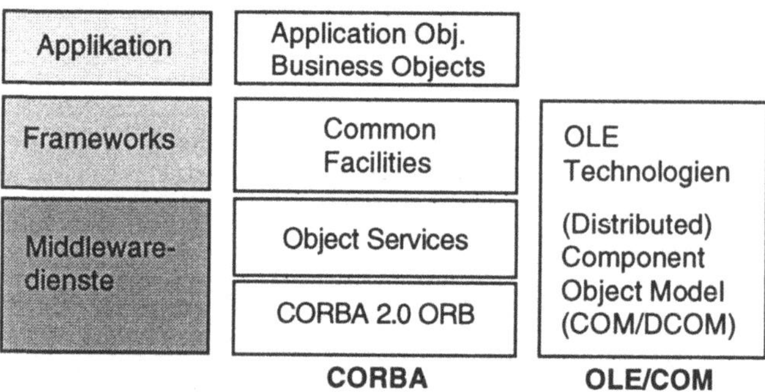

Die folgenden beiden Abschnitte gehen jeweils für CORBA und OLE auf die Zielsetzungen und wesentlichen Architekturkomponenten ein. Ein letzter Abschnitt reflektiert die Diskussion über die Zukunftsaussichten der beiden Ansätze.

3.3.1   OMG CORBA

Ausgehend von der Zielsetzung der OMG werden im folgenden die Architektur und der Entwicklungsstand der Standardisierung erörtert.

Object Management
Group - Ziele

Die Object Management Group (OMG) wurde 1989 als ein Konsortium von Herstellern von Objekttechnologie gegründet und umfaßt inzwischen mehr als 600 Mitglieder. Ziel der OMG ist die Entwicklung einer Architektur für die Integration verteilter Applikationen auf Basis der Objektorientierung. Dahinter steht die Vision, flexible Client/Server Lösungen durch Integration kommerziell beziehbarer Komponenten im Sinnes eines "plug and play" entwickeln zu können.

In den ersten Jahren seit Gründung der OMG stand die Schaffung einer Infrastruktur für die verteilte Objektorientierung im Vordergrund. Verteilte Objekte bzw. Komponenten sollen nach dem Client/Server Modell transparent, d.h. über verschiedene Netzwerke, Programmiersprachen, Betriebssysteme und Applikationen hinweg, interagieren können. Ergebnisse dieser Anstrengungen ist eine Middleware: die Common Object Request Broker Architecture (CORBA).

Die OMG hat ihre Aktivitäten mit der Object Management Architecture (OMA) abgesteckt. Neben einem Objektmodell, welches die verwendeten Konzepte und Terminologien der Objektorientierung abgrenzt, beinhaltet die OMA ein Referenzmodell mit den Komponenten Object Request Broker, Object Services, Common Facilities und Application Objects (s. Abb. 3/5) [Mowbray/Zahavi 1995].

Abb. 3/5:
OMA und OMG
Standardisierung
(Quelle: [Brando
1996])

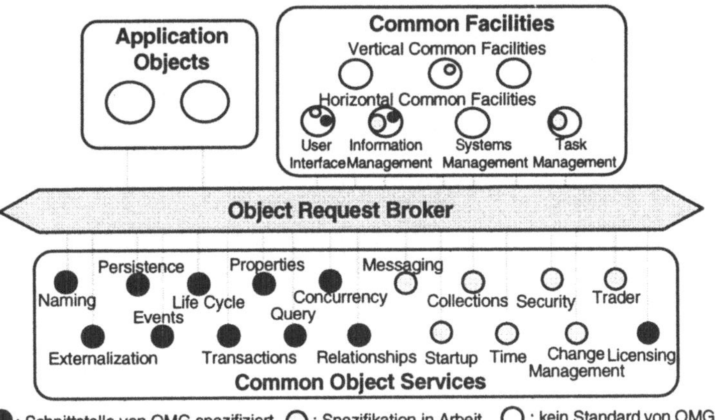

Ein wesentliches Prinzip der Standardisierung ist, daß die OMG sich auf die Spezifikation der Schnittstellen der einzelnen Komponenten beschränkt. Die Entwicklung von Produkten liegt allein bei der Softwareindustrie [OMG 1992]. Die einzelnen Architekturkomponenten werden im weiteren kurz erläutert.

Kommunikation und Object Services

Im Zentrum der Architektur ist der CORBA Object Request Broker (ORB), der es Objekten ermöglicht, Methoden in anderen, entfernten Objekten aufzurufen und die dafür erforderliche Kommunikation zwischen Client- und Serverobjekten übernimmt (s. Abschnitt 2.5.3). Verschiedene Implementierungen von CORBA unterscheiden sich vor allem durch die verfügbaren Object Services. Object Services stellen verschiedene, grundlegende Dienste zum Bau verteilter Applikationen zur Verfügung und bilden zusammen mit dem ORB die eigentliche CORBA Middleware (s. Abb. 3/5).

Frameworks

Auf der Ebene der Frameworks unterscheidet die OMG horizontale und vertikale Common Facilities. Während die Middlewareebene lediglich für die Interoperabilität von verteilten Komponenten sorgt, sollen die Common Facilities die Zusammenarbeit der Komponenten auf einer applikatorischen Ebene regeln. *Horizontale Common Facilities* sollen Bereiche abdecken, die unabhängig vom Anwendungsgebiet einer Applikation sind. Allerdings gibt es mit OpenDoc des OMG Partnerkonsortiums CI Labs erst eine verfügbare Lösung auf dieser Ebene. OpenDoc ist eine direkte Konkurrenztechnologie zu OLE im Bereich zusammengesetzter Dokumente (engl.: compound documents, s. Abschnitt 3.3.2) [Orfali et al. 1996, Teil 4]. Sowohl für das Systemmanagement (s. Abschnitt 2.1.1) als auch den Bereich des Task Management, welcher Workflow und Nachrichtenaustausch (vgl. Abschnitt 2.4) abdeckt, gibt es keine Standards bzw. sind Gegenstand der Forschung (z.B. CORBA und Workflow in [Miller et al. 1996]). Dies gilt auch für *die vertikalen Common Facilities*, welche Frameworks für ausgewählte Applikationsdomänen, z.B. für Anwendungen für Finanzdienstleistungen, abdecken sollen (s. Abb. 3/5).

Applikationsobjekte

Entsprechend gibt es keine OMG Standards für Applikationsobjekte. Die OMA setzt nicht voraus, daß die Applikationen, die über CORBA integriert werden, objektorientiert entwickelt sein müssen. Applikationsobjekte umfassen somit Eigenentwicklungen, Standardsoftware und auch Altsysteme. Entscheidend ist, daß die Applikationen über eine CORBA kompatible Schnittstelle ansprechbar sind. Prinzipiell kann so ein Altsystem als ein Objekt aufgefaßt werden, das über eine in CORBA IDL spezifizierte Schnittstelle einen Zugriff auf ihre Transaktionen und einzelne Funktionen zuläßt (zu IDL s. Abschnitt 2.5.3) [vgl. Macko/Parodi 1995]. Ein solches "Einhüllen" setzt jedoch eine fundierte Kenntnis der Wirkungsweise des Altsystems voraus. So ist z.B. zu vermeiden, daß durch einen Zugriff über diese neuen Schnittstellen Plausibilitätsprüfungen unterlaufen werden.

Standards und Implementierungen

Abb. 3/5 verdeutlicht, daß die Standardisierung auf Ebene der Middleware vergleichsweise weit fortgeschritten ist. Auch sind hier inzwischen etwa ein Dutzend CORBA Implementierungen am Markt erhältlich. Um die Interoperabilität der Produkte zu gewährleisten, hat die OMG Ende 1994 Version 2 der CORBA Spezifikation verabschiedet. Die neu definierten Protokolle betreffen den Austausch zwischen ORB Implementierungen allgemein und speziell bei Einbezug des Internet sowie den Austausch eines ORB mit weiteren verteilten Umgebungen wie DCE (GIOP, IIOP, ESIOP - General, Internet, Environment Specific Inter-ORB Protocol).

Dagegen ist auf höherer, applikatorischer Ebene noch wenig bis nichts geleistet. Typischerweise sind die Begriffe unpräziser, je höher sie sind. Der Einbezug der applikatorischen Semantik in die Standardisierung ist jedoch eine Voraussetzung dafür, daß Komponenten verschiedener Hersteller miteinander kooperieren können. Erste Sondierungen in Richtung einer Standardisierung laufen innerhalb der OMG im Rahmen der Business Object Management Special Interest Group (BOMSIG) [OMG 1996b]. Business Objects sind in einer ersten Definition Komponenten, die einen Gegenstand der Realwelt sowie dessen Verhalten modellieren [Sims 1993, Taylor 1995, Orfali et al. 1996, S. 38f]. Konkrete Business Object Spezifikationen durch die OMG bestehen jedoch nicht.

3.3.2   Microsoft OLE

Auch hinter Microsofts Network OLE, auch DCOM (Distributed COM) bezeichnet, steht die Vision verteilter Komponenten. Ausgehend von einer Dominanz im Desktop Markt strebt Microsoft mit seiner OLE Middleware eine Ausweitung ihres Einfluß auf eigentliche geschäftliche Kernapplikationen an. Durch Zusammenwirken von "off-the-shelf" Standardkomponenten, verteilt auf viele NT-Server und Windows-PCs, soll letztlich ein virtueller Großrechner entstehen [Ring/Carnelly 1996].

Im Zentrum des OLE Konzepts stehen *Schnittstellen* und somit das Verkapselungsprinzip der Objektorientierung. Eine OLE Komponente ist durch eine Gruppe von Schnittstellen definiert, welche selbst wiederum durchschnittlich sechs Funktionen anbieten. COM unterstützt im Gegensatz zu CORBA keine Vererbung. COM erlaubt somit nur die Bildung einer flachen Klassenhierarchie durch Aggregation von bestehenden Komponenten.

Abb. 3/6 gibt einen vereinfachten Überblick über die vergleichsweise komplexe OLE Technologie und ordnet die Konzepte den bei CORBA angewendeten Ebenen zu [vgl. Orfali et al. 1996, S. 288, Microsoft 1995]. Im Kern basiert OLE auf dem Component Object Model (COM), das die Funktion eines Object Request Brokers (ORB) übernimmt. COM ist durch eine Reihe von Diensten ergänzt, die für eine Zusammenarbeit von Komponenten erforderlich sind.

Abb. 3/6:
Architektur
OLE/COM

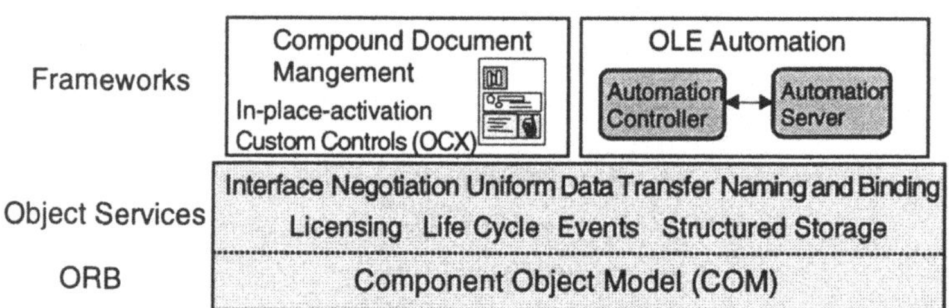

Für den Anwender und Programmierer setzen im wesentlichen zwei Konzepte auf COM auf. Die Ursprünge von OLE liegen im Bereich des Managements *zusammengesetzter Dokumente* (engl.: compound documents). Aus Sicht des Benutzers ist z.B. ein Textdokument oder eine Tabelle ein Objekt. OLE erlaubt es, ein Objekt Textdokument als Container für Tabellen- oder Grafikobjekte zu verwenden. Durch doppelten Mausklick auf das entsprechende eingebundene Objekt steht dem Benutzer innerhalb der Textverarbeitung die zugehörige Funktionalität, z.B. des Grafikprogramms, zur Verfügung (engl.: in-place-activation). Die möglichen Varianten zur Integration solcher "sichtbaren" Objekten in ein anderes Objekt hat der ersten Version von OLE den Namen gegeben: Object Linking and Embedding.

Mit der 1993 eingeführten Version 2 von OLE auf Basis von COM strebt Microsoft eine Erweiterung von OLE zu einer allgemeineren Architektur für objektorientierte Applikationen an. Wichtigstes Konzept ist *OLE Automation*. Ein Automation Server, z.B. eine Tabellenverarbeitung, stellt dabei über Schnittstellen seine Funktionalität einem Automation Controller zur Verfügung. Dazu verwendet der Programmierer in der Regel eine Skriptsprache oder ein Tool wie Visual Basic. Da die Benutzerschnittstelle nicht betroffen ist, sieht ein Benutzer des Programms von der Tabellenverarbeitung selbst nichts.

Ein erster Markt für Komponenten soll mit den *OLE Custom Controls*, auch OCX genannt, entstehen. Ein OCX ist eine vorgefertigte Komponente mit definierten Schnittstellen und kann mit den Möglichkeiten eines Automation Servers in ein zusammengesetztes Dokument eingebunden werden. Mit Hilfe eines OCX kann z.B. ein Mausklick auf eine Stelle im Dokument als ein Ereignis weitergeleitet und nach vorgegebenen Regeln behandelt werden.

Während OLE 2.0 nur lokal funktioniert, soll die nächste OLE Version, *Network OLE*, eine Verteilung der Komponenten ermöglichen. Eine Komponente, welche die eigentliche Fachfunktionalität implementiert, könnte als Automation Server die mittlere Ebene einer verteilten, dreischichtigen Client/Server Architektur übernehmen [Halfhill/Salamone 1996]. Eine ausführliche Beschreibung der OLE Technologie gibt [Brockschmidt 1995, Orfali et al. 1996, Teil 5].

3.3.3	### CORBA versus OLE

Eine OVUM Studie von 1995 schätzt, daß der Markt für Technologien zur Bereitstellung verteilter Objekte im Jahr 2000 mindestens 10 Milliarden Dollar umfassen wird. Der Umsatz in ORBs soll jedoch daran nur knappe fünf Prozent Anteil haben. Das Hauptgeschäft soll mit komponentenbasierten Applikationen entstehen [Ring/Carnelly 1996]. Welche Middleware sich durchsetzen wird, wird jedoch mitbestimmen, wer mit Komponenten das Geschäft macht.

Hier stellt sich die Frage, welches der beiden Lager, CORBA und OpenDoc oder Microsoft mit OLE/COM, sich am Markt durchsetzen wird. Aus einer technologischen Perspektive ist CORBA eindeutig überlegen. So liegt CORBA/OpenDoc ein klassisches Objektmodell zugrunde, das Schlüsselkonzepte wie multiple Vererbung, Verkapselung und Polymorphismus beinhaltet. OLE/COM dagegen erlaubt keine Vererbung von Klassen und fokusiert im Sinn eines objektbasierten Ansatzes die Verkapselung. Auch in einer Reihe weiterer technischen Kriterien zieht OLE den kürzeren [Orfali et al. 1996, Kap. 30]. Insbesondere gibt es zu CORBA heute bereits eine Reihe von Produkten, mit denen eine Objektverteilung realisiert werden kann. Dagegen ist Network OLE erst angekündigt und soll mit einer neuen Version von Windows NT bis 1997 kommen.

Technologischer Vorsprung muß aber, wie der Niedergang von Apple lehrt, nicht die Marktführerschaft bedeuten. Microsoft beherrscht den Markt für Desktop Betriebssysteme, in denen OLE 2.0 ein fester Bestandteil ist. Gegen diese Durchdringung im Desktop Bereich dürfte sich OpenDoc trotz überlegener Technologie nicht durchsetzen können, auch wenn Network OLE noch auf sich warten läßt. Dagegen bestimmt CORBA derzeit den Serverbereich. Nicht zu vergessen ist die breite Basis, welche die OMG in der Industrie hat. So ist es der OMG möglich, auf die besten Lösungen am Markt für die Standardisierung zurückzugreifen.

Ein belastender Faktor für CORBA könnte es werden, daß die Aktivitäten der OMG in den ersten Jahren rein technologiegetrieben waren. Auf applikatorischer Ebene hat die OMG wenig zu bieten. Microsoft dagegen kann auf eigene Applikationen auf Basis OLE verweisen. Weiter drängt Microsoft Programmierer, in neuer Software OLE 2.0 zu unterstützen. Die verbreitete Visual Basic Programmiersprache ist in ihrer neuesten Version voll auf OLE basiert und unterstützt die Entwicklung von OLE Automation Servers [Evans 1996]. Hinzu kommen Allianzen mit Standardsoftwareherstellern, hervorzuheben ist die Zusammenarbeit mit SAP (s. Abschnitt 3.4).

Eine Antwort auf die anfangs gestellte Frage bleibt zunächst offen. Eine Option könnte sein, beide Technologien entsprechend ihrer Stärken zu fahren: OLE auf dem Desktop und CORBA auf den Servern. Die OMG arbeitet an einer Spezifikation für einen Gateway, um die Interoperabilität COM-CORBA zu ermöglichen. Allerdings stellt sich die Frage, ob sich jedes Unternehmen leisten kann und will, seine Programmierer in zwei relativ komplexen Technologien zu schulen. Wer heute verteilte Objektorientierung realisieren will, muß ein CORBA Produkt wählen. Die Zukunft wird aber davon abhängen, wie weit es Microsoft gelingen wird, mit ihren Produkten auch in den Backend Bereich vorzudringen.

3.4   SAP ALE

SAP ALE (Application Link Enabling) ist ein Beispiel für eine verteilte Umgebung eines Softwareherstellers. Mit den Produkten R/2 und R/3 ist SAP marktführender Anbieter betrieblicher Standardapplikationen. ALE ist Bestandteil des integrierten Anwendungspakets R/3 und zielt auf eine Umsetzung von Geschätsprozessen auf verteilte, lose integrierte Applikationen. ALE als Middleware kommt die Aufgabe zu, die Integrität des Gesamtsystems hinreichend zu wahren und die Komplexität der Verteilung vor dem Benutzer abzuschirmen. Neben einer Einordnung von ALE als Middleware sollen anhand der Funktionalitäten von ALE exemplarisch Facetten der Koordination in einem verteilten Informationssystem aufgezeigt werden.

Einordnung in SAP Middleware

Das R/3 System basiert auf einer dreischichtigen Architektur, bestehend aus einer Präsentations-, Applikations- und Datenebene. Die logische Entkopplung der drei Ebenen und die Verwendung von Middleware erlaubt es, die entsprechenden Präsentations-, Applikations- und Datenbankserver in einem Netzwerk zu verteilen. Weiter kommt Middleware zur Kommunikation zwischen Applikationen innerhalb eines R/3 Systems (z.B. Personalwirtschaft, Vertrieb), mit anderen SAP Systemen sowie mit Nicht-SAP Applikationen (z.B. Desktop-Applikation, Eigenentwicklung) zum Einsatz. Da bei der Entwicklung von R/3 zunächst am Markt keine geeigneten Middlewarprodukte verfügbar waren, verwendet das R/3 System verschiedentlich SAP-proprietäre Middleware. Abb. 3/7 gibt einen ersten Überblick der im R/3 System verwendeten Middleware Funktionalitäten.

Abb. 3/7:
Schnittstellen und
Protokolle in SAP R/3

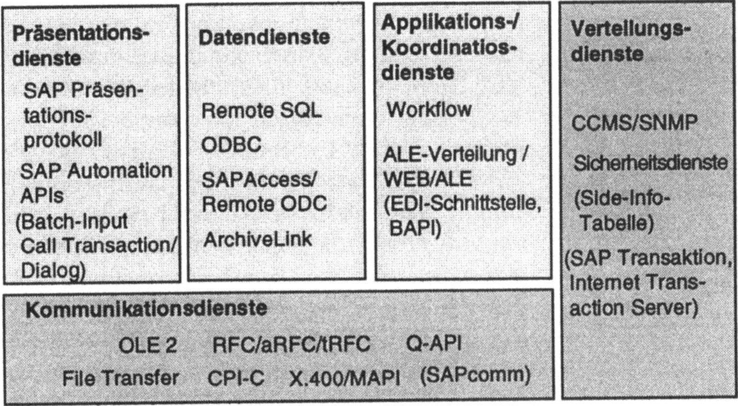

Abb. 3/7 zeigt gleichzeitig die wichtigsten Schnittstellen von R/3 auf. Daneben gibt es eine Reihe von Schnittstellen zu speziellen Applikationstypen, z.B. CAD (Computer Aided Design). Weiter soll das R/3 System an das Internet angebunden werden können (s. Abschnitt 3.5). Eine nähere Einführung in die Architektur sowie Schnittstellen von R/3 gibt [SAP 1994]. ALE ist hier als Messaging Middleware, welche auf Kommunikationsdienste aufsetzt, eingeordnet. Im weiteren werden Ziele und Architektur von ALE weiter vertieft. Die Analyse basiert auf [SAP 1995].

ALE: Zielsetzung und Charakterisierung

Die verschiedenen R/3 Applikationen sind über eine gemeinsame Datenbank eng integriert. Dieser Ansatz gewährleistet zwar eine hohe Integrität der Daten, bringt SAP aber auch Kritik ein. Diese bezieht sich vor allem auf die Eignung der R/3 Architektur für ein dezentralisiertes Unternehmensmodell, in dem autonome Einheiten eigene Systeme und Datenbestände halten. Allgemein wird bemängelt, daß der hohe Integrationsgrad gleichzeitig auch Geschäftsprozesse zementiert und flexible Änderungen nur schwerlich zuläßt.

Grundgedanke von ALE ist es, das R/3 System zu desintegrieren und gleichzeitig die Vorteile der Integration weitgehend zu behalten. Damit soll es einerseits möglich sein, verschiedene R/3 Applikationen mit den zugehörigen Daten auf verteilte Unternehmenseinheiten zu verteilen. Andererseits sollen auch das hostorientierte R/2 System sowie Drittsysteme in einen Verbund lose integrierter Anwendungen eingebunden werden können. Letztlich sollen mit diesen Voraussetzungen Geschäftsprozesse leichter in einem verteilten, heterogenen Informationssystem auch über Unternehmensgrenzen hinweg umsetzbar sein.

Autonome Applikationseinheiten mit jeweils eigenen Datenbeständen ziehen jedoch auch Redundanzen und Inkonsistenzen nach sich. Um die Integrität der Datenbestände nicht zu verlieren, erfolgt ein Austausch von Nachrichten auf Applikationsebene. Techniken verteilter Datenbanksysteme kommen nicht zum Einsatz. Das Wissen über die Integrität liegt in den Applikationen. Konsistenzchecks der R/3 Anwendungen können nicht ohne weiteres auf die Datenbanken ausgelagert werden. Zudem erfordern verteilte Datenbanken ein einheitliches Datenmodell. Bei der Einbindung von Nicht-R/3 Systemen ist eine dazu erforderliche Integration der Datenmodelle der betroffenen Applikationen nicht realistisch (vgl. föderierte versus verteilte Datenbanken in Abschnitt 3.2.1).

ALE liefert ein Rahmenkonzept für eine Integration durch Nachrichtenaustausch. Dazu erläutert der nächste Punkt anhand der Architekturkomponenten Konzepte von ALE.

ALE Architektur

Die ALE Architektur umfaßt die Ebenen Applikation, Steuerung und Kommunikation. Die Anwendungsschicht definiert Syntax und Semantik der auszutauschenden Nachrichten sowie das Verhalten der Applikation, die ALE-Schicht übernimmt die eigentliche Steuerung des Nachrichtenaustauschs zwischen den Systemen. Die Kommunikationsebene führt schließlich die eigentliche Nachrichtenübertragung über ein Netzwerk durch (s. Abb. 3/8).

Die *Anwendungsschicht* erzeugt ein sogenanntes Master-IDOC, das an die ALE-Schicht weitergegeben wird. Ein IDOC (Intermediate Document) beinhaltet die auszutauschende Nachricht auf applikatorischer Ebene und hat eine an den EDIFACT Standard angelehnte Datenstruktur. Für die mit ALE möglichen Verteilungsszenarien definiert SAP jeweils die erforderlichen Nachrichtentypen. In der Anwendungsebene ist festgelegt, zu welchen Ereignissen und Zeitpunkten ein IDOC erzeugt wird. Ein Beispiel ist die Änderung einer Kundenadresse, worauf die Applikation ein IDOC zum Abgleich mit den Adressdaten in den Partnersystemen erzeugt.

Abb. 3/8:
ALE Architektur

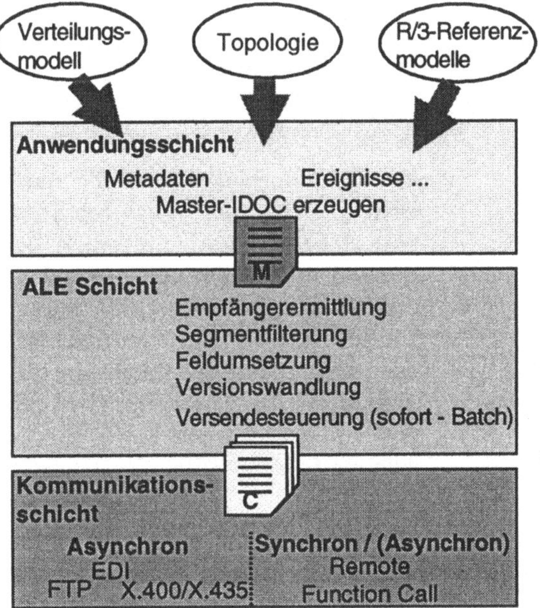

Die *ALE-Schicht* generiert aus dem Master IDOC ein oder mehrere Communication IDOCs, welche schließlich tatsächlich versendet werden. Dazu ermittelt die ALE-Schicht zunächst die Empfänger des erhaltenen IDOCs, soweit dies nicht in der Anwendungsschicht geschehen ist. Dabei können mehrere IDOCs entstehen. Weiter filtert sie empfängerabhängig Datensegmente aus den IDOCs heraus und führt Konversionen durch. Die Versionswandlung soll verschiedene Release-Stände des Nachrichtentyps eines IDOCs abschirmen. Die Versendesteuerung legt schließlich fest, ob die entstandenen Communication IDOCs sofort oder in einem späteren Batchjob versendet werden.

Erste Möglichkeit zur Übertragung der IDOCs auf Ebene der *Kommunikationsschicht* ist ein asynchroner Nachrichtenaustausch über eine EDI-Schnittstelle bzw. über ein E-Mailsystem (s. Abschnitt 2.5.2). Eine zweite Option ist die Verwendung des Remote Function Calls (RFC), der SAP-eigenen Implementierung eines Remote Procedure Calls (RPC, s. Abschnitt 2.5.2). Entsprechend realisiert der RFC eine synchrone Kommunikationsbeziehung. Ein asynchrone RFC (aRFC) soll bei Verwendung dieses Mechanismus auch eine asynchrone Kommunikation ermöglichen. Ein zusätzliches Tool unterstützt das Monitoring der Datenübertragung.

Koordination ist eine andere Sichtweise auf das ALE Konzept. Die Aufgabe der engen Integration zugunsten einer losen Kopplung autonomer Systeme führt einerseits zu mehr Flexibilität, muß andererseits aber durch vermehrten Koordinationsaufwand erkauft werden.

Koordinationsbedarf entsteht durch Abhängigkeiten zwischen den Applikationen. Dazu gehört, wenn eine Applikation Daten von einer anderen Applikation benötigt, um weiterarbeiten zu können oder wenn eine Applikation einer anderen Applikation einen Auftrag gibt und eine Antwort erwartet. Eine weitere Abhängigkeit kann durch redundante Daten in zwei Applikationen entstehen, wenn die Daten hinreichend konsistent sein müssen. Analog zur Diskussion in Abschnitt 2.5.1 entsteht eine Auftraggeber-Auftragnehmer- bzw. eine Produzenten-Konsumenten-Beziehung (s. Abb. 3/9).

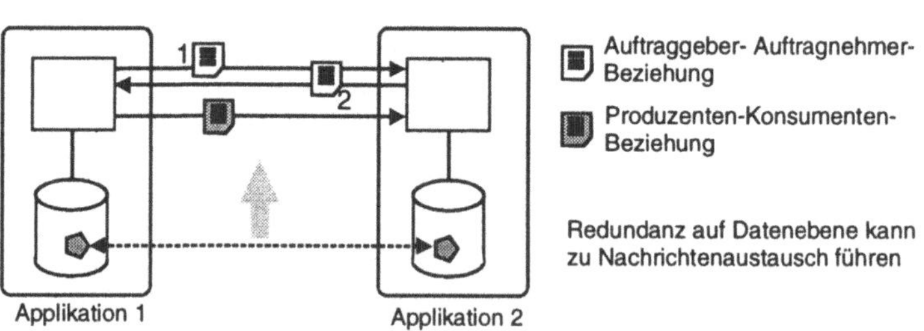

Diese Abhängigkeiten führen jeweils zum Austausch von Nachrichten. Koordination hat dabei drei wesentliche Aspekte [vgl. Malone/Crowsten 1994]:

Der Empfänger der Nachricht muß die empfangenen Daten richtig interpretieren können. Betroffen ist sowohl Semantik als auch Syntax der übertragenen Daten.

Der Nachrichtenaustausch ist zu steuern, so daß die richtigen Empfänger zum geeigneten Zeitpunkt bzw. zu bestimmten Ereignissen in der richtigen Reihenfolge die richtigen Nachrichten erhalten.

Der eigentliche Nachrichtenaustausch auf Ebene der Kommunikationsschicht ist zu synchronisieren.

Verteilungsreferenz-modell

Die Konfiguration des R/3 Systems unterstützt SAP durch Referenzmodelle. Im Rahmen eines *Verteilungsreferenzmodells* hinterlegt SAP mögliche Verteilungsszenarien, z.B. die Verteilung von Stammdaten oder die Dezentralisierung des Rechnungswesens. Im wesentlichen legt das Verteilungsreferenzmodell zu jedem Szenario Mengen von Funktionen fest, die zusammen als eine Einheit verteilbar sind. Weiter sind die relevanten IDOCs für die Szenarien definiert. Das *Verteilungskundenmodell* ist schließlich die konkrete Ausprägung des Verteilungsreferenzmodells für eine Kundeninstallation. Es legt fest, was genau verteilt wird und welche Nachrichten zwischen den logischen Systemen fließen.

Verteilungskunden-modelltypologie

Ein Vorgaberaster für die Verteilung ist durch die *Topologie* des verteilten Gesamtsystems gegeben. Die Topologie umfaßt die geographische Aufteilung der Funktionen und Daten auf die einzelnen Standorte. Die Spezifikationen des Verteilungskundenmodells müssen letztlich vom abzubildenden Geschäftsprozeß abgeleitet sein. Anwendungen und die ALE-Schicht sind somit unter Maßgabe des Geschäftsprozesses durch die Vorgaben des Verteilungskundenmodells sowie der kundenspezifischen Ausprägungen der übrigen R/3 Referenzmodelle bestimmt. Maßgebende Koordinationsinstanz ist der umzusetzende Geschäftsprozeß. Abb. 3/10 wiederholt diesen Zusammenhang.

Abb. 3/10:
Modelle als Grundlage der Koordination mit SAP ALE

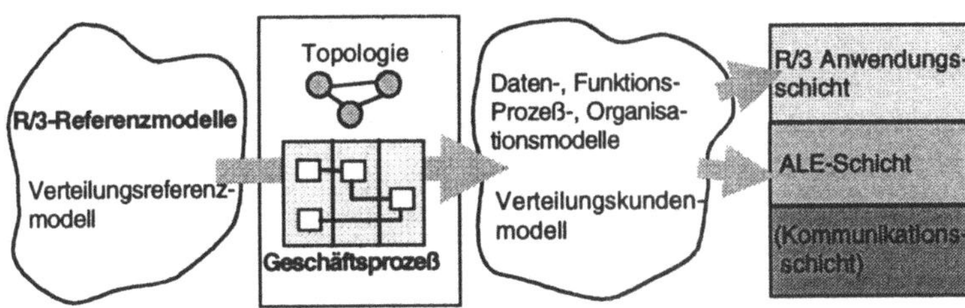

Auf Basis dieser Modelle realisiert ALE die Koordinationsaufgaben. Ein *Verständnis* der Nachrichten ist zunächst durch die

Festlegung der auszutauschenden Nachrichtentypen im Verteilungskundenmodell festgelegt. Sowohl Sender als auch Empfänger kennen Struktur und Bedeutung der Nachricht. Hinzu kommen die Filter-, Konversions- und Versionswandlungsfunktionalität der ALE-Schicht, die zum Verständnis im Empfänger beitragen. Die Sicherstellung eines gemeinsamen Verständnisses ist dann relativ einfach realisierbar, solange der Nachrichtenaustausch innerhalb der R/3 Welt bleibt und die betroffenen Applikationen durch konsistente Kundenmodelle konfiguriert sind. Die Funktionalitäten der verteilten Applikationen sind hier aufeinander abgestimmt, alle Parteien verfolgen eine einheitliche "Politik".

Steuerung

Die *Steuerung* des Nachrichtenaustauschs erfolgt durch Spezifikation von Ereignissen, z.B. die Änderung des Wertes eines Datenfelds oder ein vordefinierter Zeitpunkt. Steuerungsaufgaben der ALE-Schicht sind die Empfängerermittlung und die Kontrolle der Nachrichtenweitergabe an die Kommunikationsschicht durch die Versendesteuerung. Weiter ist mit der Wahl des Bring- oder Holprinzips (auch: Push-, Pullprinzip) festzulegen, wer die Initiative ergreift, um einen Datenwert abzugleichen. Schließlich kann bei Versand von mehreren Nachrichten die Reihenfolge des Versands entscheidend sein.

Zur *Synchronisation* der Nachrichten ist prinzipiell zwischen synchronem und asynchronem Kommunikationsverhalten zu unterscheiden. Bei einer asynchronen Kommunikation ist in bestimmten Fällen die Einhaltung der Reihenfolge durch einen Serialisierungsmechanismus wichtig und gegebenenfalls durch ein Monitoring Tool zu überprüfen. Abb. 3/11 faßt die Koordinationsprozesse im Rahmen von ALE zusammen.

Abb. 3/11:
Koordinationsprozesse mit SAP ALE

Koordinations-aspekt	Anwendungs-schicht	ALE-Schicht	Kommunikations-schicht
Verständnis	IDOC-Metadaten R/3 Applikations-logik	Segmentfilterung Feldumsetzung Versionswandlung	
Steuerung	Ereignisse ... Reihenfolge Push-Pullprinzip	Versendesteuerung	
Synchronisation			synchrone/asynchrone Kommunikation Serialisierung Monitoring (Audit)

ALE/Web und BAPIs

ALE/Web ist eine Erweiterung der ALE Technologie, um eine Kommunikation lose gekoppelter Komponenten über das Internet zu unterstützen. ALE/Web liefert den gemeinsamen geschäftlichen Kontext für eine Integration über das Internet, so daß ein sinnvolles Zusammenwirken der Komponenten möglich ist. In diesem Zusammenhang sollen sogenannte BAPIs (Business Application Programming Interface) eine zentrale Rolle spielen. Die Spezifikation von BAPIs ist eine weitere Aktivität von SAP in Richtung Integration auf applikatorischer Ebene. Dabei handelt es sich noch um eine neue Entwicklung. BAPIs sollen mit Version 3.1 des SAP R/3 Systems verfügbar sein.

BAPIs basieren auf der Spezifikation von SAP Business Objects, welche eine logische Schicht über der Ebene der Applikationslogik bilden. BAPIs sind Methoden von SAP Business Objects, z.B. hat das Business Object "Auftrag" Methoden wie "Aufrag.anlegen" oder "Auftrag.Statusabfrage". Im Vergleich zu ALE stellen BAPIs kein Gesamtkonzept für die verteilte Ausführung eines Geschäftsprozesses durch lokal getrennte Softwarekomponenten dar. Primär sollen sie Funktionalität und Daten des SAP Systems durch konsistente, semantisch gehaltvolle Schnittstellen anbieten. Die Integration über diese Schnittstellen soll mit Microsoft OLE erfolgen, wobei auch Kompatibilität zu CORBA gewährleistet werden soll (s. Abschnitt 3.3). Neben der Einbindung in Konzepte der verteilten Objektorientierung sollen BAPIs die zukünftigen Schnittstellen für eine Integration der SAP Software in Internet Applikationen bilden [SAP 1996]. Abschnitt 3.5.2 greift diese Zielsetzung nochmals auf.

Bemerkungen zu
SAP ALE

SAP ALE als Middleware in Verbindung mit den Referenzmodellen und Tools sowie den R/3 Applikationen bildet eine verteilte Umgebung. Im Vergleich zu den anderen hier besprochenen verteilten Umgebungen deckt SAP damit das ganze Spektrum von der Middleware bis zur Applikationsebene ab (vgl. Abb. 3/1). Der Koordinationsaspekt "Verständnis der Nachricht" macht jedoch deutlich, daß diese Aussage nur innerhalb der R/3 Welt gilt. Bereits bei der Integration von verschiedenen R/3 Systemen können Probleme entstehen, sobald die Parametrisierung voneinander abweicht. Gerade bei der Abbildung unternehmensübergreifender Geschäftsprozesse kann nicht von einer Verteilung "auf der grünen Wiese" ausgegangen werden. Vielmehr sind Systeme verschiedener Unternehmen, deren Konfiguration jeweils eine unterschiedliche Auffassung von der Geschäftsabwicklung widerspiegelt, miteinander zu verbinden. Trotz Verwendung der gleichen R/3 Software und der von SAP vorgegebenen IDOC Nachrichtentypen kann ein inkonsistentes Verständnis der Nachricht in den Systemen bereits die Integration zum Problem machen. Erst recht gilt dies, wenn Nicht-SAP-Applikationen eingebunden werden sollen. Diese sind weder der Steuerung durch ein SAP Referenzmodell zugänglich noch dürften ihre Funktionalität und Datenmodelle ohne weiteres kompatibel sein. Sind unternehmensexterne Applikationen betroffen, ergeben sich die gleichen, oftmals politisch geprägten, Anpassungsprobleme wie bei der Anbindung auf Basis des EDIFACT Standards.

ALE dürfte vor allem in Unternehmen Einzug finden, in denen SAP Applikationen das Informationssystem dominieren. Auch mit ALE müssen die beteiligten Parteien einen hinreichenden Konsens über die Konfiguration der Applikationen finden. Inwieweit Nicht-SAP-Systeme in eine von SAP bestimmte verteilte Umgebung integrierbar sind, wird letztlich davon abhängen, ob diese die IDOC Nachrichtentypen akzeptieren und ob es möglich ist, ihre Applikationslogik an die mit den IDOCs verbundene "Verarbeitungsauffassung" anzupassen. In diesem Zusammenhang sind die Aktivitäten der OAG (Open Applications Group), ein Gremium aus führenden Herstellern von Standardsoftware, näher zu verfolgen. Ziel der OAG ist die Definition von Nachrichtentypen, sogenannten "Business Object Documents", für die Integration auf applikatorischer Ebene [OAG 1995]. Die Ergebnisse der Standardisierung werden aufzeigen, wie weit SAP mit ihren IDOC und BAPI Konzepten Akzeptanz findet.

Aus technischer Sicht ist vor allem die Verwendung des RFC kritisch zu betrachten. Wie in Abschnitt 2.5.2 diskutiert, hat der RFC synchronen Charakter. Ein asynchroner RFC ist dagegen eine komplexe Technologie, die sich erst bewähren muß. Bei einem Einsatz in einem Weitverkehrsnetz ist die Stabilität und Performance kritisch zu betrachten. Weiter ist die Integration der Referenzmodelle und Tools mit der Parametrisierung der eigentlichen R/3 Applikation sowie der ALE-Funktionalität ein wesentlicher Beurteilungsfaktor.

ALE ist ein erster Schritt zur Desintegration des R/3 Systems, zunächst beschränkt auf die logische Verteilung von Funktionsbereichen. Hier ist denkbar, daß die so definierten Komponenten, verborgen hinter standardisierten IDOCs als Schnittstellen, allmählich aus dem Gesamtsystem herausgelöst werden können. ALE unterstützt bei der Umsetzung verteilter Geschäftsprozesse auf Basis von SAP Applikationen. Dazu liefert es neben der technologischen Basis eine Reihe von Modellen und Mechanismen zur Bewältigung der Koordinationsaufgaben. Eine Bewährung in der Praxis wie auch die Akzeptanz der IDOCs als Standardschnittstellen muß sich aber erst zeigen.

3.5 Internet als Integrationsplattform

Das Internet als Infrastruktur für die globale Vernetzung gilt heute vielfach als Schlüsseltechnologie für einen Umbruch in ein sich erst schemenhaft abzeichnendes Informationszeitalter. Wesentlich hat dazu die schnell wachsende Popularität des World Wide Webs (WWW) in den neunziger Jahren beigetragen. Das WWW vermittelt seinen Benutzern einen ersten Eindruck des zukünftigen "Cyberspace". Eine Abschätzung der Potentiale und Folgen ist heute eher noch spekulativ. Im Mittelpunkt dieses Abschnitts stehen nach einer Einführung in das Internet und seine Dienste die Möglichkeiten und Auswirkungen dieser Technologien auf die Integration. Der Fokus liegt dabei auf dem World Wide Web.

3.5.1 Internet

Nach einer Abgrenzung von Internet zu Intranet werden die verschiedenen, für die Integration relevanten Internetdienste aufgeführt. Die Prinzipien des World Wide Web werden näher betrachtet.

Internet - Intranet

Ein *Internet* besteht aus einzelnen, miteinander verbundenen Netzen, z.B. lokale Netzwerke in Universitäten und Unternehmen, die über ein landesweites Weitverkehrsnetz Daten untereinander austauschen können. Das Internet Protokoll regelt spezielle Fragestellungen bei der Verbindung von Netzwerken. Es ist Bestandteil des Kommunikationsprotokolls TCP/IP (Transport Control Protocol/Internet Protocol), das in den siebziger Jahren, gefördert durch das US amerikanische Militär, entwickelt wurde. Internet steht heute für ein weltumfassendes Netz von Rechnernetzen, in denen den Benutzern eine Reihe von Diensten für die Kommunikation angeboten werden. Die Möglichkeit des Datenaustauschs ist durch Verwendung von TCP/IP als gemeinsames Protokoll sichergestellt [vgl. Schneider 1995].

Konstituierende Technologie des Internets ist somit TCP/IP, das sich letztlich gegenüber den offiziellen, in einem langwierigen Prozeß entstandenen ISO/OSI Standards für die Rechnerkommunikation durchgesetzt hat. Diesen Umstand untermauert auch das vermehrte Interesse an sogenannten Intranets. Ein *Intranet* steht für die Implementierung von Internettechnologien innerhalb eines Unternehmens. Primäres Ziel ist es, den Benutzern eine interne und gleichzeitig auch globale Kommunikationsplattform anzubieten sowie den Zugriff auf die Informationsressourcen des Unternehmens zu ermöglichen. Internettechnologien stehen dabei auch für Verläßlichkeit, vergleichsweise geringe Kosten sowie standardisierte Protokolle und Schnittstellen im Rahmen der TCP/IP Protokolle und der verschiedenen Internetdienste [JSB 1996].

Internetdienste

TCP/IP deckt lediglich den Transport von Daten über das Netzwerk ab. Auf Basis von TCP/IP sind jedoch Dienste bzw. Applikationsprotokolle definiert, die den Benutzern des Internet zur Verfügung stehen. Neben dem unten näher beschriebenen WWW gehören zu den wichtigsten Diensten:

Telnet

Telnet ermöglicht den interaktiven Zugriff auf Applikationen, die in einem entfernten Rechner laufen. Der Benutzer hat den Eindruck, sein Terminal sei direkt mit dem entfernten Rechner verbunden.

FTP

File Transfer Protocol (FTP) erlaubt Benutzern und Applikationen den Zugriff und die Interaktion mit einem entfernten Dateisystem.

SMTP

Simple Mail Transfer Protocol (SMTP) netzwerkweiter Dienst zur Übertragung von E-Mails zwischen den E-Mailsystemen auf verschiedenen Rechnern (s. Abschnitt 2.5.2). Eine ergänzender Standard für die Übertragung von Dateien unterschiedlicher Formate über das Internet E-Mailsystem ist MIME (Multipurpose Internet Mail Extensions). MIME gewährleistet, daß der Inhalt der versendeten Datei nicht verändert wird, z.B. bei Textverarbeitungs-, Image-, Programm-, aber auch reinen Textdateien. Daneben spielt MIME eine wichtige Rolle für die Übertragung von EDIFACT-Nachrichten über das Internet.

Verteilungsdienste

Verteilungsdienste (vgl. Abschnitt 2.1): das Verzeichnissystem von TCP/IP ist das Domain Name System (DNS), das Netzwerkmanagement ist Gegenstand des SNMP (Simple Network Management Protocol). Sicherheit (insbesondere Verschlüsselung, Authentifizierung) und Transaktionseigenschaft können Aspekte auf Ebene des Netzwerktransports als auch auf Ebene der Applikationsprotokolle sein. So ist Transaktionssicherheit ein kritischer Punkt für das WWW (s.u.).

Weitere bekannte Applikationsprotokolle sind NNTP (Network News Transfer Protocol) und HTTP (Hypertext Transfer Protocol), das Kernprotokoll des World Wide Web. Hinzu kommen verschiedene Protokolle, die auf TCP/IP aufsetzen, wie NTP (Network Time Protocol), das X Windows System (X11-System), RPC-Protokolle und das verteilte Dateisystem NFS (Network File System) [Cheswick/Bellovin 1996, Kap. 2].

World Wide Web - Client/Server Architektur

Das World Wide Web (WWW) prägt die Diskussion um das Internet. Das WWW ist ein verteiltes Hypertextsystem auf Basis eines Client/Server Modells. Der Client, im WWW Kontext *Browser* genannt, kann Informationen von einem *Web Server* laden. Information kann der Browser dem Benutzer als Bündel von verschiedenen Datenformaten wie Hypertext, Text, Grafik, Multimedia sowohl statisch als auch in Verbindung mit Applikationslogik präsentieren. Kernkonzepte des WWW sind das URL Adressierungsschema, das HTTP Protokoll und die HTML Sprache zur Darstellung von Dokumenten [Berners-Lee et al. 1994].

Jedes Informationsbündel im WWW, sogenannte WWW Seiten, ist über das *URL Adressierungsschema* (Uniform Resource Locator) identifizierbar. URLs werden zur Spezifikation von Verweisen (Hyperlinks) auf Ressourcen im Internet eingesetzt. Ressourcen können nicht nur über HTTP, sondern auch über die anderen Applikationsprotokolle (z.B. FTP) adressiert werden. Über solche Links innerhalb einer WWW Seite (z.B. Mausklick auf hervorgehobenen Text "IWI-HSG" in WWW Seite) oder durch direkte Eingabe des URLs im Browser (z.B. http://www-iwi.unisg.ch/) erschließt sich dem Benutzer auf einfache Weise das weltweite, schnell wachsende Informationsangebot des Internets.

Abb. 3/12: Client/Server Interaktion zwischen Browser und HTTP Server

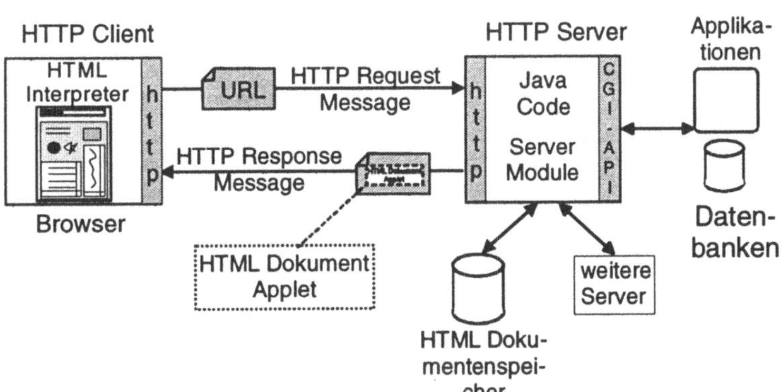

Das *HTTP Protokoll* (Hypertext Transfer Protocol) erlaubt es, in schneller Folge von möglicherweise räumlich weit verstreuten Servern Informationsobjekte abzurufen. HTTP ist ein einfaches Client/Server-Protokoll (s. Abb. 3/12). Ein Internet Browser, der die Rolle des HTTP Clients einnimmt, sendet dem Server eine Anfrage, in der er neben der Adresse des Informationsobjekts auch eine Liste der von ihm unterstützen Datenformate mitschickt. Der Server holt das entsprechende HTML Dokument aus dem Dokumentenspeicher und sendet es in einem geeigneten Datenformat an den Client zurück. Die Verbindung zwischen Client und Server ist damit beendet. Der Client interpretiert die erhaltenen Daten und präsentiert dem Benutzer die gewünschte WWW Seite.

Der *HTTP Server* bzw. Web Server kann bei der Bearbeitung wiederum auf weitere Server zugreifen, Server-Server Kommunikation ist jedoch nicht Gegenstand des HTTP Protokolls. Für WWW Server gibt es keine feste, formale Architektur. Wesentliche Aufgabe des Servers ist es, über eine HTTP Schnittstelle Anfragen entgegenzunehmen, zu überprüfen (z.B. Zugriffsberechtigung) und das angeforderte Dokument zu beschaffen. Eine Anfrage an den Server kann es daneben erfordern, Applikationen aufzurufen, Datenbanken abzufragen und auch kleinere Programme, z.B. in der Sprache Java programmierte sogenannte Applets, an den Browser zu versenden (vertieft in Abschnitt 3.5.2).

<table>
<tr><td>Hypertext Markup
Language</td><td>Die *Hypertext Markup Language (HTML)* ist eine vergleichsweise einfache Sprache zur Kodierung von Dokumenten. HTML erlaubt es, die logischen Komponenten eines Dokuments wie Absätze, Überschriften oder auch Videosequenzen durch Etiketten (engl.: tags) zu spezifizieren. Dem Browser wird somit mitgeteilt, wie er ein HTML Dokument, gegebenenfalls unter Verwendung einer weiteren Hilfsapplikation, darstellen soll. Die Auswertung übernimmt ein HTML Interpreter. Weiter können URLs in HTML eingebettet werden. Mit der Entwicklung von VRML (Virtual Reality Modeling Language) soll es möglich werden, auch dreidimensionale Objekte in einem Browser darzustellen und zu manipulieren.</td></tr>
<tr><td>Anordnung WWW
Komponenten im
Netz</td><td>Abb. 3/13 zeigt, wie WWW Clients und Server in einem unternehmensweiten Netzwerk mit mehreren lokalen Netzwerken (LAN), z.B. in räumlich getrennten Unternehmenseinheiten, die über ein Weitverkehrsnetz (WAN) miteinander verbunden sind.</td></tr>
</table>

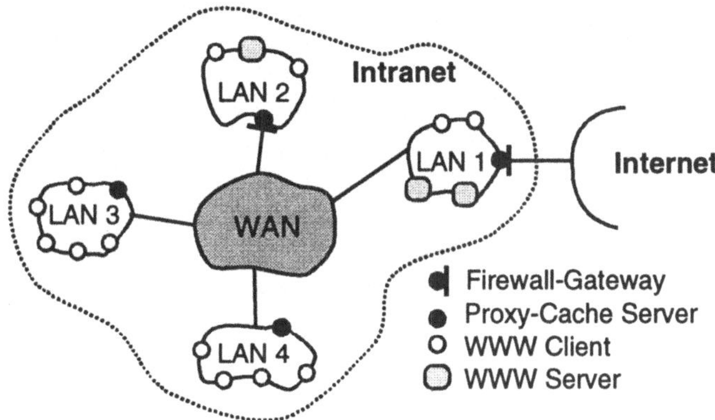

Abb. 3/13:
Anordnung von
WWW Komponenten
[vgl. Ches-
wick/Bellovin 1996,
S. 64]

In den Subnetzen LAN 3 und 4 ist jeweils ein Proxy-Cache in-stalliert. Ein *Proxy* ist ein Programm, das als "Stellvertreter" so-wohl die Rolle des Servers als auch des Clients übernimmt. Ein Proxy Server nimmt Anfragen von Clients an und bearbeitet sie selbst intern oder leitet sie nach eventuellen Überprüfungen oder Modifikationen an andere Server weiter. Ein *Proxy-Cache Server* legt abgeleitet vom Abfrageverhalten der Clients ausge-wählte Antworten der Server in einem lokalen Zwischenspeicher (Cache-Speicher) ab. Entsprechende Anfragen kann der Proxy Server dann selbst bedienen. Dadurch sollen die Last auf dem relativ teuren WAN vermindert und die lokalen Antwortzeiten optimiert werden.

Firewalls und Trans-aktionssicherheit

Von LAN 1 in Abb. 3/13 besteht ein Zugang auf das weltweite Internet. Durch den Außenverkehr können verschiedenste Ge-fahren drohen: ein Client kann "bösartige" Daten empfangen, auf dem Server können Zugriffs- und Authentifizierungsregelungen umgangen, Paßwörter erkundet oder Protokollfehler und Infor-mationslücken ausgenutzt und letztlich unzulässige Manipulatio-nen vorgenommen werden. Ein weiterer Angriffspunkt ist die Verbindung zwischen Client und Server. Daten können abgehört und verändert, Authentifikationen können vorgetäuscht werden. Diese Aspekte der *Netzwerk- und Systemsicherheit* betreffen nicht nur die Außenbeziehungen, auch innerhalb des Unternehmens kann das Bedürfnis bestehen, gewisse Bereiche abzuschirmen, z.B. sollen in Abb. 3/13 nicht allen Mitarbeitern die Informatio-nen auf dem WWW Server in LAN 2 zugänglich sein. *Firewall-Gateways* schirmen Netzbereiche vor Angriffen ab, indem sie den ankommenden Verkehr "filtern" und nur bestimmte Klassen von Verkehr durchlassen. Sicherheit wird dabei auch dadurch erreicht, daß eine Gateway-Maschine keine sicherheitskritischen

Funktionen enthält und ausschließlich von einem professionellen Firewall-Administrator verwaltet wird. Zur Realisierung der Filterfunktionalität kann wiederum ein Proxy-Programm verwendet werden.

Ansatzpunkte von Firewalls sind die Filterung von Datenpaketen, die Sicherung von Netzwerkverbindungen auf Transportebene und die Verwendung spezialisierter Dienstprogramme für einzelne Anwendungen. Paketfilter können ohne fundiertes Sicherheitskonzept problematisch sein, Anwendungsschicht-Gateways gelten dagegen als sicherste Alternative [Cheswick/Bellovin 1996].

Zwar sichern Firewalls Netzwerke ab, jedoch sind sie unzureichend, um *Transaktionssicherheit* zwischen den beteiligten Parteien in einer kommerziellen Transaktion zu gewährleisten. Transaktionssicherheit gilt als zentrale Voraussetzung für den elektronischen Handel über das Internet. Zwei Teilnehmer wollen auf eine sichere und vertrauliche Abwicklung einer Transaktion bauen können. Nur die beteiligten Parteien sollen an der Kommunikation beteiligt sein (Vertraulichkeit), Lesezugriffe und Manipulationen sollen ausgeschlossen (Integritätsschutz) und die Identität des Geschäftspartners eindeutig bekannt sein (Authentifizierung). Beide Teilnehmer wollen sichergehen, daß der Partner den Empfang bzw. den Versand einer Nachricht nicht bestreiten kann (Nicht-Zurückweisbarkeit). Eine weitere Anforderung kann es sein, Sichten auf Transaktionen definieren zu können. Ein Kunde kann z.B. fordern, daß der Händler und seine Bank zu einer Transaktion ausschließlich die sie betreffenden Daten zur Auftrags- bzw. Zahlungsabwicklung verwerten können.

Abb. 3/14 zeigt verschiedene Initiativen für die Gewährleistung dieser Sicherheitsanforderungen und ordnet sie den Ebenen im TCP/IP-Protokoll zu.

AH (Authentication Header) und ESP (Encapsulating Security Payload) setzen jeweils Verschlüsselungstechniken auf der Vermittlungsebene (engl.: Network Layer, entspricht ISO/OSI Ebene 3 bzw. IP-Ebene) ein. *SSL (Secure Sockets Layer)* ist ein Sicherheitsprotokoll auf der Kommunikationssteuerungsebene (engl.: Session Layer, entspricht ISO/OSI Ebene 5). SSL kontrolliert den Zugriff auf den Übertragungskanal, erlaubt die Verschlüsselung von Nachrichten sowie die Authentifizierung von Sender und Empfänger. SSL ist Bestandteil der Internet Gateway Strategie des

WWW-Produkteherstellers Netscape, welcher SSL als Protokoll für einen Proxy Server verwendet. Die HTTP Erweiterung *S-HTTP (Secure HTTP)* ist auf der Ebene der TCP/IP Anwendungsprotokolle angesiedelt (entspricht ISO/OSI Ebenen 5 bis 7). S-HTTP ist eine Entwicklung von Enterprise Integration Technology (EIT), dem Technologielieferanten für das CommerceNet, einem Konsortium zur Förderung des elektronischen Handels über das Internet [EIT 1996]. S-HTTP erlaubt es, Dokumente durch Verschlüsselungstechniken (z.B. elektronische Unterschrift) zu ergänzen. SSL und S-HTTP sind derzeit noch inkompatibel, so daß WWW Clients und Server beide Protokolle unterstützen sollten (zu Sicherheit allgemein s. Abschnitt 2.1.2). S/MIME ist in bezug auf die Einordnung das entsprechende Protokoll zu S-HTTP für die sichere Übertragung von E-Mails über das Internet. *SET (Secure Electronic Transactions)* ist ein Protokoll, das mit verschiedenen Anwendungsprotokollen, z.B. HTTP oder SMTP, eingesetzt werden kann. SET ist ein konsolidierter Standard der Kreditkartengesellschaften Visa und Master-Card und soll unabhängig vom Transportmedium Mechanismen für eine sichere Zahlungsabwicklung über das Internet implementieren [Bhimani 1996].

Abb. 3/14:
Ebenen im Netzwerkprotokoll und Sicherheitsinitiativen - in Anlehnung an [Bhimani 1996, S. 31]

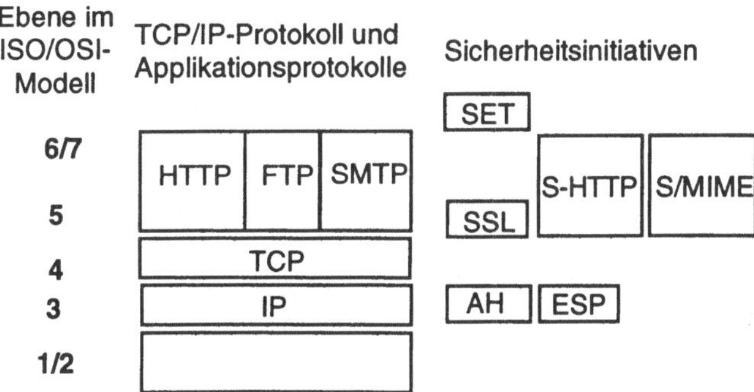

Insgesamt stehen somit eine Reihe ausgefeilter Techniken und Protokolle zur Verfügung. Eine praktische Bewährung im breiten Einsatz steht aber noch aus. Auch ist die Kompatibilität der verschiedenen Sicherheitsprotokolle nicht gegeben. Hinzu kommen Hemmnisse eher politischer Natur [Cooper et al. 1996].

Weiterentwicklung und Standards

Gremien zur Weiterentwicklung des Internets bzw. des WWW sind IETF (Internet Engineering Task Force) und W3C (WWW Consortium). IETF ist ein Gremium aus Herstellern, Forschern und Netzwerkbetreibern zur Weiterentwicklung der Internet Protokolle [IETF 1996]. Eine Hauptaufgabe besteht in der Standardisierung des neuen Internet Protokolls IPv6 (Internet Protocol Version 6). IPv6 soll dem stetigen Wachstum des Internets sowie erwarteten zukünftigen Anwendungen aus Bereichen wie dem Mobile Computing, der Unterhaltungsbranche oder der Fernkontrolle von Geräten (z.B. Verkehrssteuerung) gerecht werden [Hinden 1996]. W3C ist ein Industriekonsortium unter Leitung des MIT, das eine Reihe von Dienstleistungen wie Referenzimplementierungen und Informationsdatenbanken anbietet [W3C 1996]. Gerade das WWW verzeichnet eine dynamische Entwicklung, in dem bislang ungehindert neue Funktionalitäten eingeführt werden konnten. Dies führte aber auch schnell zu Inkonsistenzen. Eine wesentliche Aufgabe dieser Gremien ist, die Interoperabilität von WWW Komponenten unterschiedlicher Hersteller zu gewährleisten und die weitere Entwicklung zu koordinieren.

Für die Weiterentwicklung des WWW sind im wesentlichen drei Bereiche von primärem Interesse. Wichtige Problembereiche für die WWW Weiterentwicklung sind in nachstehender Übersicht zusammengefaßt.

Bereich: Sicherheit	• *Ausprägungen:* Netzwerk-, Systemsicherheit, Transaktionssicherheit, fehlende Zertifizierungsinfrastruktur • *Lösungsansätze:* Firewalls, heute:SSL, S-HTTP, spezialisierte Protokolle (z.B. SET), künftig: IP security architecture
Bereich: Datenintegrität	• *Ausprägungen:* "URL not found", Fehler durch Verlagerung, Löschen, inhaltliche Änderung einer Ressource • *Lösungsansätze:* offen
Bereich: Performance - Verfügbarkeit - Skalierbarkeit	• *Ausprägungen:* Grenzen der Netzwerkkapazität, Grenzen des Adressierungsschemas, schlechte Eignung für interaktive Anwendungen • *Lösungsansätze:* Verfügbarkeit der Bandbreiten verbessern; Cache-Proxy; Verfahren zur Lastverteilung; Kostenwahrheit, neues Schema (IPv6), HTTP Session Extension; Integration mit CORBA/Middleware, spezielle Mechanismen (z.B. SAP Internet Transaction Server)

Im Zentrum der Argumentation um die Nutzung des Internets stehen Aspekte der *Sicherheit.* Wichtigste Standardisierungsbestrebung ist die *IP Security Architecture,* ein grundlegendes Protokoll im Rahmen des IPv6 Standards. Diese Architektur umfaßt die beiden niedrig angesiedelten Protokolle AH und ESP (s. Abb. 3/14). Eine Realisierung wird jedoch noch einige Jahre dauern, so daß zunächst die Protokolle SSL und S-HTTP sowie auch SET in der Praxis verwendet werden. Zudem fehlt für eine wichtige Technologie wie die Verschlüsselung auf Basis öffentlicher und privater Schlüssel noch die Infrastruktur, insbesondere zur Verteilung und Zertifizierung von Schlüsseln [Bhimani 1996].

Ein zweiter, nicht gelöster Punkt betrifft die *Datenintegrität* im WWW. Verantwortliche für einen WWW Server können den Ort eines Objekts ändern, was bei einer Verlagerung in eine andere Administrationsdomäne zu einer Änderung des URL führt. Auch können sie das Objekt löschen oder auch willkürlich den Inhalt verändern. Verweise auf solche Objekte von anderen WWW Seiten werden damit fehlerhaft oder führen ins Leere.

Ein dritter Themenbereich betrifft klassische, technische Kriterien zur Systembeurteilung, die aber letztlich entscheidend sein werden für die Ausbreitung der kommerziellen Nutzung des Internet. Ein wesentlicher, hindernder Faktor sind hier Meldungen über "Staus auf der Datenautobahn". Zwar werden zukünftig vermehrt *Netzwerkkapazitäten* zur Verfügung stehen. Jedoch führen Anforderungen durch neue Anwendungen, z.B. durch Versand von Multimediadateien, und eine immer größere Nutzerzahl schnell zu einer Erhöhung der Netzwerklast. Ein erster, noch unreifer Ansatz zur Lastverteilung und Eingrenzung des Netzverkehrs sind die im vorhergehenden Unterpunkt erwähnten Cache-Proxy-Server. Auch dürfte vermehrt Druck entstehen, die hohen Kosten des Netzbetriebs, die bislang vielfach letztlich von öffentlichen Trägern aufgebracht wurden, auf die Endbenutzer zu verteilen und damit die Netzwerknutzung zu lenken. Problematisch ist auch die Notwendigkeit, das aktuelle *Adressierungsschema* des Internets umzustellen, da die Netzwerkadressen knapp werden und daher die Skalierbarkeit an ihre Grenzen stößt. Ein neues Adressierungsschema sowie die Lösung der damit verbundenen Migrationsfragen sind ein zentraler Gegenstand der IPv6 Standardisierung. Im Rahmen der Integration von Applikationen in das WWW stellt sich weiter im folgenden Punkt die Frage nach der *Eignung* des HTTP Client/Server Interaktionsprinzips [Schneider 1995, Goulde 1995, Hinden 1996].

3.5.2 Integration

Vor allem Internetdienste wie FTP, Telnet und SMTP (s. Abschnitt 3.5.1) sowie weitere Anwendungsprotokolle auf Basis TCP/IP für RPCs oder Präsentationsverteilung (X/Windows) stehen für "klassische" Mechanismen zur Integration von verteilten Applikationen. Im folgenden werden Integrationsaspekte des WWW näher beleuchtet. Zunächst gibt es einfache Mechanismen, um Applikationen über den WWW Server einzubinden. Eine spezielle Form der Integration von Applikationen ist es, Applikationen in HTML Dokumente einzubinden. Weitere Möglichkeiten können sich durch eine Integration des WWW mit Middlewarediensten ergeben. Damit stünde über das Internet das volle Spektrum der Systemintegrationstechnologien in verteilten Systemen zur Verfügung.

Ursprünglich waren WWW Seiten rein statische Hypertextdokumente. Wesentlich mehr Möglichkeiten bestehen, wenn es möglich ist, auf Datenbanken und Applikationen über das WWW zuzugreifen. So können Produktdatenbanken, Vertriebsapplikationen, Kundeninformationssysteme, die Benutzerhotline oder Groupwareapplikationen wie z.B. Terminplaner und E-Mail sowohl weltweit als auch unternehmensintern über das WWW in Echtzeit verfügbar sein.

Integration von Applikationen und Datenbanken

Integration erfolgt dabei auf der Präsentationsebene. Aus Sicht des Benutzers wird der WWW Browser zur integrierten Oberfläche für Internetdienste sowie für betriebliche Datenbanken und Applikationen. Kennzeichnend für dieses Konzept ist die Idee des "intelligenten Dokuments", das logische Komponenten wie Text, Hyperlinks, Datenbankzugriffe, Applikationsfunktionalitäten (z.B. Auftragserfassung) in einem elektronischen Dokument anordnet und dem Benutzer verfügbar macht.

CGI-Schnittstelle

Wichtigste Schnittstelle zur Einbindung von Applikationen ist die *CGI-Schnittstelle* (Common Gateway Interface) eines WWW Servers (s. Abb. 3/15).

Hauptfunktion eines HTTP Servers ist es, den Client mit HTML Dokumenten zu bedienen. Um andere Ressourcen aufzurufen, ist ein Gateway Programm zwischen dem Server und der Applikation bzw. Datenbank erforderlich. Der Server reicht die erforderlichen Eingabedaten über die CGI Schnittstelle an das Gateway Programm. Die CGI Schnittstelle ist ein Standard, der genau festgelegt, wie Daten an ein Gateway bzw. *CGI Programm* gesendet und wie Daten wieder zurückgegeben werden. Das CGI

Programm führt z.B. eine Datenbankabfrage durch, gibt das Ergebnis dem Server zurück, welcher die Daten in Form eines HTML Dokuments an den Browser weiterreicht [CGI 1996].

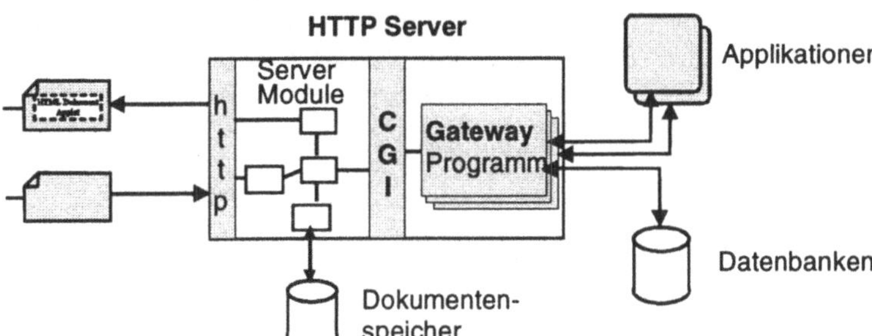

Abb. 3/15:
Integration WWW Server mit Applikationen über CGI

Damit ist auf einfache Weise eine global verfügbare, dreistufige Client/Server Architektur mit dem WWW Server als mittlere Ebene realisiert. Allerdings gilt CGI als ineffizient und langsam. CGI nimmt keine Typüberprüfungen der übergebenen Daten vor und erkennt so keine Fehleingaben des Benutzers. Weiter müssen Daten stets als HTML Dokument an den Browser zurückgegeben werden, was einen zusätzlichen Aufwand nach sich zieht. Da im Prinzip jeder ein CGI Programm starten kann, ist sehr sorgfältig darauf zu achten, daß keine Sicherheitslücke entsteht [Vogel 1996].

Ein grundlegendes Problem bei der CGI Programmierung liegt in der Natur des *zustandslosen HTTP Protokolls*. Eine Client/Server Interaktion ist nach einem Aufruf-Antwort Zyklus beendet. Beim nächsten Aufruf ist keine Information mehr über den vorhergehenden Vorgang vorhanden. Um eine Sequenz von Interaktionen des Benutzers durchzuführen, muß daher jedesmal eine neue Verbindung aufgebaut und gegebenenfalls Zustandsinformation, z.B. als verstecktes Feld in einem HTML Dokument, zwischengespeichert werden. Gerade die Realisierung der Idee des intelligenten Dokuments beinhaltet jedoch aktive Sequenzen von Interaktion des Benutzers. Um eine bessere Performance zu erzielen, wird eine Erweiterung des HTTP Protokolls für Sitzungen mit mehreren Anfragen erforderlich sein (HTTP Session Extension). Ein weiterer Ansatzpunkt ist die Integration mit CORBA (s.u.) [Rees et al. 1996].

Einige WWW Serverprodukte bieten neben der relativ einfachen CGI Schnittstelle eine zusätzliche Schnittstelle (API) an (z.B. Netscape Server API). Mit Hilfe dieser APIs soll insbesondere eine bessere Performance und Effizienz beim Zugriff auf externe Datenbanken und Applikationen möglich sein [Goulde 1995].

Integration SAP und Internet

Ein weiterer, pragmatischer Weg zur Integration ist die Verwendung spezifischer, auf die zu integrierende Applikation abgestimmter Mechanismen. Ein Beispiel dafür ist die Lösung von SAP zur Einbindung von Internet Applikationen auf Basis ihrer Standardsoftware (s. Abb. 3/16).

**Abb. 3/16:
Integration von SAP
R/3 in das WWW -
in Anlehnung an
[SAP 1996, S. 5]**

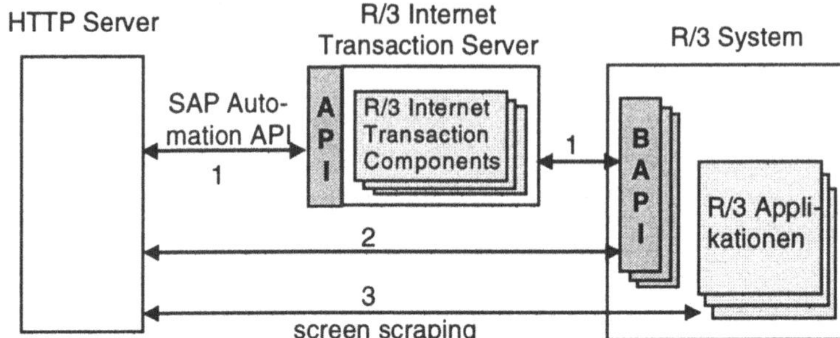

Kernstück des Ansatzes ist der *R/3 Internet Transaction Server*, der zwischen dem WWW Server und dem R/3 System gelagert ist. Dabei handelt es sich um eine Technologie, die spezifisch für SAP Internet Applikationen besondere Anforderungen für die Realisierung von Internet Applikationen umsetzen soll. Zu seinen Aufgaben gehört es, den zustandslosen Charakter des HTTP Protokolls abzuschirmen, Transaktionen über das Internet auszuführen, sowie spezielle Sicherheitsanforderungen und Skalierbarkeit zu gewährleisten.

Innerhalb des R/3 Transaction Servers laufen die eigentlichen Internet Applikationen. Diese sogenannten *R/3 Internet Transaction Components* sind zum R/3 System komplementäre, transaktionsorientierte Applikationen. Ein Beispiel ist das "Order Entry for Variant Products Component", welches einem Kunden ermöglicht, über einen WWW Browser Aufträge zu plazieren und Konfigurationen der bestellten Produkte zusammenzustellen. Die Applikation überprüft und bestätigt die Konfiguration und leitet automatisch die Auftragsabwicklung ein. R/3 Internet Transaction Components benutzen die Business API (BAPI) Schnittstellen, um die erforderlichen Daten und Funktionalitäten der eigentlichen R/3 Applikationen zu erhalten (s. Abschnitt 3.4). Der WWW Server empfängt die Daten der Internet Applikationen vom Transaction Server über das SAP Automation API und setzt sie in eine HTML Seite um.

Abb. 3/16 zeigt noch zwei weitere Möglichkeiten der Integration von SAP Applikationen in das WWW auf. Diese sind vor allem dann erforderlich, wenn die verfügbaren R/3 Transaction Components nicht die Anforderungen des Entwicklers einer Internet Applikation abdecken. Dabei stehen die Funktionalitäten des Transaction Servers nicht zur Verfügung. In Variante 2 greift der WWW Server direkt auf die BAPIs des R/3 Systems und damit auf die SAP Applikationen zu. Eine dritte, in bezug auf Performance und Sicherheit am wenigsten geeignete Variante ist die Verwendung von Screen Scraping Technologie, um die Informationen aus den R/3 Applikationen zu beschaffen (vgl. Abschnitt 2.2) [SAP 1996].

Integration von Applikationen in HTML Dokumente

Eine neue Form der Integration von Applikationen in das WWW sind Java Applets. Grundidee ist es, eine Applikation nicht auf dem Server zu belassen und abzuarbeiten, sondern an den Browser zur Ausführung zu senden. Java ist eine von Sun Microsystems entwickelte Programmiersprache, die es ermöglicht, kleine Programme - sogenannte "Applets" - über das WWW zu verteilen. Java basiert auf C++ und gilt als erste Internet Programmiersprache, zu der eine Reihe weiterer hinzukommen werden, z.B. Microsoft Visual Basic Script. Abb. 3/17 zeigt die Funktionsprinzip von Java auf.

Abb. 3/17: Funktionsprinzip Java Applets im WWW

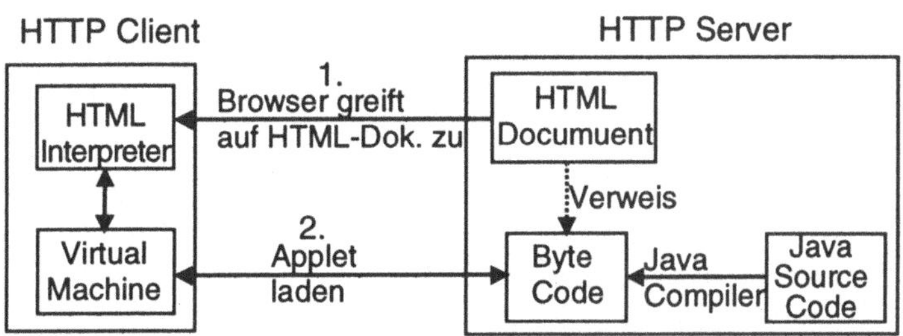

Von einem HTML Dokument besteht ein Verweis auf ein Java Applet, das in einem Byte Code vorliegt. Greift ein Browser auf dieses Dokument zu, wird der Byte Code auf den Browser geladen, wo eine Virtual Machine den Byte Code in ausführbaren Maschinencode umsetzt. Die Virtual Machine ist Bestandteil eines Browsers, welcher Java Applets interpretieren kann (engl.: Java enabled Browser). Sie ermöglicht es, daß bei der Programmierung des Applets die Zielplattform, auf dem der Browser läuft, nicht bekannt sein muß. Das Applet wird ausgeführt, sobald der Benutzer den entsprechenden Teil des HTML Dokuments anklickt [Sun 1996, Meese 1996].

Mit Applets angereicherte WWW Seiten können wesentlich interessanter gestaltet werden. So realisieren Applets z.B. Produktdemonstrationen, Börsen Ticker oder eine Führung durch das Seitenangebot eines WWW Servers. Die Möglichkeit, Applikationen bei Bedarf zu "laden", die einfache Installation und Unabhängigkeit von der Plattform und eine Integration mit Middleware aus dem Bereich der verteilten Objektorientierung verdeutlichen, daß die Konzepte hinter Java einen nachhaltigen Einfluß auf die Softwareindustrie und auf zukünftige Applikationsarchitekturen haben können. Auf die Auswirkungen kommt Abschnitt 3.5.3 zurück.

Integration WWW mit Middleware

Gateway Programme greifen auf für den WWW Server lokale Ressourcen zu. Externe Programme können durch einen Verweis auf einen anderen Server aufgerufen werden. Auf diese Weise realisiert das WWW auf einfache Weise ein erweiterbares, verteiltes System, dessen Stärke vor allem in der Ortsunabhängigkeit und Integration der verschiedenen Internetdienste liegt. Das Zugriffsverfahren über CGI Mechanismen gilt jedoch als ineffizient und kommt einer starren "Verdrahtung" von HTML Dokumenten mit Applikationen gleich. Einen flexibleren und effizienteren Zugriff auf Backend Applikationen und Datenbanken sowie die Einbindung von Verteilungsdiensten wie Sicherheit und Transaktionsmanagement verspricht die Integration mit Middleware.

Im Zentrum der Diskussion steht vor allem die Einbindung von Datenbankzugriffsmiddleware sowie DCE und Middleware zur verteilten Objektorientierung (s. Abschnitte 2.3, 3.1 und 3.3). Prinzipiell können drei Ansätze zur Integration unterschieden werden (s. Abb. 3/18).

**Abb. 3/18:
Integration WWW mit Middleware**

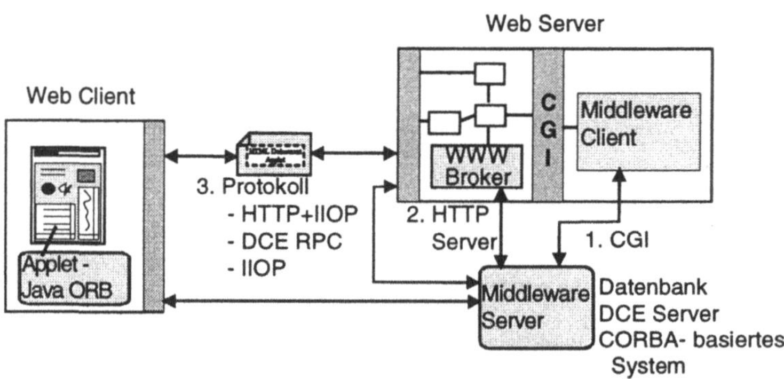

Die einfachste Variante beruht auf der *CGI Schnittstelle*, über den ein Middleware Client (z.B. DCE Client) aufgerufen wird. Der

Middleware Client ruft wiederum einen Middleware Server (z.B. DCE Applikation) auf und gibt die Ergebnisse wieder zurück. Im Idealfall generiert der Middleware Client zur Rückgabe bereits die entsprechenden HTML Dokumente zur Weitergabe an den Web Client. Ein weiterer Ansatz beruht auf der Integration von Middleware als eine *Web Server Komponente*, z.B. kann ein auf CORBA basierender ORB zur Verbindung des WWW Servers mit Applikationen dienen. Ein dritter, umfassenderer Ansatz setzt auf eine Erweiterung oder einen Ersatz des *HTTP Protokolls*. Eine einheitliche Lösung gibt es hier noch nicht. Vorschläge sind die Einbindung des IIOP Protokolls zur Kommunikation zwischen Object Request Brokern auf Basis des Internets in das HTTP Protokoll und die Verwendung des DCE RPCs als Transportmechanismus für HTTP Nachrichten. Weiter gibt es verschiedene Varianten der Kooperation zwischen HTTP und IIOP ohne Modifikation von HTTP. Mit der Verwendung von IIOP soll eine nahtlose Integration verteilter, objektorientierter Systeme in das WWW möglich werden. Web Browser bekommen so Zugriff auf CORBA basierte Systeme, welche wiederum auf Informationen im WWW zugreifen können [Rees et al. 1996, Vogel 1996, Beitz et al. et al. 1996].

Während es für die Einbindung von Datenbankzugriffsmiddleware kommerzielle Produkte gibt, gibt es für den Bereich Integration mit DCE und verteilter Objektorientierung erst Prototypen. Voraussichtlich wird die CGI Schnittstelle ihre heutige Bedeutung für die Integration verlieren. Vielversprechend ist die Integration von Applets mit CORBA. So ist es denkbar, auf dem Browser-Frontend nach Bedarf Applets zu sammeln. Applets können Dienste von Objekten im Backend nutzen, welche wiederum auf Unternehmensdaten zugreifen [Drespling 1996].

4 Bewertung und Ausblick

Middleware in ihrer unterschiedlichen Ausprägung erfährt verschiedene Einsatzmöglichkeiten. Aus Sicht der Informatik steht ihr Potential zur Integration von Applikationen und Daten in einem verteilten, dezentralisierten Umfeld, aus Sicht der Organisation das Potential zur Integration für die Geschäftsprozesse im Vordergrund. Ziel dieses Abschnitts ist es, Entwicklungen der verschiedenen Middlewaredienste sowie allgemein im Umfeld von Middleware aufzuzeigen. Die in Kapitel 3 ausführlich erläuterten Konzepte verteilter Umgebungen werden hier nicht weiter betrachtet.

4.1 Zusammenfassende Bewertung Middlewaredienste

Präsentationsdienste

Präsentationsdienste ermöglichen die Integration von Applikationen auf Ebene der Benutzerschnittstelle. In den Möglichkeiten, unterschiedliche Applikationen gleichzeitig dem Benutzer an seinem Arbeitsplatz bereitzustellen sowie Oberflächen und Dialogabläufe von Altapplikation neu zu gestalten, liegt ihre Bedeutung für die Umsetzung von Geschäftsprozessen in das Informationssystem. Für die Integration mit anderen Applikationen stellen sie dagegen mehr eine Notlösung dar. Als eigentliche Präsentationsschnittstelle zum Benutzer werden Internet Browser dominieren. "Intelligente" Dokumente, welche unter Einbezug von Multimediatechnologien unterschiedliche Applikationen und Komponenten unter einer Schnittstelle integrieren, führen zu neuen Interaktionsformen mit dem Benutzer und lösen heutige, statische Benutzeroberflächen ab.

Daten- und Dokumentenmanagement dienste

Daten- und Dokumentenmanagementdienste realisieren den Zugriff auf Unternehmensinformationen bzw. den Datenaustausch auf Datenebene. Daten- und Dokumentenmanagementdienste eröffnen damit das Potential der Datenintegration als Grundlage für abteilungs- und unternehmensübergreifende Prozesse [vgl. Österle/Vogler 1996, S. 6].

Datenzugriffsdienste finden vor allem im Zusammenhang mit Data Warehousing ein hohes Interesse. Für den Zugriff auf die Unternehmensdaten von Internet Applikationen werden vermehrt Datenbank Gateways eingesetzt. Insgesamt ist der Bereich der Datenmanagementdienste durch zahlreiche Anbieter geprägt, welche vielfach proprietäre Erweiterungen des SQL Standards verwenden. Nicht zuletzt getrieben durch die Integration von Datenzugriffslösungen in Internetsprachen und WWW Server ist in diesem Bereich eine Konsolidierung zu erwarten. Dokumentenmanagementdienste gewinnen mit vermehrter Automatisierung von Büroabläufen und damit verbunden dem Einsatz von Workflow-Systemen an Bedeutung.

Applikations- und Koordinationsdienste

Applikations- und Koordinationsdienste stehen für Nachrichtenaustausch auf applikatorischer Ebene sowie die Steuerung des Prozeßablaufs. Damit verbunden ist das Potential, Schnittstellen zwischen Applikationen wie auch Abläufe im Informationssystem zu koordinieren. Die Einordnung dieser Dienste als Middleware steht für die Entwicklung, koordinierende Funktionalität aus den

Applikationen herauszunehmen. Eine Applikation selbst stellt sich damit als reiner Anbieter von Diensten für die Durchführung von Arbeitsschritten in einem Prozeßablauf dar. Die Abfolge der Dienste wird durch Drittsysteme oder den Benutzer gesteuert. Ziel dieses Konzepts ist eine höhere Flexibilität des Informationssystems in bezug auf Änderungen der Geschäftsprozesse. Jedoch setzt sie eine sorgfältige Abstimmung der verschiedenen steuernden "Instanzen" voraus. Dazu gehören neben den hier diskutierten Koordinationsdiensten auch Konzepte aus dem Bereich der Datenmanagementdienste (Datenverteilungslösung, aktive Datenbanken, Message Warehouse, auch Message Queue als Datenbank), der Kommunikationsdienste (publish and subscribe) sowie Altapplikationen, welche weiter Steuerungsfunktionalität behalten. Die Einbindung von Transaktionseigenschaften in den Ablauf und damit eine Rücksetzbarkeit in einen konsistenten früheren Zustand ist ein Schwerpunkt der Informatikforschung in diesem Bereich.

Mit zunehmender Bedeutung der Integration heterogener Applikationen sowie dem Bedürfnis, den Datenaustausch zwischen Applikationen zu koordinieren und steuernde Funktionalität aus den Applikationen herauszunehmen, werden diese Dienste in den nächsten Jahren an Bedeutung gewinnen.

Kommunikationsdienste

Kommunikationsdienste liefern netzwerknahe Funktionalität zur Kommunikation über verteilte, heterogene Plattformen hinweg. Als elementare Dienste können sie zur Realisierung von Kommunikationsaufgaben für Dienste auf höherer Ebene eingesetzt werden. Sie können daher für die Integration auf allen drei Ebenen - Präsentation, Applikationslogik und Daten - eine Rolle spielen. Vielen RPC Varianten stehen eine kleinere Zahl Message Queuing Systeme und zwei konkurrierende Konzepte im Bereich der Objektkommunikation gegenüber. Elementare Kommunikationsdienste werden vermehrt fester Bestandteil von Betriebssystemen sein. Diese sind damit auch bestimmender Faktor dafür, welche Technologie sich jeweils als Industriestandard am Markt durchsetzt. Ein weiterer maßgebender Aspekt ist die Einbindung eines Dienstes in das Internet. Kommunikationsdienste, vor allem Object Request Broker, sollen in Zukunft dazu beitragen, Applikationen und Datenbanken in das Internet zu integrieren und damit Schwächen der heutigen Internetprotokolle zu kompensieren. Schließlich werden Kommunikationsdienste an ihrer Eignung für das immer wichtigere Mobile Computing gemessen werden. Hier sind vor allem Konzepte asynchroner Kommunikation gefragt.

Insbesondere die heute verfügbaren RPC-Technologien machen deutlich, daß eine direkte Verwendung von Kommunikationsdiensten in der Anwendungsentwicklung mit zusätzlicher Komplexität und letztlich höheren Kosten, vor allem für die Ausbildung, verbunden ist. Kommunikationsdienste treten aus Sicht des Entwicklers vermehrt "verpackt" in Entwicklungstools, höheren Middlewarediensten oder auch Frameworks auf. So verwenden TP-Monitore oder Systeme für einen Nachrichtenaustausch Publish and Subscribe Konzepte. In der Folge werden Kommunikationsdienste für den Anwendungsentwickler in der Regel keine unmittelbare Bedeutung erhalten. Die Diskussion CORBA versus OLE und ihre Integration in das Internet zeigen jedoch, daß sie letztlich einen bestimmenden Einfluß auf die Architektur von Applikationen und damit des gesamten Informationssystems haben.

4.2   Ausblick

Im Zentrum des Middlewarebegriffs steht die Idee, durch eine zusätzliche Softwareschicht verteilte Applikationen sowie Integration in einem heterogenen Umfeld zu ermöglichen. Diese Arbeit stellt den Dienstaspekt von Middleware in den Vordergrund. Middleware ist Kern einer Infrastruktur, welche den Applikationen Dienste für die Integration anbietet. Einerseits handelt es sich dabei um Dienste, welche die Heterogenität der darunter liegenden Systeme abschirmen soll, andererseits verrichten sie Aufgaben, die vermehrt aus den Applikationen herausgenommen werden und so zu einer höheren Flexibilität bei der Umsetzung von Geschäftsprozessen beitragen. Begriff und Arten von Middlewarediensten befinden sich im Fluß. Einzelne Middlewaredienste werden fester Bestandteil von Betriebssystemen oder werden durch Internetdienste abgedeckt, Dienste und Produkte zur Koordination sind erst dabei sich zu etablieren, neue Dienstkategorien etwa im Bereich des Mobile Computing sind im Entstehen.

Hersteller und Anwender von Middleware sehen sich einer Reihe von Herausforderungen gegenüber. So gibt es im Middlewaremarkt, insbesondere im Bereich der Datenmanagementdienste, eine hohe Anzahl von Anbietern. Verschiedene Middlewarehersteller verwenden in ihren Produkten proprietäre Erweiterungen der von Gremien erarbeiteten Standards. Zahlreiche echte und unechte Standards erschweren den Überblick. Hier dürfte sich eine Marktbereinigung einstellen. Erfahrungsgemäß setzen sich am Ende nur wenige Hersteller durch, welche an organisierten, in der Regel auch unflexiblen Gremien vorbei einen de facto Standard im Markt setzen. Solange sich kein Konsens am Markt über einen maßgebenden Standard herausbildet, herrscht sowohl bei Anwendern als auch Softwareherstellern Unsicherheit, welche letztlich ein wesentlicher Hemmfaktor für die entsprechende Middleware ist.

Verschiedene Middlewaredienste werden für unterschiedliche Anforderungen der betroffenen Applikationstypen, Systemplattformen oder angestrebten Integrationsformen eingesetzt. Die Verwendung verschiedenartiger Middleware bedeutet einen nicht unerheblichen Aufwand für deren Administration. Vermehrt gehen Middlewarehersteller dazu über, verschiedene Middlewaredienste in einem Produkt zu bündeln. Schlagwörter sind hier multifunktionale Middleware oder Super API, welche für eine einheitliche Schnittstelle auf unterschiedliche Middlewaredienste steht. Der damit vereinfachten Systemadministration der Middleware steht jedoch möglicherweise auch die Gefahr der Herstellerbindung gegenüber.

Auch innerhalb der Unternehmen ist vielfach eine Konsolidierung erforderlich. So haben oftmals verschiedene Projekte unterschiedliche, teilweise nicht kompatible Middlewareprodukte eingesetzt. Ausgehend von einer Beurteilung der jetzigen und zukünftigen Entwicklung der Applikationsarchitektur muß sich jedes Unternehmen ein Profil der erforderlichen Dienste und der jeweils zu verwendenden Standards erstellen. Wenige relevante und kompatible Middlewareprodukte verbunden mit einem einheitlichen Konzept für die Sicherheit und Namensvergabe tragen zu einer Vereinfachung des Systemmanagements, zu einer besseren Performance und letztlich zu niedrigeren Kosten bei. Dies ist jedoch nur der erste Schritt. Der Einsatz von Middleware erfordert spezielles, anspruchsvolles Wissen und eine Kultur der Zusammenarbeit. Dies trifft auf generell all diejenigen zu, die von einer Systemintegration berührt werden, d.h. auf Applikationsentwickler, das Datenmanagement, Netzwerkspezialisten, Spezialisten für verschiedene Betriebssysteme sowie Datenbankadministratoren. Ziel ist die Schaffung einer Infrastruktur, welche die Integration von neuen und vorhandenen Applikationen, eine leichtere Änderung des Zusammenwirkens verschiedener Applikationen und damit letztlich die Abbildung von Geschäftsprozessen auf das Informationssystem unterstützt. Dieses Ziel geht einher mit Bestrebungen zur Weiterentwicklung der Applikationsarchitektur weg von starren, durch gemeinsame Datenbestände verflochtene Applikationen, hin zu kleineren, autonomen Einheiten, welche über Schnittstellen ihre Dienste anbieten und eigene Datenbestände führen.

Die Bedeutung von Middleware als Enabler der Integration heterogener Applikationen und Datenbestände rechtfertigt in Analogie zum Datenbankmanagement ein eigenes Middlewaremanagement zur Bewältigung dieser Aufgaben. Dieses muß in ein Gesamtkonzept zur Weiterentwicklung der Applikationsarchitektur, welches die Koordination autonomer Applikationskomponenten und damit letztlich das Schnittstellenmanagement in den Mittelpunkt stellt, eingeordnet sein.

5   Literatur

[Babaoglu/Marzullo 1993]
Babaoglu, Ö., Marzullo, K., Consistent Global States of Distributed Systems: Fundamental Concepts and Mechanisms, in: Mullender, S. (Hrsg.), Distributed Systems, 2. Auflage, Addison-Wesley, Wokingham et al., 1993, S. 55-96

[Bauer et al. 1994]
Bauer M., Coburn N., Erickson, D., Finnigan, J., Hong, J., Larson, P., Pachl, J., Slonim, J., Taylor, D., Teorey, T., A distributed system architecture for a distributed application environment, in: IBM Systems Journal, Jg. 33, Nr. 3, 1994, S. 399-425

[Beitz et al. 1996]
Beitz, A., Iannella, R., Vogel, A., Yang, Z., Woo, T., Integrating WWW and middleware, in: MiddlewareSpectra, Jg. 10, Nr. 1, Februar 1996, S. 34-39

[Berners-Lee et al. 1994]
Berners-Lee, T., Cailliau, R., Luotonen, A., Frystyk, H., Secret, A., The World Wide Web, in: Communications of the ACM, Jg. 37, Nr. 8, August 1994, S. 76-82

[Bernstein 1996]
Bernstein, P., Middleware: A Model for Distributed System Services, in: Communications of the ACM, Jg. 39, Nr. 2, Februar 1996, S. 86-98

[Bhimani 1996]
Bhimani, A., Securing The Commercial Internet, in: Communications of the ACM, Jg. 39, Nr. 6, Juni 1996, S. 30-35

[Birman 1993]
Birman, K., The process group approach to reliable distributed computing, in: Communications of the ACM, Jg. 36, Nr. 12, Dezember 1993, S. 36-53

[Brando 1996]
Brando, T., Comparing CORBA and DCE, in: Object Magazine, Jg. 6, Nr. 1, 1996, S. 52-57

[Brett 1995]
Brett, C., Is DCE dead in the water?, in: Middleware Issues Illustration Collection, Spectrum Reports, Winchester, 1995, S. 20-26

[Briem/Denzel 1993]
Briem, J., Denzel, B., Online Transaction Processing mit Client/-Server-Architekturen, in: Handbuch der modernen Datenverarbeitung, Jg. 30, Nr. 174, 1993, S. 25-41

[Bright et al. 1992]
Bright, M., Hurson, A., Pakzad S., A Taxonomy and Current Issues in Multidatabase Systems, in: Computer, Jg. 25, Nr. 3, 1992, S. 50-60

[Brockschmidt 1995]
Brockschmidt, K., Inside OLE 2, Second Edition, Microsoft Press, Redmond, 1995

[Brodie/Stonebraker 1995]
Brodie, M., Stonebraker, M., Migrating Legacy Systems, Morgan Kaufmann, San Francisco, 1995

[Carnelly 1995]
Carnelly, P., Client/Server Developer, Supplement to SIGS Publications, Februar 1995

[CDPD 1996]
CDPD Home Page, http://www.cdpd.org, 22.07.96

[CGI 1996]
NCSA (Hrsg.), Common Gateway Interface Specification, http://hoohoo.ncsa.uiuc.edu/cgi/overview.html, 22.07.96

[Cheswick/Bellovin 1996]
Cheswick, W., Bellovin, S., Firewalls und Sicherheit im Internet: Schutz vernetzter Systeme vor cleveren Hackern, Addison-Wesley, Bonn et al., 1996

[Colonna/Srite 1995]
Colonna-Romano, J., Srite, P., The Middleware Source Book, Digital Press Butterworth-Heinemann, Newton MA, 1995

[Colyer/Wong 1994]
Colyer, W., Wong, W., Managing Distributed Systems, in: Distributed Computing, Khanna, R. (Hrsg.), Prentice-Hall, Englewood Cliffs NJ, 1994, S. 107-128

[Cooper et al. 1996]
Cooper, L., Duncan, J., Whetstone, J., Is electronic commerce ready for the internet?, in: Information Systems Management, Jg. 13, Nr. 3, Sommer 1996, S. 25-36

[Date 1990]
Date, C., An Introduction to Database Systems, Band 1, 5. Aufl., Addison-Wesley, Reading MA et al., 1990

[De Meer 1994]
De Meer, J., Mahr, B., Storp, S., Open Distributed Processing II, North-Holland, Amsterdam et al., 1994

[Deacon 1995]
Deacon, A., Transactional Workflow Support using Middleware, in: Huber-Wäschle, F., Schauer, H., Widmayer, P. (Hrsg.), GISI 95 Herausforderungen eines globalen Informationsverbundes für die Informatik, Springer, Berlin et al., 1995

[Derungs et al. 1995a]
Derungs, M., Vogler, P., Österle, H., Kriterienkatalog Workflow-Systeme, Arbeitsbericht IM HSG/CC PSI/1, Institut für Wirtschaftsinformatik der Universität St. Gallen, St. Gallen, 1995

[Derungs et al. 1995b]
Derungs, M., Gutzwiller, T., Österle, H., Vogler, P., Workflow Integration, Arbeitsbericht IM HSG/CC PSI/5 (intern), Institut für Wirtschaftsinformatik der Universität St. Gallen, St. Gallen, 1995

[Deutsch 1994]
Deutsch, M., Unternehmenserfolg mit EDI: Strategie und Realisierung des elektronischen Datenaustausches, Vieweg, Braunschweig et al., 1994

[DMA 1995]
Association for Information and image Management (Hrsg.), Document Management Alliance, Background Information, Silver Spring MD, 1995

[Donovan 1994]
Donovan, J., Business Re-Engineering with Information Technology, Prentice-Hall, Englewood Cliffs NJ, 1994

[Drespling 1996]
Drespling, W., Java und CORBA-Architekturen: zwei Welten treffen sich, in: OBJEKTspektrum, Nr. 3, 1996, S. 67-68

[East 1994]
East, S., Systems Integration, A management guide for manufacturing engineers, McGraw-Hill, London et al., 1994

[Eckerson/Wayne 1995]
Eckerson, F., Wayne, W., Enterprise Integration Strategies: solving the problem of multiple point-to-point interfaces, in: Open Information Systems, Jg. 10, Nr. 5, Mai 1995, S. 3-24

[EIT 1996]
Enterprise Integration Technologies (Hrsg.), CommerceNet, http://www.eit.com:80/creations/commercenet, 22.07.96

[Elbert/Martyna 1994]
Elbert, B., Martyna, B., Client/server computing: architecture, applications, and distributed systems management, Artech House, Norwood MA, 1994

[Evans 1996]
Evans, J., OLE & Microsoft´s Object Technology Framework, in: Object Magazin, Jg. 6, Nr. 3, Mai 1996, S. 29-32

[Gaßner et al. 1995]
Gaßner, C., Gutzwiller, T., Österle, H., Vogler, P., Bestandteile einer Ist-Informationssystembeschreibung für die Systemintegration, Arbeitsbericht IM HSG/CC PSI/2, Institut für Wirtschaftsinformatik der Universität St. Gallen, St. Gallen, 1995

[Geihs 1995]
Geihs, K., Client/Server-Systeme: Grundlagen und Architekturen, International Thomson Publishing, Bonn, 1995

[Goodhue et al. 1992]
Goodhue, D., Wybo, M., Kirsch, L., The Impact of Data Integration on the Benefits of Information Systems, in: MIS Quarterly, September 1992, S. 293-311

[Goulde 1995]
Goulde, M., World Wide Web Servers - The Ultimate Open System, in: Open Information Systems, Jg. 10, Nr. 9, September 1995, S. 3-34

[Hackathorn 1993]
Hackathorn, R., Enterprise Data Connectivity, Wiley, New York et al., 1993

[Halfhill/Salamone 1996]
Halfhill, T., Salamone, S., Components Everywhere, in: Byte, Januar 1996, S. 97-106

[Halsall 1992]
Halsall, F., Data communications, computer networks, and open systems, Addison-Wesley, Wokingham et al., 1992

[Halter 1996]
Halter, U., Workflow-Integration im Kreditbereich, in: Österle, H., Vogler, P. (Hrsg.), Praxis des Workflow-Managements, Vieweg, Braunschweig et al., 1996, S. 171-198

[Hegering/Abeck 1993]
Hegering, H., Abeck, S., Integriertes Netz- und Systemmanagement, Addison-Wesley, Bonn et al., 1993

[Herrtwich/Hommel 1989]
Herrtwich, R., Hommel, G., Kooperation und Konkurrenz: nebenläufige, verteilte und echtzeitabhängige Programmsysteme, Springer, Berlin et al., 1989

[Hinden 1996]
Hinden, R., IP Next Generation Overview, in: Communications of the ACM, Jg. 39, Nr. 6, Juni 1996, S. 61-71

[Houser et al. 1996]
Houser, W., Griffin, J., Hage, C., EDI Meets the Internet, FAQ about EDI on the Internet, Network Working Group, ftp://ds.internic.net/rfc/rfc1865.txt, 22.07.96

[Huber-Wäschle et al. 1995]
Huber-Wäschle, F., Schauer, H., Widmayer, P. (Hrsg.), GISI 95 Herausforderungen eines globalen Informationsverbundes für die Informatik, Springer, Berlin et al., 1995

[IBM 1994a]
IBM Deutschland Informationssysteme,IBM Open Blueprint Bauplan für offene Client/Server Lösungen, IBM, Stuttgart, 1994

[IBM 1994b]
IBM Spain EMEA Client/Server Solution Center, IBM Client/Server Middleware Products, IBM, Madrid, 1994

[IETF 1996]
The Internet Engineering Task Force, Kurzbeschreibung, http://www.ietf.org, 22.07.96

[Inmon 1992]
Inmon, W., Building the Data Warehouse, QED Technical Publishing Group, Boston et al., 1992

[Jablonski 1995]
Jablonski, S., Workflow-Management-Systeme: Motivation, Modellierung, Architektur. In: Informatik-Spektrum, Jg. 18, Nr. 1, 1995, S. 13-24

[Jayachandra 1994]
Jayachandra, Y., Re-engineering the networked enterprise, McGraw-Hill, New York et al., 1994

[JSB 1996]
JSB Computer Systems Ltd. (Hrsg.), The Intranet, A Corporate Revolution, http://www.intranet.co.uk/intranet/intranet.html, 22.07.96

[Khanna 1994]
Khanna, R. (Hrsg.), Distributed Computing, Prentice-Hall, Englewood Cliffs NJ, 1994

[Kramer 1995a]
Kramer, M., Business Events - Publish and Subscribe Technology enables Automation through Application Integration, in: Distributed Computing Monitor, Jg. 10, Nr. 11, 1995, S. 3-27

[Kramer 1995b]
Kramer, M., Selecting Middleware - A roadmap series report, Patricia Seybold Group, Cambridge MA, 1995

[Lamersdorf 1994]
Lamersdorf, W., Datenbanken in verteilten Systemen: Konzepte, Lösungen, Standards, Vieweg, Wiesbaden, 1994

[Lewis 1995]
Lewis, T., Where is Client/Server Software Headed? In: Computer, IEEE, April 1995

[Lockhart 1994]
Lockhart, H., OSF DCE: guide to developing distributed applications, McGraw-Hill, New York et al., 1994

[Macko/Parodi 1995]
Macko, G., Parodi, J., Integrating applications with SAP R/3 using CORBA or MOM middleware, in: Middleware Issues Illustration Collection, Spectrum Reports, Winchester, 1995, S. 28-35

[Malone/Crowsten 1994]
Malone, T., Crowsten, K., The Interdisciplinary Study of Coordination, in: ACM Computing Surveys, Jg. 26, Nr. 1, März 1994, S. 87-119

[Manchester 1995]
Manchester, P., Modelling Middleware, in: MiddlewareSpectra, November 1995, S. 14-21

[Martin/Leben 1995]
Martin, J., Leben, J., Client/Server Databases Enterprise Computing, Prentice-Hall, Upper Saddle River NJ, 1995

[Meese 1996]
Meese, P., Einführung in Java, in: OBJEKTspektrum, Nr. 3, 1996, S. 53-62

[Meier 1994]
Meier, A., Ziele und Aufgaben im Datenmanagement aus der Sicht des Praktikers, in: Wirtschaftsinformatik, Jg. 36, Nr. 5, 1994, S. 455-464

[Microsoft 1995]
Microsoft Corp., What is OLE 2?, in: OLE 2 Programmer´s Reference, Windows Objects Help, Windows Online Hilfe Microsoft Corp., Redmond, 1995

[MiddlewareSpectra 1996]
Middleware Vendor List, MiddlewareSpectra, Winchester, http://www.aladdin.co.uk/mw_spectra/mw_db/vendors.html, 22.07.96

[Miller et al. 1996]
Miller, J., Sheth, A., Kochut, K., Wang, X., CORBA-Based Run-Time Architectures for Workflow Management Systems, Research Paper, Department of Computer Science, University of Georgia, http://www.cs.uga.edu/LSDIS, 22.07.96

[Mowbray/Zahavi 1995]
Mowbray, T., Zahavi, R., The Essential CORBA: Systems Integration using Distributed Objects, Wiley, New York et al., 1995

[Mühlhäuser/Schill 1992]
Mühlhäuser, M., Schill, A., Software Engineering für verteilte Anwendungen, Springer, Berlin et al. 1992

[Mullender 1993a]
Mullender, S. (Hrsg.), Distributed Systems, 2. Auflage, Addison-Wesley, Wokingham et al. 1993

[Mullender 1993b]
Mullender, S., Interprocess Communication, in: Mullender, S. (Hrsg.), Distributed Systems, 2. Auflage, Addison-Wesley, Wokingham et al. 1993, S. 217-250

[Needham 1993]
Needham, R. in: Distributed Systems, Mullender, S. (Hrsg.), Addison Wesley, Wokingham et al., 1993, S. 315-327

[OAG 1995]
Open Applications Group, OAG White Paper, Chicago IL, 1995

[ODP 1996]
CRC for Distributed Systems Technology (Hrsg.), FTP-Server, ftp://ftp.dstc.edu.au/pub/arch/RM-ODP, 22.07.96

[Ofer 1994]
Ofer, U., Was Sie schon immer über Replication Server wissen wollten, in: Datenbank Fokus, Nr. 6, 1994, S. 31-36

[OMG 1992]
Object Management Group (Hrsg.), Object Management Architecture Guide, Rev. 2.0, Wiley, New York et al., 1992

[OMG 1996a]
Object Management Group (Hrsg.), CORBA 2.0 Specification, OMG Technical Document PTC/96-03-04, Framingham MA, 1996

[OMG 1996b]
Object Management Group (Hrsg.), Common Facilities RFP-4, Common Business Objects and Business Object Facility, Document CF/96-01-04, Framingham MA, 1996

[OpenGroup 1996]
X/Open und OSG (Hrsg.), The Launch of The Open Group, in: http://www.opengroup.org/launch, 22.07.96

[Orfali et al. 1996]
Orfali, R., Harkey, D., Edwards, J., The Essential Distriibuted Objects Survival Guide, Wiley, New York et al., 1996

[Österle 1995]
Österle, H., Business Engineering, Prozeß- und Systementwicklung, Band 1, Entwurfstechniken, Springer, Berlin et al., 1995

[Österle et al. 1995]
Österle, H., Brenner, C., Gaßner, C., Gutzwiller, T., Hess, T., Business Engineering, Prozeß- und Systementwicklung, Band 2, Fallbeispiel, Springer, Berlin et al., 1995

[Österle/Vogler 1996]
Österle, H., Vogler, P. (Hrsg.), Praxis des Workflow-Managements, Vieweg, Braunschweig et al. 1996

[Popien et al. 1995]
Popien, C., Schürmann, G., Weiß, K., Verteilte Verarbeitung in Offenen Systemen, Teubner, Stuttgart 1996

[Pree 1996]
Pree, W., Frameworks - Past, present, future, in: Object Magazine, Jg. 6, Nr. 3, Mai 1996, S. 24-26

[Raymond 1994]
Raymond, K., Reference Model of Open Distributed Processing: a Tutorial, in: Open Distributed Processing II, De Meer, J. (Hrsg.), North-Holland, Amsterdam et al., 1994, S. 3-14

[Rees et al. 1996]
Rees, O., Edwards, N., Madsen, M., Beasley, M., McClenaghan, A., A Web of Distributed Objects, http://www.ansa.co.uk/ANSA/ISF/wdistobj/Overview.html, 23.07.96

[Riehm/Vogler 1995]
Riehm, R., Vogler, P., Kriterienkatalog für Middlewareprodukte zur Integration heterogener Applikationen, Arbeitsbericht IM HSG/CC PSI/7, Institut für Wirtschaftsinformatik der Universität St. Gallen, St. Gallen, 1995

[Ring/Carnelly 1996]
Ring, K., Carnelly, P., Ein neues Modell für verteilte Software: der virtuelle Großrechner, in: ObjectSpectrum, Nr. 1, 1996, S. 72-77

[Rock-Evans 1996]
Rock-Evans, R., Ovum Evaluates: Middleware, Ovum Ltd., London, 1996

[Ruddock/Dasarathy 1996]
Ruddock, D., Dasarathy, B., Multithreading Programs: Guidelines for DCE Applications, in: IEEE Software, Jg. 13, Nr. 1, Januar 1996, S. 80-90

[Rymer 1996]
Rymer, J., The Muddle in the Middle, in: Byte, April 1996, S. 67-70

[SAP 1994]
SAP AG (Hrsg.), SAP R/3 Software-Architektur, Walldorf, 1994

[SAP 1995]
SAP AG (Hrsg.), ALE Beratungshandbuch, Walldorf, August 1995

[SAP 1996]
SAP AG (Hrsg.), Whitepaper: SAP R/3 System 3.1, The Foundation for Genuine Business on the Internet, Walldorf, http://www.sap.com/lead, 22.07.96

[Satyanarayanan 1993]
Satyanarayanan, M., Distributed File Systems, in: Mullender, S. (Hrsg.), Distributed Systems, 2. Aufl., Addison-Wesley, Wokingham et al. 1993, S. 353-381

[Schill 1993]
Schill, A., DCE - Das OSF Distributed Computing Environment, Springer, Berlin et al., 1993

[Schiller 1994]
Schiller J., Distributed System Security, in: Distributed Computing, Khanna, R. (Hrsg.), Prentice-Hall, Englewood Cliffs NJ, 1994, S. 73-106

[Schneider 1995]
Schneider, U., Documents at Work - die virtuellen Dokumente kommen! In: Handbuch der modernen Datenverarbeitung, Jg. 32, Nr. 181, 1995, S. 8-25

[Schneider 1996]
Schneider, G., Eine Einführung in das Internet, in: Informatik Spektrum, Jg. 18, Nr. 5, Oktober 1995, S. 263-271

[Schreier 1996]
Schreier, U., Verarbeitungsprinzipien in Data-Warehousing-Systemen, in: Handbuch der modernen Datenverarbeitung, Jg. 33, 1996, Heft 187, S. 78-93

[Schroeder 1993]
Schroeder, M., A State-of-the-Art Distributed System: Computing with BOB, in: Mullender, S. (Hrsg.), Distributed Systems, 2. Aufl., Addison-Wesley, Wokingham et al. 1993, S. 1-16

[Schreiber 1995]
Schreiber, R., Middleware Demystified, in: Datamation, Jg. 41, April 1, 1995, S. 41-45

[Scourias 1996]
Scourias, J, Overview of the Global System for Mobile Communications, http://ccnga.uwaterloo.ca/~jscouria/GSM /gsmreport.html, 22.07.96

[Sheth/Larson 1990]
Sheth, A., Larson, J., Federated Database Systems for Managing Distributed, Heterogeneous, and Autonomous Databases, in: ACM Computing Surveys, Jg. 22, Nr. 3, 1990, S. 183-236

[Sims 1994]
Sims, O., Business Objects: Delivering Cooperative Objects for Client-Server, IBM McGraw-Hill Series, Maidenhead, 1994

[Singleton/Schwartz 1994]
Singleton, J., Schwartz, M., Data Access within the Information Warehouse framework, in: IBM Systems Journal, Jg. 33, Nr. 2, 1994, S. 300-325

[Sun 1996]
Sun Microsystems Schweiz (Hrsg.), Java im Detail - Alles Wissenswerte über Java, Schwerzenbach, 1996

[Tanenbaum 1995]
Tanenbaum, A., Verteilte Betriebssysteme, Hanser, München et al., 1995

[Taylor 1995]
Taylor, D., Business engineering with object technology, Wiley, New York et al., 1995

[Teufel 1996]
Teufel, S., Computerunterstützte Gruppenarbeit - eine Einführung, in: Österle, H., Vogler, P. (Hrsg.), Praxis des Workflow-Managements, Vieweg, Braunschweig et al. 1996, S. 35-63

[Umar 1993]
Umar, A., Distributed computing: a practical synthesis, Prentice-Hall, Englewood Cliffs NJ, 1993

[Vogel 1996]
Vogel, A., The WWW and Java: threat or challenge to CORBA?, in: MiddlewareSpectra, Jg. 10, Nr. 2, Mai 1996, S. 36-41

[Vogler 1996]
Vogler, P., Chancen und Risiken von Workflow-Management, in: Österle, H., Vogler, P. (Hrsg.), Praxis des Workflow-Managements, Vieweg, Braunschweig et al., 1996, S. 343-362

[W3C 1996]
The World Wide Web Consortiums, Kurzbeschreibung, http://www.w3.org/pub/WWW/Consortium, 22.07.96

[WfMC 1994]
Workflow Management Coalition (Hrsg.), Glossary, Workflow Management Coalition, Brüssel, 1994

[Widom et al. 1995]
Widom, J., Ceri, S., Dayal, U., Active Database Systems: Triggers and Rules for Advanced Database Processing, Morgan Kaufmann, San Francisco, 1995

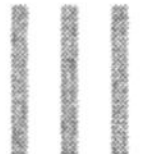

Middleware der Zukunft: Internet- und Intranet-Technologien

Autoren

Thomas M. Kaiser
Wissenschaftlicher Mitarbeiter am Institut für Wirtschaftsinformatik der Universität St. Gallen.

Dr. Petra Vogler
Leiterin des Kompetenzzentrums "Prozeß- und Systemintegration" (CC PSI) an der Universität St. Gallen.

Prof. Dr. Hubert Österle
Seit 1980 Professor für Wirtschaftsinformatik an der Universität St. Gallen (HSG). Seit 1989 geschäftsführender Direktor des Instituts für Wirtschaftsinformatik an der Universität St. Gallen und Partner der IMG (Information Management Gesellschaft).

Gliederung

Einführung

Die Notwendigkeit zur Flexibilität und die Konzentration auf das Kerngeschäft führen dazu, daß sich große, monolithische Unternehmen zunehmend zu Netzwerken kleiner, flexibler und selbstverantwortlicher Geschäftseinheiten wandeln. Diese Geschäftseinheiten zeichnen sich durch große Spezialisierung und tiefes Know-how auf ihrem Gebiet aus. Sie konkurrieren in einem globalen Umfeld, Marktmechanismen ersetzen so weit wie möglich hierarchische Strukturen. Durch die Einbindung der Geschäftseinheiten in ein Netzwerk bleiben die Geschäftsprozesse und Synergien des ursprünglichen Unternehmens erhalten. Die Beweglichkeit und Effizienz kleiner Betriebe verbindet sich somit mit den Synergien großer Unternehmen.

Parallel zum Wandel in der Organisationsstruktur verändert sich auch das Informationssystem der Unternehmen. Bedingt durch die organisatorische Dezentralisierung ergibt sich ein großer Bedarf zur Koordination verteilter Applikationen und Datenbestände. Dazu kommen moderne Client/Server-Applikationen, welche die im Zeitalter des Großrechners entstandene Software ergänzen oder ablösen. Anstelle einer homogenen und zentralisierten Systemumgebung tritt eine heterogene und verteilte Architektur, die eine transparente Kommunikation und Zusammenarbeit notwendig macht. Die dabei zum Einsatz kommenden Technologien bezeichnen wir als Middleware [vgl. Riehm/Vogler 1996, S. 27]. Internet- und Intranet-Technologien können zur Lösung vieler der dabei auftretenden Probleme beitragen. Eine Studie des Marktforschungsunternehmens Forrester Research geht sogar davon aus, daß in naher Zukunft offene und standardisierte Internet-Technologien die gesamte Funktionalität heutiger, proprietärer Netzwerkbetriebssysteme (z.B. Netware von Novell) zur Verfügung stellen werden [vgl. Pincince et al. 1996].

Ziel dieses Artikels ist es, die Auswirkungen dieser Middleware der Zukunft vorzustellen. Ausgehend von den Konsequenzen auf der Ebene des Informationssystems betrachten wir die Auswirkungen für die anderen Ebenen eines Unternehmens. Das folgende Kapitel stellt zunächst die für das Verständnis des Artikels notwendigen Begriffe und Schlüsseltechnologien vor. Im Anschluß daran folgt die Betrachtung der Auswirkungen für die Ebenen des Informationssystems, der Geschäftsprozesse und der

Geschäftsstrategie. Abgeschlossen wird dieser Artikel durch eine Zusammenfassung und einen Ausblick.

2 Internet-/Intranet-Technologien: Begriffe und Funktionen

Sowohl die Literatur als auch die Praxis verwenden die Begriffe Internet und Intranet häufig mit unterschiedlicher Bedeutung. Aus diesem Grund folgen in diesem Kapitel zunächst einige Definitonen und Erläuterungen, die zum Verständnis notwendig sind. Daran schließt sich eine Darstellung der wichtigsten Technologien in diesem Bereich sowie der damit verbundenen Mechanismen zur Integration an.

2.1 Definitionen

Internet

Mit dem Begriff *Internet* wird heute eine Ansammlung von tausenden über die ganze Welt verteilten Netzwerken von Computern bezeichnet. Das Internet ermöglicht den Teilnehmern dieser Netzwerke, mit Teilnehmern beliebiger anderer angeschlossener Netzwerke zu kommunizieren. Die Kommunikation zwischen den Netzwerken erfolgt auf Basis des gemeinsamen Kommunikationsprotokolls TCP/IP (Transmission Control Protocol/Internet Protocol) [vgl. Marine et al. 1994]. Die Idee hinter diesem Protokoll besteht darin, daß Datenströme nicht als Ganzes über eine feststehende Verbindung zwischen zwei Rechnern übertragen werden, sondern in einzelne Pakete aufgeteilt auf voneinander unabhängigem Weg ihr Ziel erreichen können. Der Ausfall eines Netzknotens hat somit keine negativen Auswirkungen auf die Funktionsfähigkeit des gesamten Netzwerks. Der Transport von Daten erfolgt flexibel in Abhängigkeit der Auslastung einzelner Netzknoten [vgl. Tanenbaum 1989, S. 86-89, S. 359]. Das Internet stellt somit eine leistungsfähige und skalierbare Kommunikationsinfrastruktur dar. Es unterliegt nicht der Kontrolle einer bestimmten Organisation. Das Internet ist ein dynamisches Netzwerk, das sich täglich verändert. Innerhalb dieser Infrastruktur stehen verschiedene Anwendungen auf Basis spezieller Protokolle zur Verfügung. Beispiele hierfür sind die Elektronische Post auf Basis des SMTP (Simple Mail Transfer Protocol), das Übertragen von Dateien auf Basis des FTP (File Transfer Protocol) oder Diskussionsforen auf Basis des NNTP (Network News Transport Protocol) [vgl. Comer 1991]. Eine Anwendung, die derzeit zunehmend an Bedeutung gewinnt, ist das WWW (World Wide Web) auf Basis des HTTP (Hypertext Transfer Protocol).

Intranet

Der Einsatz von offenen und standardisierten Internet-Technologien für Rechnernetze innerhalb eines Unternehmens wird als *Intranet* bezeichnet [vgl. Strom 1995]. Die Praxis verwendet diesen Begriff häufig synonym mit dem Einsatz von Web-Technologie innerhalb eines Unternehmens (s. z.B. [Bickel 1996, S. 73]). Genauso wie das Internet nicht mit dem WWW gleichzusetzen ist, darf der Begriff Intranet nicht rein auf die Implementierung von Web-Technologie in einem Unternehmen eingeschränkt werden. Während das Internet die Infrastruktur und die Konnektivität bereitstellt, die das WWW überhaupt erst möglich gemacht hat, ist das WWW die Anwendung, die dem Internet zum Durchbruch verholfen hat. Auch die übrigen Anwendungen des Internets können wesentliche Bestandteile eines Intranets sein. Ein Intranet muß nicht notwendigerweise über einen Knotenrechner mit dem Internet verbunden sein. Im Gegensatz zum Internet ist es deshalb möglich, ein Intranet vollständig durch das entsprechende Unternehmen zu kontrollieren. Die Isolation von der übrigen Netzwelt ermöglicht es außerdem, Daten mit einer wesentlich höheren Geschwindigkeit zu übertragen [vgl. Bernard 1996, S. 14, S. 20].

Nutzen

Der Einsatz von Internet-Technologien innerhalb eines Unternehmens bietet sich vor allem aufgrund der leichten und günstigen Verfügbarkeit allgemein akzeptierter und standardisierter Technologien an. Sämtliche wichtigen Protokolle im Internet-Bereich sind entweder als Industriestandard anerkannt oder von entsprechenden Gremien verabschiedet. Die Installation eines Intranets ist mit relativ geringen Kosten realisierbar, da die Netzinfrastuktur in den Unternehmen weitgehend vorhanden ist. Viele Betriebssysteme unterstützen heute TCP/IP (z.B. Unix, Windows NT, Windows 95, MVS, …). Die entsprechende Anwendungssoftware ist ebenfalls kostenlos in den Betriebssystemen enthalten oder für geringe Kosten zu erwerben.

2.2   Schlüsseltechnologien

2.2.1   Web-Technologie

Eine der wichtigsten Anwendungen im Bereich des Internets ist das WWW. Beim WWW handelt es sich um eine verteilte Client/Server-Applikation, über die auf weltweit gespeicherte Hypertext-Dokumente zugegriffen werden kann. Diese Dokumente können Daten in den unterschiedlichsten Formaten enthalten (z.B. Text, Grafik, Video, Audio, ...). Wesentliche Elemente dieser Applikation sind auf Softwareebene der Client zur Präsentation sowie der Server zur Bereitstellung der Dokumente, auf Protokollebene das Übertragungsprotokoll HTTP und die Dokumentensprache HTML (Hypertext Markup Language).

Browser

Der Client zur Darstellung von Dokumenten wird als *Browser* bezeichnet. Dieser läuft lokal auf dem Rechner des Anwenders. Er hat einerseits die Aufgabe, aus dem Internet bezogene Dokumente darzustellen, andererseits stellt er dem Benutzer eine Schnittstelle bereit, über die er den Transfer weiterer Dokumente auslösen kann. Diese Dokumente können auf einem beliebigen Rechner des Internets gespeichert sein. Je nach Betriebssystem gibt es Browser mit grafischer (z.B. Internet Explorer von Microsoft) oder mit textorientierter Benutzeroberfläche (z.B. Lynx der Universität von Kansas). Bei einer grafischen Oberfläche erfolgt die Auswahl eines neuen Dokuments durch einfaches Anklicken eines Hyperlinks mit der Maus. Hyperlinks sind spezielle Stellen innerhalb eines Dokuments, die einen Verweis auf ein anderes Dokument enthalten.

Web-Server

Der *Web-Server* hat die Aufgabe, die von einem Browser angeforderten HTML-Dokumente zu liefern. Diese Dokumente befinden sich auf demselben Rechner wie der Web-Server. Web-Server enthalten spezielle Schnittstellen, für die Anbindung anderer Applikationen oder Datenbanken (vgl. Abschnitt 2.2.3). Die grundsätzliche Funktionsweise des WWW ist in Abb. 2/1 dargestellt.

Um diese aus Benutzersicht einfache und transparente Bedienung zu ermöglichen, sind einige Konzepte von zentraler Bedeutung. So wird ein Adressierungsschema benötigt, das es erlaubt, alle über das WWW erreichbaren Dokumente eindeutig zu adressieren. Außerdem wird ein gemeinsames Protokoll für die Kommunikation zwischen Browser und Web-Server sowie eine Vereinbarung für eine plattformunabhängige Darstellung von Inhalten benötigt.

Abb. 2/1:
Grundprinzip des
WWW

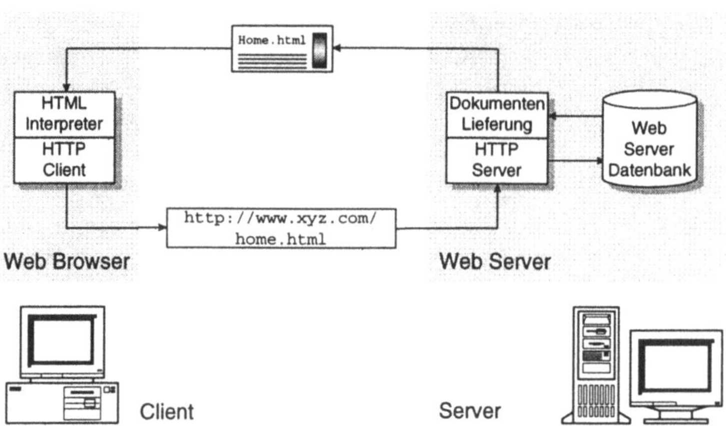

URL

Der *URL (Universe Resource Locator)* spezifiziert die Adresse eines Dokuments im WWW. Diese besteht aus dem zu verwendenden Zugriffsprotokoll, der Internet-Adresse des Servers, auf dem das Dokument gespeichert ist, sowie der Angabe des Pfads und des Dateinamens des zu ladenden Dokuments. Das URL Schema ist so konzipiert, daß es sich nicht nur zur Übertragung von Dokumenten, sondern auch für andere Objekte (z.B. eine Programm-Datei) eignet. Das angegebene Zugriffsprotokoll spezifiziert dabei die Art der Übertragung [vgl. Perrochon 1995, S. 5].

HTTP

Als Protokoll für die Kommunikation zwischen Browser und Web-Server wird das *HTTP* eingesetzt. HTTP ist speziell auf die Bedürfnisse des WWW zugeschnitten. Es kann Objekte unabhängig von ihrem Inhalt übertragen. Damit ist es möglich, Daten in Formaten zu übertragen, die heute noch nicht bekannt sind und erst in der Zukunft entwickelt werden. Das Protokoll ist zustandslos, d.h. jeder Zugriff auf ein Objekt erfolgt unabhängig von zuvor erfolgten Zugriffen [vgl. Berners-Lee et al. 1994, S. 78].

HTML

Die Beschreibung von Dokumenten erfolgt in der Sprache *HTML*. Dies ist eine vereinfachte Form der Dokumentensprache SGML (Standard Generalized Markup Language). Ein HTML-Dokument gibt im Gegensatz zu einer Seitenbeschreibungssprache (z.B. Postscript) nicht die exakte Darstellung der Elemente eines Dokuments an. Statt dessen beschreibt es lediglich den logischen Aufbau des darzustellenden Inhalts mit Hilfe von Attributen. Dadurch ergibt sich eine Trennung von Darstellung und Inhalt. Die Darstellung von HTML-Dokumenten erfolgt von Browser zu Browser auf unterschiedliche Weise. Zur Aufbereitung von Dokumenten stehen in HTML neben Attributen für die Kennzeichnung von Überschriften, Absätzen oder Listen auch Attribute zur Darstellung von Tabellen und Formularen oder zum Einbinden von Grafiken, Videos usw. zur Verfügung [vgl. Perrochon 1995, S. 4].

2.2.2 Java-Technologie

Eine zweite Schlüsseltechnologie im Bereich des Internets ist Java. Java ist eine objektorientierte Programmiersprache, die von Sun Microsystems entwickelt wurde. Sie hat syntaktisch große Ähnlichkeit mit der Sprache C++, ohne jedoch über deren Möglichkeiten für den Zugriff auf die zugrundeliegende Hardware zu verfügen. Java wurde ursprünglich für die Entwicklung verteilter Applikationen konzipiert. Gleichzeitig hat Sun darauf geachtet, daß dieselbe Sprache für die Programmierung sämtlicher Hardware vom Mobiltelefon und PDA (Personal Digital Assistant) bis hin zum PC (Personal Computer) oder Großrechner geeignet ist. Um dies zu erreichen, gibt es in Java das Konzept der virtuellen Maschine. Die Ausführung eines Java Programms erfordert im Gegensatz zu Programmen, die in traditionellen Sprachen (z.B. C++, Cobol, ...) entwickelt worden sind, eine spezielle, geschützte Umgebung auf der Zielhardware. Diese Umgebung schirmt die zugrundeliegende Hardware vor dem Programm ab und stellt auf jedem Rechner dieselbe Schnittstelle für Java Programme zur Verfügung. Die Ausführung von Java Programmen ist somit unabhängig von einer bestimmten Hardware oder einem bestimmten Betriebssystem [vgl. Sun 1996, S. 8f.].

Entwicklung
Die Entwicklung eines Java Programms erfolgt in einem zweistufigen Prozeß. Der Entwickler programmiert seine Applikation zunächst in der Sprache Java. Der Compiler erzeugt aus diesem Quellcode einen sog. Bytecode. Dieser Bytecode ist eine Art Zwischencode, den die virtuelle Maschine interpretiert [vgl. Sun 1996, S. 10]. Zukünftig soll ein sog. Just-in-Time Compiler den Java Interpreter ersetzen. Dabei handelt es sich um einen Compiler, der den Bytecode zum Zeitpunkt der Ausführung in Maschinensprache übersetzt. Dadurch ergibt sich eine wesentlich höhere Ausführungsgeschwindigkeit gegenüber der Interpretation. Die virtuelle Maschine ist in Betriebssysteme (z.B. im Netzwerk Computer) oder Browser (z.B. Navigator von Netscape, Hot Java von Sun) integriert.

Bedeutung
Die besondere Bedeutung von Java als Internet-/Intranet-Technologie liegt in zwei Punkten: zum einen enthält die Sprache spezielle Klassen mit Methoden zur Realisierung von TCP/IP Ver-

bindungen zwischen Client und Server im Internet bzw. einem Intranet. Auf Grundlage dieser Funktionalität ist es möglich, relativ einfach plattformunabhängige Client/Server-Applikationen zu entwickeln [vgl. Flynn/Clarke 1996a]. Der andere Punkt ist die Integration von Java in die Web-Technologie. In einem HTML-Dokument ist es möglich, beim Zugriff auf das Dokument Java Programme, sog. Applets, über das Netz zu laden und auszuführen. Das Dokument enthält hierfür spezielle Attribute, die den URL angeben, unter dem der Bytecode auf dem Web-Server verfügbar ist. Der Browser lädt den Bytecode auf den Client-Rechner. Die virtuelle Maschine führt das entsprechene Programm aus. Stellt die virtuelle Maschine bei der Ausführung eines Applets fest, daß sie weitere Applets benötigt, so lädt sie diese über den Browser nach. Browser und Web-Server stellen in diesem Fall ein Trägersystem für die Realisierung von Client/Server-Applikationen dar. In Abb. 2/2 ist das Grundprinzip der Verwendung von Java mit Web-Technologie dargestellt.

Abb. 2/2:
Funktionsweise Java
Programme - WWW

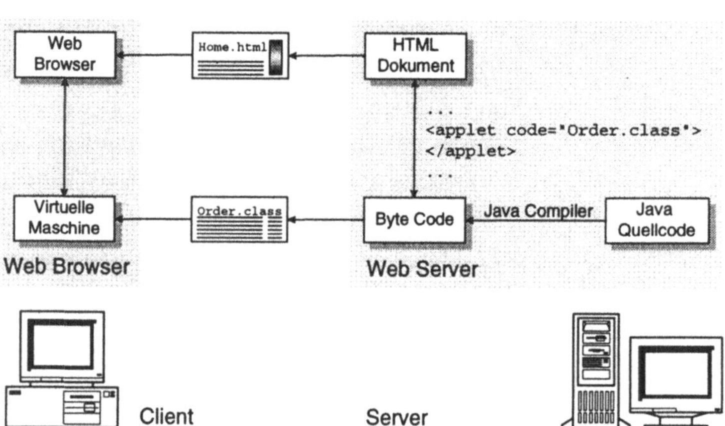

2.2.3 Integrationsmechanismen

Für den Einsatz der Web-Technologie zum Aufbau eines Intranets ist es wichtig, auf bestehende Applikationen und Daten zugreifen zu können. Hierfür gibt es verschiedene Möglichkeiten, die im wesentlichen auf der Verwendung spezieller APIs (Application Programming Interface) des Web-Servers basieren.

Integration von Applikationen

CGI

Die am häufigsten verwendete Schnittstelle für die Integration von Applikationen ist die *CGI (Common Gateway Interface)*. Dabei handelt es sich um eine standardisierte Schnittstelle, die in praktisch allen Web-Servern vorhanden ist [vgl. Flynn 1996a, S. 41]. Die CGI ermöglicht es, zu verarbeitende Daten vom Web-Server an Applikationen zu übergeben. Gleichzeitig werden die Ergebnisse der Verarbeitung über die Schnittstelle an den Web-Server zurückgegeben. Das vom Web-Server aufgerufene Programm muß sich auf dem Server befinden. Es kann in einer beliebigen, auf dem Web-Server ausführbaren Sprache geschrieben sein. Häufig kommen Script-Sprachen zum Einsatz, die zur Laufzeit interpretiert werden. Die Applikationen werden deshalb oft auch als CGI-Scripts bezeichnet [CGI 1996]. Das CGI-Script kann jede Art von Applikationslogik enthalten, insbesondere für die Kommunikation mit bestehenden Applikationen oder Datenbanken. Es ist jedoch darauf zu achten, daß die Verarbeitung in einer für den Anwender akzeptablen Zeit erfolgt, da dieser erst nach Erhalt einer Antwort fortfahren kann [vgl. Flynn 1996a, S. 41]. In Abb. 2/3 ist die Integration einer Applikation über CGI dargestellt.

Abb. 2/3:
Integration über CGI

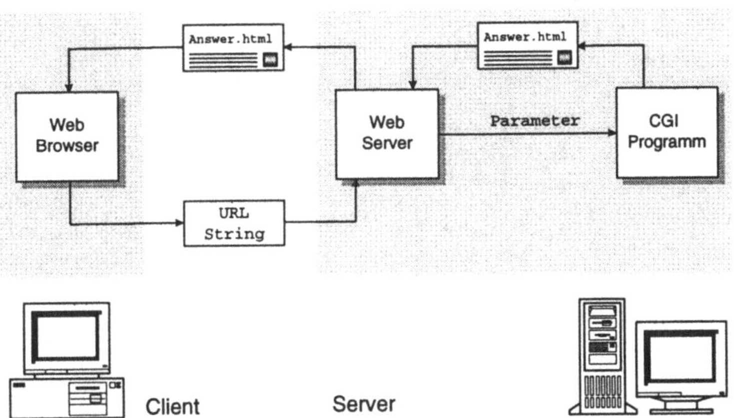

Füllt der Anwender ein HTML-Formular aus und sendet dieses ab, so leitet der Browser die Angaben im Formular in Form eines URL-Strings an den Web-Server weiter. Der URL-String enthält sowohl den URL des auszuführenden CGI-Scripts als auch die vom Benutzer eingegebenen Daten. Der Web-Server zerlegt den URL-String, startet das angegebene CGI-Script und übergibt diesem die Parameter über die Schnittstelle. Das CGI-Script wertet die Parameter aus, verarbeitet sie und gibt das Ergebnis der Verarbeitung in Form eines dynamisch erzeugten HTML-Dokuments an den Web-Server zurück. Dieser leitet das Dokument an den Browser weiter. Für jedes HTML-Formular wird ein spezifisches CGI-Script auf dem Web-Server benötigt.

Die Integration einer Applikation über die CGI ist relativ einfach und leicht anzuwenden. Dennoch hat das Verfahren einige Nachteile. Der Web-Server startet bei jedem Aufruf eines CGI-Scripts einen neuen Prozeß auf dem Server. Greift das CGI-Script auf externe Datenbestände zu, so muß jedesmal eine Verbindung auf- und abgebaut werden. Bei häufiger Ausführung von CGI-Scripts ist dieses Verfahren sehr ineffizient. Aus diesen Gründen haben die Hersteller von Web-Servern allgemeinere, proprietäre Server-APIs entwickelt [vgl. Flynn 1996b, S. 32].

Server-API

Die Integration einer Applikation über eine *Server-API* hat den Vorteil, daß sich das Schnittstellenprogramm zur Laufzeit des Web-Servers fest im Speicher des Server-Rechners befindet. Es muß also nicht wie ein CGI-Script bei jedem Aufruf neu gestartet werden. Über eine Server-API integrierte Applikationen sind deshalb auch signifikant schneller als Programme, die über die CGI-Scripte integriert wurden. Darüber hinaus haben Server-APIs den Vorteil, daß die externe Applikation wesentlich enger und flexibler mit dem Web-Server kommunizieren kann, da die in der API zur Verfügung stehenden Funktionen eine viel größere Einflußnahme erlauben. Teilweise ist sogar die Datenstruktur des Web-Servers dokumentiert. Die Verknüpfung über eine solche Server-API hat jedoch den Nachteil, daß die externe Applikation fest mit dem entsprechenden Web-Server verbunden ist. Beispiele für solche Server-APIs sind das NSAPI (Netscape Server API) von Netscape oder das ISAPI (Information Server API) von Microsoft [vgl. Flynn 1996b, S. 32, S. 34].

Client-API

APIs gibt es nicht nur zur Integration externer Applikationen mit einem Web-Server, sondern auch zur Integration von Browsern mit Applikationen, die auf dem Desktop des Anwenders laufen. Diese *Client-APIs* können zur Kontrolle eines Browsers aus einer anderen Desktop-Applikation heraus verwendet werden. So ist es z.B. möglich, aus einer Desktop-Anwendung direkt einen Browser zu öffnen, ein bestimmtes HTML-Dokument zu laden und dieses anzuzeigen. Ein Beispiel für eine solche API ist die NCAPI (Netscape Client API) von Netscape [vgl. Bernard 1996, S. 282].

Integration von Datenbanken

Applikationen

Die Integration von Datenbanken ist über Applikationen möglich. Dazu wird eine spezielle Applikation entwickelt, die mit dem Web-Server über die CGI oder eine spezifische API kommuniziert und andererseits auf Datenbanken innerhalb des Unternehmens zugreifen kann. Die Applikation muß wie oben beschrieben auf dem Web-Server gespeichert und läuffähig sein. Die Datenbanken selbst können dagegen auf einem beliebigen, über das unternehmensinterne Netz erreichbaren Rechner liegen. Der Zugriff auf die Datenbank erfolgt z.B. über Embedded SQL (Structured Query Language) oder ODBC (Open Database Connectivity). Ein Spezialfall dieser Art der Integration ist der IDC (Internet Database Connector) von Microsoft. Dabei handelt es sich um eine Komponente des IIS (Internet Information Server) von Microsoft für den Zugriff auf ODBC Datenbanken. Der IDC ist eine spezielle ISAPI-Applikation [vgl. Microsoft 1995, S. 86f.].

JDBC

Eine andere Möglichkeit, die im Zusammenhang mit Java von Bedeutung ist, ist JDBC (Java Database Connectivity). Dabei handelt es sich um einen generischen Datenbanktreiber für die Sprache Java. JDBC stellt dem Programmierer eine API zur Verfügung. Über diese API ist es möglich, unabhängig von einem spezifischen Datenbanksystem mit SQL Statements auf Daten zuzugreifen. JDBC steht dem Programmierer in Form von speziellen Klassen zur Verfügung. Mit diesen Klassen können Verbindungen zu Datenbanken aufgebaut, SQL Statements ausgeführt und die Ergebnisse der Abfrage verarbeitet werden. Der eigentliche Datenbankzugriff erfolgt dann entweder über einen eigenen JDBC Treiber des Datenbankmanagementsystems oder über ODBC [vgl. Hamilton/Catell 1996].

3 Auswirkungen

Die folgenden Abschnitte beschreiben die Auswirkungen der vorgestellten Technologien auf jede der drei Ebenen eines Unternehmens (s. Abb. 3/1). Dabei gehen wir beispielhaft auf die in den einzelnen Ebenen aufgeführten Punkte ein. Da diese Betrachtung von der Technologie getrieben ist, liegt der Schwerpunkt der Darstellung in der Analyse der Auswirkungen auf der Ebene des Informationssystems.

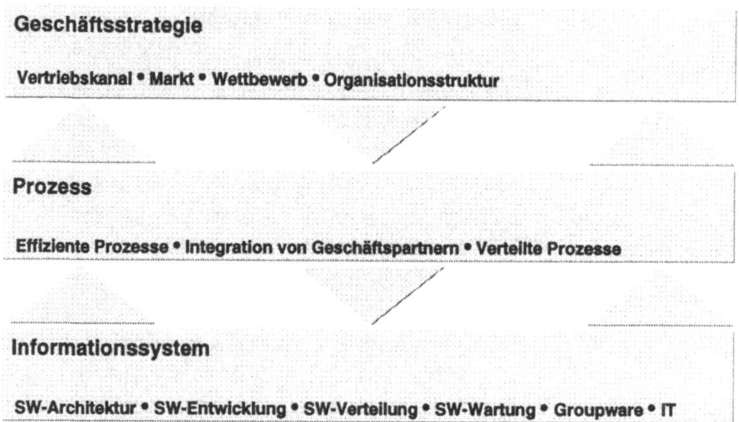

Abb. 3/1:
Gestaltungsebenen
eines Unternehmens

3.1 Auswirkungen auf das Informationssystem

3.1.1 SW-Architektur

In vielen Unternehmen ist die heutige Systemlandschaft durch zwei unterschiedliche Applikationsarchitekturen gekennzeichnet. Auf der einen Seite gibt es die klassischen Großrechneranwendungen, auf der anderen Seite Client/Server-Applikationen. Auch wenn das Terminal/Host-Prinzip als technologisch überholt gilt, zeichnet sich die entsprechende Software durch eine hohe Performance und Zuverlässigkeit aus. Viele unternehmenskritische Anwendungen laufen nach wie vor auf Großrechnern. Im Gegensatz dazu erfolgt die Entwicklung neuer Applikationen gemäß dem Client/Server-Modell. Mit Hilfe von Internet-Technologien ist es möglich, die Vorteile der beiden Welten miteinander zu kombinieren.

Terminal/Host-Architektur

Die Architektur traditioneller Anwendungssoftware ist dadurch gekennzeichnet, daß sie als monolithischer Block speziell für eine bestimmte Hardware entwickelt wurde. Funktionen, Daten und Betriebsplattform bilden eine Einheit. Eine Verteilung einzelner Komponenten der Software auf unterschiedliche Hardware war nicht vorgesehen. Bei Mehrbenutzersystemen sind die Anwender über "dumme" Terminals ohne eigene Verarbeitungsintelligenz und mit geringem Benutzerkomfort an den zentralen Rechner angebunden. Die Terminals dienen lediglich der Ein- und Ausgabe von Daten. Diese erfolgt über eine textorientierte Benutzeroberfläche. Der Vorteil dieser Architektur besteht darin, daß die Entwicklung und Wartung auf einen speziellen, zentralen Rechner ausgelegt ist. Das gesamte Management kann somit zentral erfolgen. Probleme im Rahmen der Kommunikation, wie sie in einer Client/Server-Architektur aufgrund heterogener Hard- und Softwarekomponenten auftreten, gibt es hier nicht.

Traditionelle Client/Server-Architektur

Dennoch hat sich die Client/Server Architektur für die Entwicklung von Applikationen durchgesetzt. Ziel dieser Architektur is die Verteilung von Komponenten. Software kann dadurch stärker an den Bedürfnissen der Geschäftsprozesse und den Anforderungen der Anwender ausgerichtet werden. Bei Client/Server-Applikationen werden im allgemeinen drei logische, aufeinander aufbauende Komponenten unterschieden, die auf heterogene Hardware verteilt werden können. Im einzelnen sind dies die Präsentation, die Applikationslogik und die Datenhaltung. Bei der Ausführung der Applikation kommunizieren die einzelnen Komponenten miteinander. Dabei unterscheidet man je nach Rolle zwischen Client (Auftraggeber) und Server (Auftragnehmer). Im Rahmen der Zusammenarbeit fordert der Client einen Dienst vom Server an. Der Server verarbeitet die Anforderung, erbringt den Dienst und gibt die Antwort oder das Ergebnis der Anforderung an den Client zurück [vgl. Geihs 1995, Kap. 2].

Client/Server-Architektur mit Internet-Technologien

Mit Hilfe von Internet- und Intranet-Technologien ergibt sich ein neues Client/Server-Modell, das den Vorteil einer zentralen Speicherung und Wartung aus der Großrechnerwelt mit der Flexibilität der Client/Server-Applikationen zusammenbringt. In der einfachsten Form ist die Präsentationsschicht einer Client/Server-Applikation als HTML-Dokument implementiert. Soll eine Applikation nicht nur auf statische Informationen eines Web-Servers zugreifen, sondern auch Interaktion mit dem Anwender stattfinden, so kann dies mit als Formular gestalteten HTML-Dokumenten realisiert werden. Der Anwender kann über ein solches Formular Daten zur Verarbeitung in der Applikation eingeben. Der Browser übergibt die Eingaben an den Web-Server, der sie wiederum an die Applikationslogik weiterleitet. Die Applikationslogik ist in Form eines CGI-Scriptes oder eines Programmes realisiert, das auf einer Server-API aufsetzt. Dieser Teil der Applikation nimmt die eigentliche Verarbeitung vor und steuert ggf. auch den Zugriff auf ein Datenbanksystem. Die Integration von Applikationslogik und Datenbanksystemen erfolgt mit Hilfe konventioneller Mechanismen (z.B. Remote SQL Schnittstelle, ODBC). Der Nachteil dieser Lösung besteht darin, daß der Browser zur Überprüfung von Eingaben jedesmal eine HTTP-Nachricht an den Web-Server sendet und dann warten muß, bis dieser sie verarbeitet und das Ergebnis an ihn zurückgegeben hat. Dies führt zu einer hohen Netzbelastung und zu u.U. langen Wartezeiten für den Anwender. In Abb. 3/2 ist das Prinzip einer Client/Server-Applikation auf Basis von Web-Technologie dargestellt.

Abb. 3/2:
Client/Server-Applikation auf Basis von
Web-Technologie

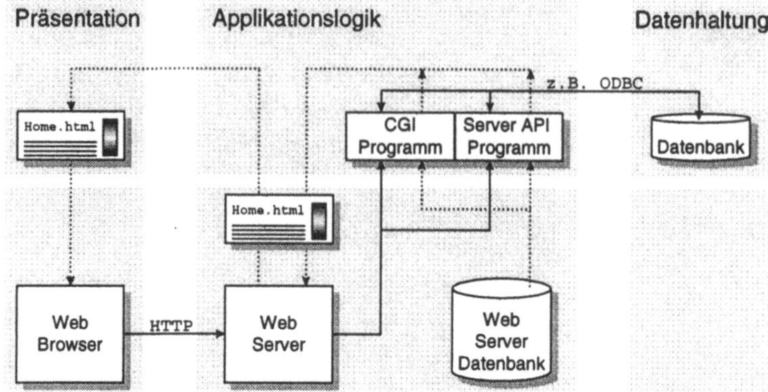

Unter Verwendung von Java ergibt sich eine andere Variante. Dabei wird die gesamte Applikation in Form eines Applets bei der Ausführung über das Netz auf den Client-Rechner geladen und dort ausgeführt. Die Applikation läuft in diesem Fall lokal auf dem Rechner des Anwenders. Der Zugriff auf eine Datenbank erfolgt via JDBC. Damit werden die auf seiten des Anwenders vorhandenen Ressourcen wesentlich besser ausgenutzt. Problematisch bei diesem Ansatz ist jedoch die Tatsache, daß die gesamte Applikationslogik bei jeder Ausführung über das Netz geladen werden muß, was aufgrund der häufig langen Übertragungsdauer und den daraus resultierenden hohen Kommunikationskosten für den Anwender nicht praktikabel ist. Darüber hinaus gehen auch sämtliche Datenbankzugriffe über das Netz, was zu Lasten der Antwortzeiten geht. Das Prinzip einer Client/-Server-Applikation auf dieser Basis ist in Abb. 3/3 dargestellt.

Abb. 3/3:
Client/Server-Appli-
kation auf Basis von
Java-Technologie

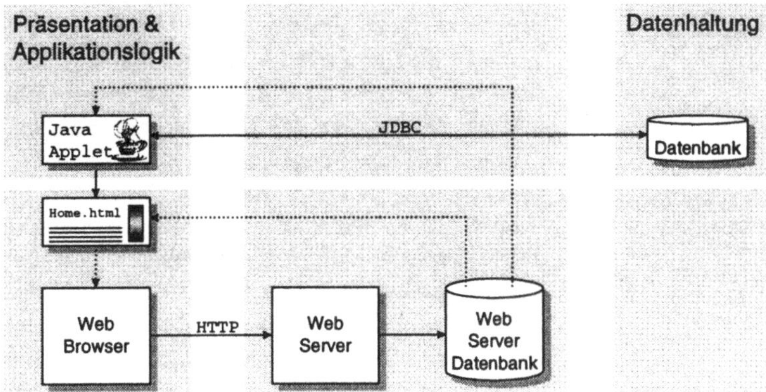

Als Kompromißlösung bietet sich die Realisierung von Client/ Server-Applikationen an, bei denen nicht die gesamte Applikationslogik auf dem Rechner des Anwenders abläuft, sondern lediglich die Präsentation und der anwendernahe Teil. Dieser kann dann tatsächlich in Form von Applets realisiert sein. Das Applet kann Benutzereingaben unmittelbar nach der Eingabe ohne Zeitverzug auf ihre syntaktische und semantische Korrektheit überprüfen, ohne daß dazu eine Kommunikation über das Netz notwendig ist. Damit wird sowohl in bezug auf das Laden der Anwendung als auch auf die eigentliche Verarbeitung der Netzverkehr optimiert. Darüber hinaus sind die Ressourcen des Anwenders besser ausgelastet als bei einer alleinigen Verwendung von Web-Technologie. Das Prinzip einer solchen Client/Server-Applikation ist in Abb. 3/4 dargestellt.

Abb. 3/4:
Optimierte Client/-
Server-Applikation
auf Basis von Inter-
net-Technologien

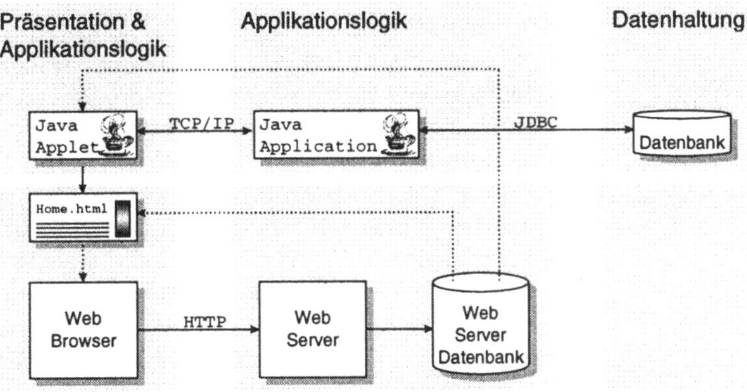

Bewertung

Die oben vorgestellten Varianten haben unabhängig von den eingesetzten Technologien die Gemeinsamkeit, daß die Client-Komponente der Applikation nicht mehr auf dem Client-Rechner vorinstalliert ist, sondern bei jeder Ausführung der Applikation über das Netz geladen wird. Diese Rezentralisierung hat den Vorteil einer einfacheren Verteilung und Wartung, ermöglicht jedoch im Gegensatz zur Terminal/Host-Architektur die Nutzung lokaler Ressourcen des Client-Rechners. Ein für den praktischen Einsatz bislang noch vorhandener Nachteil besteht im Fehlen einer ständigen Netzverbindung zwischen Client und Server. Im Gegensatz zu reinen Client/Server-Applikationen wird bei HTTP keine Session etabliert, was jedoch für die Durchführung von Transaktionen eine wichtige Voraussetzung ist. Der Grund für dieses Problem liegt in der Konzeption der Web-Technologie. Bei deren Entwicklung hat der effiziente Austausch von Informationen und nicht die Nutzung als Trägersystem zur Realisierung kommerzieller Client/Server-Applikationen im Vordergrund gestanden. Für die Realisierung von Business Applikationen sind deshalb entsprechende Erweiterungen notwendig [Laracuenta/ Bair 1996].

3.1.2   SW-Entwicklung, -Verteilung und -Wartung

Internet- und Intranet-Technologien führen wie oben beschrieben zu einer neuen Form der Client/Server-Architektur. Diese wird im Gegensatz zur bisherigen desktopzentrierten Architektur als netzwerkzentriert bezeichnet [vgl. Flynn/Clarke 1996b]. Sie hat Auswirkungen auf die Entwicklung, die Verteilung und die Wartung entsprechender Applikationen.

SW-Entwicklung

Im Bereich der Software-Entwicklung ergeben sich Veränderungen vor allem in bezug auf die Entwicklung des Präsentationsteils einer Applikation. Im Gegensatz zur Entwicklung herkömmlicher grafischer Benutzeroberflächen ist es nicht mehr notwendig, diese wie bisher für jedes Betriebssystem bzw. jede zugrundeliegende Plattform separat zu programmieren. Unter Verwendung der HTML ist es vielmehr möglich, die Oberfläche plattformunabhängig durch "Layout" von HTML-Dokumenten zu gestalten. Die Entwicklung vereinfacht sich dadurch wesentlich. War es bislang erforderlich, grafische Oberflächen durch Aufruf einer Vielzahl von Bibliotheksfunktionen zu entwickeln, genügt es in der HTML, diese durch Anwendung einer einfachen Syntax zu gestalten. Die Entwicklung von Oberflächen ist damit nicht mehr Sache von Spezialisten. HTML läßt sich sehr leicht auch vom Anwender erlernen, so daß dieser Prototypen rasch erstellen kann. Wesentliche Grundlage für diese einfache Art der Entwicklung ist der Browser, der die in allen Arten von Oberflächen benötigte Grundfunktionalität in Verbindung mit dem zugrundeliegenden Betriebssystem bereitstellt.

In bezug auf die Applikationslogik propagieren die Verfechter der Sprache Java die Entwicklung einer Applikation durch Zusammensetzen einer Vielzahl kleiner, flexibler Applets. Statt umfangreicher Softwarepakete (sog. Bloatware) soll der Anwender nur noch kleine Applikationen mit einer Grundfunktionalität über das Netz laden. Zusätzlich benötige Funktionen soll er bei Bedarf über das Netz laden. Dies setzt die Entwicklung flexibel kombinierbarer Bausteine voraus [vgl. Sun 1996, S. 11]. Ein solches Baukastenprinzip wurde bereits im Rahmen der Objektorientierung immer wieder versprochen, bislang jedoch nicht verwirklicht. Auch Java oder andere Internet- und Intranet-Technologien bieten diesbezüglich keine neuen Lösungskonzepte an. Java ist eine objektorientierte Programmiersprache, die speziell für verteilte, plattformunabhängige Applikationen entwickelt wurde. Die Problematik des Managements und der Semantik von Schnittstellen zwischen Klassen löst sie jedoch auch nicht. Es ist deshalb mehr als fraglich, ob sich dieser Wunsch vieler Entwickler im Rahmen dieser neuen Technologien verwirklichen läßt.

SW-Verteilung und
SW-Wartung

Im Gegensatz zur desktopzentrierten Client/Server-Architektur befindet sich in einer netzwerkzentrierten Client/Server-Architektur die Applikation nicht mehr auf dem Rechner des Anwenders. Der Anwender lädt die Client-Komponente jedesmal beim Aufruf der Applikation über das Netz. Dadurch entfällt zum einen der aufwendige Prozeß der Verteilung und Installation von Software, zum anderen wird gewährleistet, daß der Anwender stets die aktuellste, vom Web-Server zur Verfügung gestellte Version der Software erhält. Im Falle eines Release-Wechsels kann somit jedem Mitarbeiter auf einen bestimmten Stichtag hin die neue Version durch einfaches Update des Servers zur Verfügung gestellt werden. Dies ist ansonsten allein schon aufgrund personeller Restriktionen nicht möglich. Die Verteilung, Installation und Wartung von Software beschränkt sich damit auf das Betriebssystem und den darauf aufsetzenden Browser.

Die Internet-Technologien haben jedoch auch Einfluß auf die Verteilung von Software, die nach wie vor auf dem Rechner des Anwenders installiert sein muß oder soll. Der Anwender kann entsprechende Tools oder Applikationen direkt durch Anklicken von Hyperlinks oder über File Transfer Software von einem zentralen Rechner auf den lokalen Rechner herunterladen. Auch in diesem Fall entfällt eine Verteilung der Software via Disketten oder CD-ROMs. Ein solches Verfahren bietet sich vor allem dann an, wenn es zu häufigen Releasewechseln der Software kommt.

3.1.3   **Groupware**

Definition

Als Groupware wird Software bezeichnet, welche die Arbeit von Gruppen unterstützt. Darunter fallen zum einen Produkte, die der Kommunikation zwischen den Gruppenmitgliedern dienen (z.B. Systeme für Elektronische Mail, Videokonferenzen oder Diskussionsdatenbanken), zum anderen Software für die Kooperation (z.B. Gruppenterminkalender, Gruppeneditoren) und Koordination (z.B. Know-how Datenbanken, Workflow Management) der Arbeiten [vgl. Teufel 1996]. Aufgrund der großen Breite der Anwendungen, gibt es bislang noch kein Produkt, das alle Funktionen integriert abdeckt.

Notes von Lotus

Das Groupware-Produkt mit dem größten Marktanteil ist Notes von Lotus. Notes ist eine für mehrere Plattformen erhältliche Client/Server-Applikation, die dem Anwender zum einen ein System für Elektronische Mail bereitstellt, zum anderen die Möglichkeit bietet, innerhalb eines LAN (Local Area Network) auf Dokumente in Datenbanken zugreifen zu können. Der Anwender kann in diese Datenbanken je nach Zugriffsrechten über Formulare neue Dokumente einfügen. Dadurch ist ein Austausch von gemeinsam genutzten Informationen und Dokumenten möglich. Trotz der umfangreichen Funktionalität nutzen die meisten Anwender Notes hauptsächlich für Elektronische Mail [vgl. Quack 1996, S.10]. Wesentliche Eigenschaften von Notes sind ein Mechanismus für die Replikation von Datenbanken sowie für die Verschlüsselung von Dokumenten.

Internet- und Intranet-Lösungen

Mit Hilfe von Internet- und Intranet-Technologien ist es möglich, viele Funktionen spezieller Groupware-Applikationen auf der Grundlage offener Standards nahezu gleichwertig, jedoch mit geringeren Kosten zu realisieren. Systeme für Elektronische Mail sind auf Basis des SMTP als eigenständige Produkte nahezu kostenfrei erhältlich oder direkt in den Browser für den Web-Zugriff integriert. Je nach Zielsetzung können einzelne Mitarbeiter, Arbeitsgruppen oder auch beliebige Interessenten auf Dateien und Dokumente auf File Servern via FTP zugreifen. Wie oben bereits erwähnt, ist der Aufbau von Dokumenten nicht nur auf Text oder einfache Grafiken beschränkt. Es ist vielmehr möglich, Daten in einer Vielzahl von Formaten zu integrieren. Auch Diskussionsdatenbanken lassen sich in Form von unternehmensinternen Newsgroups auf Basis des NNTP kostengünstig und einfach realisieren.

Nachteile

Die Funktionalität von Groupware-Lösungen auf Basis offener und standardisierter Internet- und Intranet-Technologien erreicht momentan noch nicht annähernd die Funktionalität spezieller, proprietärer Applikationen (z.B. Notes von Lotus). Vor allem im Bereich der Sicherheit sind entsprechende Standards erst im Entstehen bzw. noch nicht in konkrete Produkte umgesetzt. Hinzu kommt die Tatsache, daß Produkte zur Verschlüsselung von Daten und Nachrichten in den USA Exportbeschränkungen unterliegen. Einzelne Groupware-Funktionen können zwar auf Basis von Internet-Standards realisiert werden, die Integration der Bestandteile zu einer Gesamtlösung erfordert jedoch noch einen hohen Aufwand. Lediglich im Bereich der Informationsverteilung bieten die neuen Technologien deutliche Vorteile.

3.1.4 Technische Infrastruktur

Netzwerke

Aufgrund der weltweiten Verfügbarkeit des Internets ist in den kommenden Jahren damit zu rechnen, daß sich das Internet als Infrastruktur für die Übertragung von Daten aller Art durchsetzen wird. Mit dem ständigen Ausbau des Internets durch staatliche und private Einrichtungen, wird überall dort, wo heute ein Telefon vorhanden ist, auch ein Zugang zum Internet möglich sein [vgl. Schmid 1996, S. 70]. Der Ausbau der Kommunikationsnetze wird dabei nicht nur in der geographischen Breite, sondern auch in bezug auf die Übertragungskapazitäten erfolgen. Es ist zu erwarten, daß die heutigen Restriktionen in diesem Punkt keine Rolle mehr spielen werden.

Darüber hinaus wird in naher Zukunft auch die herkömmliche Telekommunikation auf diese Infrastruktur zurückgreifen. Erste Beispiele sind bereits heute im Bereich des Telefonierens (z.B. Cool Talk von InSoft) oder der Videokonferenzen (z.B. CU-See-Me der Cornell University) vorhanden. Forrester Research geht außerdem davon aus, daß geeignete offene und standardisierte Protokolle auf Basis von TCP/IP die bislang proprietären Netzwerkbetriebssysteme ablösen werden [vgl. Pincince et al. 1996]. Es ist deshalb damit zu rechnen, daß die Internet-Technologien zu einer Konsolidierung der Kommunikationsinfrastruktur in den Unternehmen führen.

Netzwerk Computer

Wenn es nach den Vorstellungen einiger Anbieter aus der IT-Branche geht, wird es auch zu Veränderungen im Bereich der Endanwender-Hardware kommen. Oracle, Sun und andere Hersteller propagieren die Idee eines Netzwerk Computers oder Internet PCs, der speziell als Terminal für den Zugang zum Internet konzipiert wurde. Charakteristisch für diesen Rechner ist die Integration eines Modems oder einer Netzwerkkarte, einer hochauflösenden, leistungsstarken Grafikkarte, einer Soundkarte sowie das Vorhandensein von ausreichend großem RAM-Speicher (Random Access Memory). Der Browser für den Netzzugang sowie die virtuelle Maschine zur Ausführung von Java Applets wird fest im ROM-Speicher (Read Only Memory) eingebaut sein. Software soll nur noch über das Internet bezogen werden. Eine Festplatte soll es deshalb nicht mehr geben [vgl. Manchester 1996, S. 27f., Simpson 1996, S. 33]. Angesichts eines geplanten Preises von 1000-1500 DM ist es jedoch fraglich, ob sich dieses Konzept durchsetzen wird. Vollwertige PCs mit Festplatte kosten heute nur unwesentlich mehr, so daß es für die Hersteller schwierig sein wird, den Netzwerk Computer preislich zu positionieren.

3.2   Auswirkungen auf die Geschäftsprozesse

Das Internet und die damit verbundenen Technologien eröffnen eine ganze Reihe von Möglichkeiten, Geschäftsprozesse neuartig zu gestalten. Im folgenden zeigen wir beispielhaft, welche Möglichkeiten sich dabei ergeben.

Effizientere
Geschäftsprozesse

Der Aufbau eines unternehmensweiten Webs trägt vor allem in bezug auf die Geschwindigkeit, in der Mitarbeiter auf Informationen zugreifen können, zu einer Steigerung der Effizienz der Geschäftsprozesse bei. Mitarbeiter müssen Informationen heute teilweise sehr mühsam und zeitaufwendig aus verschiedenen Quellen zusammensuchen. Nicht selten stellt sich dabei heraus, daß die gefundenen Informationen veraltet sind. Die Suche nach den richtigen Informationen zum richtigen Zeitpunkt geht zu Lasten der Durchlaufzeit von Geschäftsprozessen. Die Verteilung von Informationen erfolgt außerdem häufig in gedruckter Form. Dies führt neben den hohen Kosten für Druck und Verteilung von Prospekten, Mitteilungen oder Handbüchern zu Medienbrüchen innerhalb der Geschäftsprozesse, da Informationen sowohl in elektronischer und gedruckter Form vorliegen.

Ein unternehmensweites Web als zentraler Informationsspeicher kann zur Lösung dieser Probleme beitragen. Informationen sind in einer derartigen Intranet-Lösung nicht mehr über verschiedene Abteilungen eines Unternehmens verstreut, sondern aus Sicht des Anwenders transparent an zentraler Stelle abgelegt. Gleichzeitig wird bei der Verteilung von Informationen die bisherige Bringschuld des Produzenten durch eine Holschuld des Konsumenten der Information ersetzt. Der Zugriff auf zentral abgelegte Dokumente wird durch Suchmaschinen und automatisch erstellte

Verzeichnisse wesentlich beschleunigt. Durch die zentrale Speicherung verfügt der Anwender immer über die Informationen, die auf dem Server gespeichert sind. Unter der Voraussetzung, daß diese auf dem aktuellen Stand sind, stehen auch dem Anwender die aktuellsten Informationen zur Verfügung. Hohe Kosten für Druck und Verteilung können erheblich reduziert werden. Die Verwendung eines Browsers als universellen Client für den Zugriff auf Daten aller Art erleichtert die Bedienung für den Anwender und führt zu einer Integration von Applikationen auf der Desktop-Ebene.

Integration von Geschäftspartnern

Internet- und Intranet-Technologien bieten nicht nur die Möglichkeit, die Effizienz bestehender Geschäftsprozesse zu erhöhen. Der kostengünstige Zugang und die breite Verfügbarkeit eröffnet Unternehmen neue Möglichkeiten, Kunden und Lieferanten in ihre Geschäftsprozesse zu integrieren. Die informationstechnische Unterstützung von Geschäftsprozessen muß nicht mehr nur auf die Abläufe innerhalb eines Unternehmens beschränkt sein, sie kann auch über die Grenzen des Unternehmens hinaus reichen. Kunden und Lieferanten können ebenso wie Privatpersonen in das Informationssystem des Unternehmens integriert werden. Die Plattformunabhängigkeit von Web- und Java-Technologie ermöglicht es, den Geschäftspartnern Informationen in einer Form bereitzustellen, die diese unabhängig von ihrer DV-Infrastruktur nutzen können. Kunden können über ein WWW nicht nur Informationen über das Unternehmen abrufen, sondern auch Bestellungen vornehmen oder Rechnungen bezahlen.

Verteilte Prozesse

Die Erstellung von Leistungen muß nicht mehr nur auf ein einziges Unternehmen beschränkt sein. Es ist vielmehr möglich, diese in verteilten Prozessen zu realisieren, bei denen mehrere Unternehmen zusammenarbeiten. Geographische Grenzen spielen dabei keine Rolle mehr. Im Rahmen von EDI (Electronic Data Interchange) waren solche Formen der Zusammenarbeit bereits seit geraumer Zeit möglich. Aufgrund der unzureichenden zwischenbetrieblichen Netzinfrastruktur waren die Unternehmen jedoch auf spezielle Anbieter von Mehrwertdiensten angewiesen. Die mit der Abwicklung über solche Anbieter verbundenen hohen Kosten haben viele potentielle Anwender abgehalten. Das Internet bietet nun eine interessante und günstige Alternative zu EDI über Mehrwertdienste [vgl. Schwartz 1996]. Das Internet und die damit verbundenen Technologien lösen jedoch nicht die Probleme auf semantischer Ebene. Wenn die Geschäftspartner die zwischen ihnen ausgetauschten Daten nicht verstehen, nützt auch ein noch so leichter und günstiger Zugang zum Internet wenig. Auch hier ist die Vereinbarung entsprechender Standards notwendig.

Bsp.: Federal Express

Ein Beispiel für einen Geschäftsprozeß, der durch Einsatz von Internet-Technologien gestrafft werden konnte, ist der Kundenprozeß von Federal Express. Bevor ein Kunde früher einen Auftrag erteilten konnte, mußte er zunächst telefonisch entsprechende Formulare anfordern, diese dann von Hand ausfüllen und dem Mitarbeiter von Federal Express zusammen mit dem Auftrag übergeben. Dieser hat die Daten über ein Terminal in das Auftragsverwaltungssystem eingegeben. Wollte der Kunde während der Ausführung des Auftrags eine Auskunft über den Status, so mußte er diesen bei Federal Express telefonisch erfragen. Die Auskunft wurde von einem Mitarbeiter erteilt, der die Daten über ein Terminal aus dem Großrechner abgerufen hat. Mit Hilfe des WWW hat Federal Express diesen Prozeß nun wesentlich effizienter gestaltet. Der Kunde muß heute seine Auftragsformulare nicht mehr bei Federal Express anfordern, er kann sie vielmehr selbst vor Ort drucken. Den Status eines Auftrags kann er dann durch einfache Eingabe der Auftragsnummer über eine WWW-Seite rund um die Uhr erfragen. Federal Express spart auf diese Weise mehr als 2 Mio. $ jährlich ein [vgl. Bickel 1996, S. 73, Cortese 1996, S. 46].

3.3   Auswirkungen auf die Geschäftsstrategie

Die Internet- und Intranet-Technologien haben nicht nur Auswirkungen auf die Realisierung von Geschäftsprozessen, sie haben auch erhebliche Konsequenzen für die Wettbewerbssituation von Unternehmen. Die Möglichkeit, Geschäftsprozesse zu realisieren, die nicht mehr an geographische Grenzen gekoppelt sind, erlaubt es zudem, herkömmliche Organisationsformen von Unternehmen zugunsten neuer Formen aufzugeben. Im folgenden werden beispielhaft einige der Potentiale aufgezeigt.

Vertriebskanal

Das WWW stellt ein Medium dar, über das ein Unternehmen Kunden und Interessenten nicht nur (z.B. Produkte, Pressemitteilungen, Geschäftsberichte) zur Verfügung stellen kann, es bietet vielmehr auch die Möglichkeit der Abwicklung von Geschäften. Der Kunde kann direkt von seinem lokalen Rechner Waren auswählen, sie in einen elektronischen Einkaufskorb legen und bezahlen. Die Bezahlung erfolgt dabei entweder durch Angabe einer Kreditkartennummer oder zukünftig auch durch Verwendung von elektronischem Geld. Es ist darüber hinaus möglich,

Produkte zu konfigurieren und zu bestellen (z.B. PCs der Fa. Intershop). Die in einer HTML-Seite oder einem Java Applet hinterlegte Applikationslogik erlaubt es, die Konfiguration des Produktes direkt nach der Eingabe auf Korrektheit zu prüfen. Vor der Freigabe eines Auftrags ist es außerdem möglich, den Lagerbestand und den voraussichtlichen Liefertermin abzurufen. Die Möglichkeit, HTML-Seiten mit Daten in den unterschiedlichsten Formaten zu verbinden, erlaubt es, die Produkte nicht nur in Textform zu katalogisieren, sondern gleichzeitig z.B. Abbildungen oder Videosequenzen zu integrieren. Im Bereich der Finanzdienstleistungen können Bankgeschäfte via Internet ausgeführt werden. Mittlerweile gibt es schon die ersten Banken, die speziell für das Internet gegründet worden sind (z.B. Security First Network Bank). Der Kunde kann sämtliche standardisierten Bankgeschäfte (z.B. Kontoverwaltung, Depotverwaltung) über das WWW abwickeln. Außerdem ist es möglich, verschiedene Anlageformen in Modellrechnungen einander gegenüberzustellen.

Globalisierung des Marktes und des Wettbewerbs

Die Nutzung des Internets als Vertriebskanal ist nicht nur eine neue Möglichkeit, mit dem Kunden in Kontakt zu treten. Während herkömmliche Vertriebskanäle meist auf räumlich abgegrenzte Märkte abzielen, bietet das Internet weltweite Zugangsmöglichkeiten. Aufgrund der Transparenz des Netzes werden Produkte und Dienstleistungen ohne geographische Einschränkung angeboten. Das Kundenpotential wächst dadurch immens. Das Internet bietet somit die Chance, ohne hohe Kosten eine neue Kundenbasis zu erschließen. Die globale Verfügbarkeit hat jedoch auch zur Folge, daß sich bislang beherrschte Märkte auf einen Schlag öffnen. Die Konkurrenz besteht nicht mehr nur aus etablierten Wettbewerbern eines nach geographischen Gesichtspunkten abgegrenzten Markts. Es gibt vielmehr nur noch einen globalen Markt mit weltweiten Wettbewerbern. War es bisher vielen Unternehmen aufgrund mangelnder Größe nicht möglich, international zu agieren, so verliert dies nun an Bedeutung. Kleine und innovative Unternehmen können von heute auf morgen zu starken Konkurrenten der Großen erwachsen (z.B. Netscape und Microsoft).

Business Networking, Virtuelles Unternehmen

Wie bereits in der Einleitung geschildert, werden sich Unternehmen zukünftig noch stärker als bisher auf ihre Kernkompetenzen konzentrieren und in durch Allianzen gebildete Netzwerke kleiner Geschäftseinheiten miteinander zusammenarbeiten. Auch die Divisionen großer, weltweit operierender Konzerne werden zunehmend in eigenverantwortlicher Weise ihre Aufgaben erfüllen. Dadurch ergibt sich immer mehr Bedarf nach Kommunikation im Rahmen der Kooperation und Koordination. Das Internet schafft die technologische Voraussetzung zur Realisierung derartiger Organisationsstrukturen.

4 Zusammenfassung und Ausblick

Das Internet wird sich in den nächsten Jahren zu der technologischen Basis im Bereich des Networking entwickeln. Das einfache und effiziente TCP/IP wird sich als Protokoll für die Kommunikation in und zwischen Rechnernetzen gegenüber dem ISO/OSI (International Standards Organization/Open Systems Interconnection) Referenzmodell durchsetzen. Die mit dem Internet verbundenen Technologien werden Auswirkungen auf alle Ebenen eines Unternehmens haben.

Auf der Ebene des Informationssystems werden sich neue Formen von Informationssystemen realisieren lassen. Diese kombinieren die Vorteile des traditionellen Terminal/Host-Konzepts mit denen heutiger Client/Server-Architekturen. Der Client einer Applikation wird nicht mehr lokal auf dem Rechner des Anwenders installiert werden müssen, sondern bei Bedarf von diesem über das Netz geladen. Dies vereinfacht die Verteilung und Wartung von Software. Auch im Bereich der Groupware wird das Internet neue und kostengünstige Lösungen ermöglichen. Geschäftsprozesse lassen sich mit Internet-Technologien effizienter und billiger realisieren. Das Internet wird als neuer Vertriebskanal den Zugang zu neuen, globalen Märkten erschließen.

Bei aller Euphorie über das Potential dieser Technologie darf jedoch nicht vergessen werden, daß es nicht damit getan sein wird, die noch vorhandenen technologischen Probleme (z.B. Sicherheit, Skalierbarkeit des Internets, ...) zu lösen. Die Technologie stellt lediglich Potentiale zur Verfügung. Damit diese von Unternehmen genutzt werden können, werden nicht nur Standards im Bereich der Technologie, sondern auch auf den höheren Ebene eines Unternehmens benötigt. Darüber hinaus müssen die aus dem Wandel von der Industrie- zur Informationsgesellschaft resultierenden politischen und gesellschaftlichen Fragestellungen gelöst werden (s. z.B. [Schmid 1996, S. 82-85]).

5 Web-Seiten

In diesem Kapitel sind die Web-Seiten der erwähnten Unternehmen und Produkte aufgeführt. Die Angaben sind auf dem Stand
vom 26. Juli 1996.

Abb. 5/1:
Web Seiten der er-
wähnten Unterneh-
men

Unternehmen	URL
Novell	http://support.novell.com
Sun Microsystems	http://www.sun.com
Netscape	http://www.netscape.com
Microsoft	http://www.microsoft.com
Lotus	http://www.lotus.com
Insoft	http://www.insoft.com
Federal Express	http://www.fedex.com
Intershop	http://www.intershop.com
Security First Network Bank	http://www.sfnb.com

Abb. 5/2:
Web-Seiten der er-
wähnten Produkte

Produkte	URL
Internet Explorer	http://www.microsoft.com
Lynx	http://www.cc.ukans.edu
Navigator	http://www.netscape.com
Hot Java	http://java.sun.com
Java	http://java.sun.com
Internet Information Server	http://www.microsoft.com
Cool Talk	http://www.insoft.com
CU-SeeMe	http://cu-seeme.cornell.edu

6

Literatur

[Berners-Lee et al. 1994]
Berners-Lee, T., Cailliau, R., Luotonen, A., Nielsen, H. F., Secret A., The World-Wide Web, in: Communications of the ACM, Jg. 37, Nr. 8, August 1994, S. 76-82

[Bernard 1996]
Bernard, R., The Corporate Intranet, John Wiley & Sons, New York et al., 1996

[Bickel 1996]
Bickel, R., Building Intranets, in: Internet World, Jg. 7, Nr. 3, März 1996, S. 72-76

[CGI 1996]
o.V., Common Gateway Interface, in: http://hoohoo.ncsa.uiuc.edu/cgi/intro.html, 02.07.1996

[Comer 1991]
Comer, D. E., Internetworking with TCP/IP, Vol. 1, Principles, Protocols, And Architecture, 2. Aufl., Prentice-Hall, Englewood Cliffs, 1991

[Cortese 1996]
Cortese, A., Here Comes The Intranet, in: Business Week, Nr. 3448, 26. Februar 1996, S. 46-54

[Flynn 1996a]
Flynn, J., CGI: Poor Person´s Client/Server, in: Datamation, Jg. 42, Nr. 7, 1. April 1996, S. 41

[Flynn 1996b]
Flynn, J., Battle for the Internet Infrastructure, in: Datamation, Jg. 42, Nr. 9, 1. Mai 1996, S. 28-35

[Flynn/Clarke 1996a]
Flynn, J., Clarke,B., The world wakes up to Java, in: Computer Technology Review, Januar 1996

[Flynn/Clarke 1996b]
Flynn, J., Clarke, B., How Java Makes Network-Centric Computing REAL, in: Datamation, Jg. 42, Nr. 5, 1. März 1996, S. 42-43

[Geihs 1995]
Geihs, K., Client/Server-Systeme - Grundlagen und Architekturen, Internat. Thomson Publishing, Bonn et al., 1995

[Hamilton/Catell 1996]
Hamilton, G., Cattell, R., JDBC: A Java SQL API, Javasoft Inc., 1996

[Hilty 1996]
Hilty, R. M. (Hrsg.), Information Highway - Beiträge zu rechtlichen und tatsächlichen Fragen, Stämpfli, Bern, 1996

[Laracuenta/Bair 1996]
Laracuenta, R., Bair, J., Intranets - Beware the Hammer and Nail Syndrome, Gartner Group, Reserach Note, Strategic Planning, SPA-880-081, 29. März 1996

[Manchester 1996]
Manchester, P., The Intranet: new wave middleware or main-frame-lite, in: MiddlewareSpectra, Jg. 10, Nr. 3, August 1996, S. 24-29

[Marine et al. 1994]
Marine, A., Reynolds, J., Malkin, G., FYI on Questions and Answers: Answers to Commonly asked "New Internet User" Questions, Internet Requests for Comments 1594, in: ftp://ftp.internic.net/rfc/rfc1594.txt, 19.07.1996

[Microsoft 1995]
Microsoft Corp. (Hrsg.), Microsoft Internet Information Server - Installation and Planning Guide, 1995

[Österle/Vogler 1996]
Österle, H., Vogler, P. (Hrsg.), Praxis des Workflow-Managements, Vieweg, Braunschweig/Wiesbaden, 1996

[Österle et al. 1996]
Österle, H., Riehm, R., Vogler, P. (Hrsg.), Middleware - Grundlagen, Produkte, Praxisbeispiele für die Integration heterogener Welten, Vieweg, Braunschweig/Wiesbaden, 1996

[Perrochon 1995]
Perrochon, L., World-Wide Web: Konzepte und Grundlagen, in: Informatik/Informatique, Jg. 2, Nr. 2, Februar 1995, S. 3-7

[Pincince et al. 1996]
Pincince, T. J., Goodtree, D., Barth, C., The Full Service Intranet, Forrester Research, Network Strategy Service, Jg. 10, Nr. 4, 1. März 1996

[Quack 1996]
Quack, K., Groupware oder Intranet? - Es kommt immer darauf an ..., in: Computerwoche, Jg. 23, Nr. 11, 15. März 1996, S. 10

[Riehm/Vogler 1996]
Riehm, R., Vogler, P., Middleware: Infrastruktur für die Integration, in: Österle, H., Riehm, R., Vogler, P. (Hrsg.), Middleware - Grundlagen, Produkte, Praxisbeispiele für die Integration heterogener Welten, Vieweg, Braunschweig/Wiesbaden, 1996, S. 25-135

[Schmid 1996]
Schmid, B., Der Information Highway als Infrastruktur der Informationsgesellschaft, in: Hilty, R. M. (Hrsg.), Information Highway - Beiträge zu rechtlichen und tatsächlichen Fragen, Stämpfli, Bern, 1996, S. 65-86

[Schwartz 1996]
Schwartz, K. D., Spotlight: Electronic Data Interchange, in: http://www.reengineering.com/articles/may96/spotlgt.htm, 23.07.1996

[Simpson 1996]
Simpson, D., The Java-based "Internet PC", in: Datamation, Jg. 42, Nr. 5, 1. März 1996, S. 33

[Strom 1995]
Strom, D., Creating Private Intranets: Challenges and Prospects for IS, in: http://www.strom.com/pubwork/intranetp.html, 16.11. 1995

[Sun 1996]
Sun Microsystems Schweiz (Hrsg.), Java im Detail - Alles Wissenswerte über Java, 1996

[Tanenbaum 1989]
Tanenbaum, A. S., Computer Networks, 2. Aufl., Prentice Hall, Englewood Cliffs, 1989

[Teufel 1996]
Teufel, S., Computerunterstützte Gruppenarbeit - eine Einführung, in: Österle, H., Vogler, P., Praxis des Workflow-Managements, Vieweg, Braunschweig/Wiesbaden, 1996, S. 35-63

IV

Internes EDIFACT: Einsatz bei Ciba

Autor

Dr. Ulrich Büchler
Wissenschaftlicher Mitarbeiter in der zentralen Anwendungsentwicklung bei Ciba. Mitglied der Teams, welche sich mit der Schnittstellenproblematik im Rahmen der Migration befassten.

Gliederung

1 Einleitung

Die jetzige Situation der Ciba illustriert deutlich eine der grössten Herausforderungen der modernen Informatik: hohe Flexibilität und Anpassung an den schnellen Wandel. Als weltweit tätiges Chemieunternehmen hat sich der Konzern 1990 eine neue, leistungsfähigere Struktur gegeben. Diese ist heute schon wieder veraltet, denn im April 1996 beschlossen die Generalversammlungen von Ciba und Sandoz die Fusion der beiden Firmen zur Novartis. Im grossen und ganzen hatte diese Fusion auf den bisherigen Verlauf des vorgestellten Projektes keinen Einfluss, und es sind heute auch noch keine genauen Konsequenzen bekannt. Ich beschreibe deshalb in diesem Beitrag die Gegebenheiten bei Ciba und gehe nur wo nötig auf die Fusion ein.

2 Heutige Situation

2.1 Organisation

Wie Abb. 2/1 zeigt, zeichnen vierzehn Divisionen verantwortlich für das operative Geschäft. Neun zentrale Dienstleistungsbereiche – darunter die zentrale Informatik (Information Services, kurz «IS») – unterstützen sie dabei.

Abb. 2/1:
Organisation heute

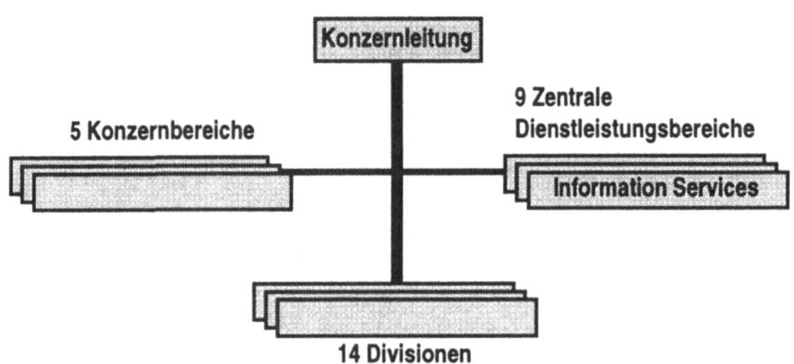

2.2 IT-Architektur

Im Gegensatz zu früher besitzen die Divisionen heute eigene Informatikabteilungen und bestimmen ihre IT-Architektur selber. So haben die meisten in den letzten Jahren ihre Geschäftsabläufe optimiert und sind daran, Standardsoftware einzusetzen. Die von der Software zu unterstützenden Prozesse verlaufen demnach vor allem *innerhalb* der einzelnen Divisionen. Abb. 2/2 stellt dies durch die vertikalen Balken dar.

Abb. 2/2:
Divisionale Abläufe

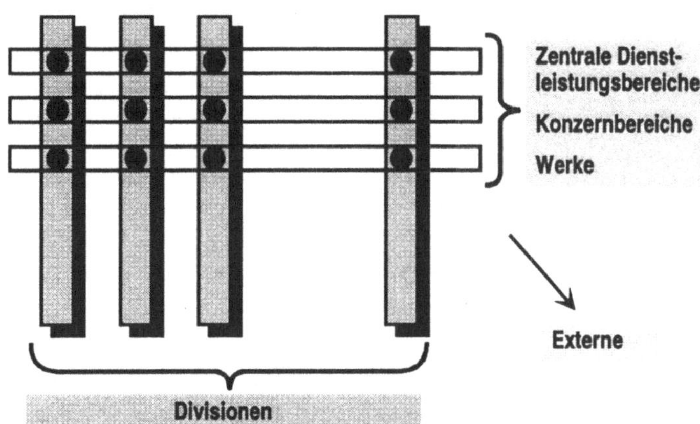

Demgegenüber sind die alten Applikationen auf die zentralen Dienstleistungen (in Abb. 2/2 horizontal) ausgerichtet. Sie benutzen zur Kommunikation untereinander sehr unterschiedliche Mechanismen, häufig auch Zugriffe auf gemeinsame Datenbanken. Dies hat zu einer starken Verflechtung geführt und erschwert den Übergang zur neu angestrebten Lösung beträchtlich. Während der Migration[1], die sich über mehrere Jahre erstrecken wird, müssen die alten Anwendungen parallel zu den neuen gefahren werden. Aus diesem Grunde wird während der Übergangsphase eine Vielzahl von Schnittstellen implementiert werden müssen. Untersuchungen haben gezeigt, dass bei grossen Anwendungen zwischen 60 und 150 Schnittstellen zu realisieren sind.

3 Klares Schnittstellenkonzept notwendig

3.1 Eingesetzte Kommunikationssoftware soll vereinheitlicht werden

Heute befindet sich eine beträchtliche Anzahl Tools und Mechanismen im Einsatz. Diese Vielfalt kommt in der Anwendung und

---

[1] Unter Migration verstehen wir nicht nur Downsizing oder «weg vom Host», sondern generell den Übergang von der heutigen zur neuen System-Architektur.

im Unterhalt teuer zu stehen, da dazu jeweils spezifisches Wissen notwendig ist. Eine Beschränkung scheint deshalb dringend geboten.

Eine Arbeitsgruppe beurteilte in einem ersten Schritt die verschiedenen Mechanismen zum Datenaustausch (inklusive Zugriff auf gemeinsame Datenbanken) nach verschiedenen Kriterien. Als Beispiel seien erwähnt *synchron / asynchron* oder *Transaktionseigenschaften werden gewährleistet / nicht gewährleistet*.

Die anschliessende Beurteilung der wichtigsten selber entwickelten und käuflichen Produkte nach diesen Kriterien verfolgte zwei Ziele:

1. Hilfestellung für die Auswahl eines Produktes zur Lösung einer konkreten Aufgabe.

2. Aufzeigen, welche Produkte dasselbe Einsatzgebiet besitzen und Auswahl *eines* Produktes dafür.

Die Arbeitsgruppe erreichte das erste Ziel, das zweite jedoch nicht ganz. Dies lag vor allem daran, dass bei den beteiligten Divisionen die Motivation, sich auf gemeinsame Produkte zu einigen, nicht genügend gross war und sie ihre Autonomie auch nicht einschränken wollten. Es zeigte sich jedoch ein klarer Bedarf, den Datenaustausch *zwischen den verschiedenen Organisationseinheiten*[2] zu vereinheitlichen.

3.2 Begrenzung des Einsatzgebietes

Anfang Juni 1995 begann deshalb ein kleines Team abzuklären, welche Anforderungen für den Datenaustausch (wie oben erwähnt) bestehen und wie diese am besten abgedeckt werden können. Dabei waren folgende Ziele und Randbedingungen massgebend:

- Beschränkung auf Kommunikation zwischen verschiedenen Organisationseinheiten.

- Die Flexibilität muss stark erhöht werden.

- Die kommunizierenden Anwendungen sind lose gekoppelt. Dies heisst unter anderem auch, dass sowohl RPC als auch direkter DB-Zugriff nicht in Frage kommen.

---

[2] Unter einer Organisationseinheit (kurz OE) verstehen wir im folgenden eine Division, einen zentralen Dienstleistungsbereich, ein Werk oder eine Konzerngesellschaft.

- Die «Gesprächspartner» müssen kein gemeinsames Datenmodell und schon gar nicht ein gemeinsames Datenbankschema besitzen. Eine semantische Übereinstimmung der Daten ist jedoch absolute Voraussetzung.

- Beschränkung auf «einfache» Datenstrukturen (keine ganzen Datenbanken, keine Bilder).

- Sender- und Empfängeranwendungen können auf unterschiedlichen HW/SW-Plattformen laufen.

- Es muss eine Mapping-Funktionalität zur Verfügung stehen. Diese hilft, die beteiligten Anwendungen zu entkoppeln, indem sie das Format und die Codes von Datenelementen umwandeln kann. So kann beispielsweise der Sender den Code SFR und der Empfänger CHF für die Währung «Schweizer Franken» benutzen.

- Beschränkung auf das Stammhaus Basel. Die Lösung sollte jedoch für einen späteren weltweiten Einsatz tauglich sein.

3.3 Vorteile von UN/EDIFACT als Standard

Für die elektronische Kommunikation zwischen verschiedenen Geschäftspartnern hat sich UN/EDIFACT[3] (bzw. ANSI X12 in den USA) durchgesetzt. Wir waren der Ansicht, dass die Verwendung eines so breit abgestützten Standards bei uns mehrere Vorteile hat:

ökonomisch

- Wir müssen UN/EDIFACT zur Kommunikation mit externen Partnern sowieso unterstützen. Es ist billiger, die technische Infrastruktur und das notwendige Know-how für ein grösseres Datenvolumen als für zwei verschiedene Verfahren zur Verfügung zu stellen.

- Zudem betreibt die Firma auf unterschiedlichen Rechnern EDI-Systeme, zu deren Pflege jeweils wieder spezielles Wissen erforderlich ist, ganz abgesehen von Kauf- und Wartungs-Gebühren. Ein zentraler EDI-Server, welcher auch nach aussen kommuniziert, macht etliche dieser EDI-Systeme überflüssig.

- Die Standard-Messages decken die unterschiedlichsten Anforderungen verschiedener Branchen ab. Auf dieser Arbeit können wir direkt aufbauen.

---

[3] United Nations / Electronic Data Interchange for Administration, Commerce and Transport

politisch

* Verwenden Sender- und Empfängerapplikation unterschiedliche Datenstrukturen und vor allem unterschiedliche Codes, dann hat eine Einigung auf das für die Kommunikation verwendete Format immer wieder zu Diskussionen Anlass gegeben. Die Einigung auf einen offiziellen Standard fällt viel leichter.

Produkt-Unabhängigkeit

* Eine Grosszahl von Herstellern bieten heute auf verschiedenen Plattformen EDI-Software an.

Eine Umfrage bei mehreren Projekten, welche zur Zeit oder in naher Zukunft durchgeführt werden, zeigte, dass ein leistungsfähiger zentraler Datenaustauschserver und UN/EDIFACT als Kommunikationsstandard alle Anforderungen abdecken können.

Diese Aussage verlangt allerdings einer Präzisierung: Die Norm UN/EDIFACT besteht einerseits aus einer festgelegten Syntax und wohl definierten Datenelementen und andererseits aus einer Anzahl Messages (UNSM, United Nation Standard Message). Wir gehen nicht davon aus, dass diese UNSM's alle unsere Bedürfnisse abdecken, so dass wir eigene Messagetypen nach der EDIFACT-Syntax entwerfen müssen. Die meisten EDI-Konverter unterstützen diese Möglichkeit.

3.4   Potentielle Probleme

Zunächst bedeutet es einmal Aufwand, einen Datentransfer mit EDIFACT zu implementieren. Die Auswahl geeigneter Messagetypen und das Festlegen der Spezifika (im Implementation Guide dokumentiert) erfordern Erfahrung. Gibt es keine geeignete EDIFACT-Standardmessage, müssen eigene Messagetypen entwickelt werden. Im ungünstigsten Fall kann sich EDIFACT für gewisse Datenübertragungen als völlig ungeeignet erweisen. Es steht uns dann immer noch der Weg offen, die Daten unformatiert zu übertragen und den Server als Messaging-Tool zu verwenden.

4   Produktevaluation

Wir stellten einen Anforderungskatalog zusammen und verschickten ihn an verschiedene Firmen. In die engere Wahl kamen fünf Hersteller, welche wir für eine Präsentation ihrer Produkte zu uns einluden.

<table>
<tr><td>Anforderungen</td><td>

Die zu erfüllenden Anforderungen lauteten:

1. *Anschluss an Rechner mit den Betriebssystemen IBM-MVS, IBM-OS/400, UNIX (diverse Derivate), Windows-NT, DEC-VMS.* Als Netzwerkprotokoll zwischen dem Server und den einzelnen Rechnern müssen TCP/IP und APPN zur Verfügung stehen.

2. *Umfassende Überwachungs- und Steuerungsmöglichkeiten.* Die Kontrolle muss sich dabei immer von der Senderapplikation über das Netzwerk bis zur Empfängeranwendung erstrecken. Sowohl die einzelnen Applikationen als auch das Operating müssen den Status einer Meldung jederzeit abfragen können.

3. Im Fehlerfall soll die Software einen Operator alarmieren können.

4. *Bei Ankunft einer Message muss die Empfängerapplikation angestossen werden können* (wake up call).

5. *Der von EDIFACT definierte Zeichensatz UNOC (8 bit) muss unterstützt werden.* UNOC enthält alle Zeichen, welche die wichtigsten westlichen Sprachen benötigen. Der gesamte Zeichensatz muss auf allen angeschlossenen Rechnern und Druckern richtig dargestellt werden. Ein kürzlich durchgeführtes Projekt hat diese ‹Code Page-Problematik› in der Firma gelöst. Wir wussten daher, dass diese Thematik nicht unterschätzt werden darf.

6. *Hohe Verfügbarkeit und Ausfallsicherheit.* Da dieser Server eine Schlüsselstellung einnimmt, muss auch im Katastrophenfall mindestens ein eingeschränkter Betrieb gewährleistet sein.

7. *Hohe Skalierbarkeit.* Es soll möglich sein, die Leistung des Servers dem aufkommenden Datenvolumen anzupassen. Als grösste heute zu erfüllende Anforderung haben wir ermittelt: Innerhalb von 8 Stunden müssen 600 000 EDI-Messages verarbeitet werden können.

8. *Zeitverhalten.* Die Übermittlungsdauer für eilige Messages innerhalb des Stammhauses darf 10 Minuten nicht überschreiten.

9. *Gute Mapper-Funktionalität.* Der Mapper ist für die Umwandlung zwischen Applikationsfile und EDIFACT-Message zuständig. Je mehr er kann, desto weniger müssen sich Anwendungen mit kommunikationsspezifischen Angelegenheiten befassen.

</td></tr>
</table>

10. *Authentifizierung und Verschlüsselung.* Die Schweizer Banken verwenden einen speziellen Algorithmus zur Authentifizierung, den das EDI-System unterstützen muss. Verschlüsselungsverfahren sollen zur Verfügung stehen, sobald sie im EDIFACT-Standard enthalten sind.

11. *Unterstützung von Standardsoftware wie BPCS oder SAP.* Da zur Implementation der neugestalteten Geschäftsprozesse diese beiden Softwarepakete eingesetzt werden, müssen diese mit dem EDI-Server reibungslos zusammenarbeiten.

12. *Backup übertragener Messages.* Im Fehlerfall muss eine Transmission wiederholt werden können.

13. *Audit trace.* Ein Protokoll soll alle Datenübertragungen festhalten.

14. *Übertragung von Daten ohne Konversion in EDIFACT-Struktur.* Es soll möglich sein, auch unstrukturierte und binäre Daten zu transferieren.

15. *Der Datenverkehr einzelner Anwendungen muss gezielt überwacht werden können.* Einzelne Organisationseinheiten wollen den Datentransfer ihrer Anwendungen selber kontrollieren. Diese Überwachungspersonen dürfen auf keinen Fall die Kommunikation anderer Anwendungen beeinflussen können und sollen nur die Messages «ihrer» Anwendungen sehen.

Ende August gab die oberste Informatikleitung im Prinzip grünes Licht für den Aufbau eines Kommunikationsservices der erläuterten Art. Zudem beschloss sie, dass dieser Service für den Datenaustausch *zwischen verschiedenen OE* benutzt werden *muss*. Sie liess als Ausnahme lediglich die direkte Kommunikation zwischen Software-Packages zu. Das von SAP neu vorgestellte ALE-Konzept[4] war Grund für diese Sonderregelung. Solche Leistungen sollten nicht generell ausgeschlossen werden.

Nach zusätzlichen Abklärungen entschied sich die Informatikleitung für DEC/EDI von Digital Equipment Corporation. Vor allem marktpolitische Überlegungen haben den Ausschlag für diese Wahl gegeben.

Die aktuelle Version 3.0 von DEC/EDI war zu diesem Zeitpunkt ganz neu; wir konnten deshalb keine produktive Installation besichtigen. Sie benutzt nicht, wie die Vorgängerversion, VMS, sondern DEC/UNIX als Betriebssystem auf dem Server.

---

[4] Application Link Enabling

5 Architektur von DEC/EDI

Abb. 5/1 zeigt schematisch den Aufbau des gewählten Systems. Eine Datenübertragung läuft dabei in folgenden Schritten ab:

1. Die Senderapplikation erstellt das Datenfile und schickt es ab.

2. Der Client sendet es an den EDI-Server.

3. Der Server konvertiert die Daten in die gewählte EDIFACT-Struktur.

4. Die EDIFACT-Message wird entweder nach extern versendet oder in das von der Empfängerapplikation gewünschte Format transformiert.

5. Die Empfängerapplikation veranlasst mit einem *fetch*-Befehl den eigenen Client, das File vom Server auf die eigene Plattform zu übertragen.

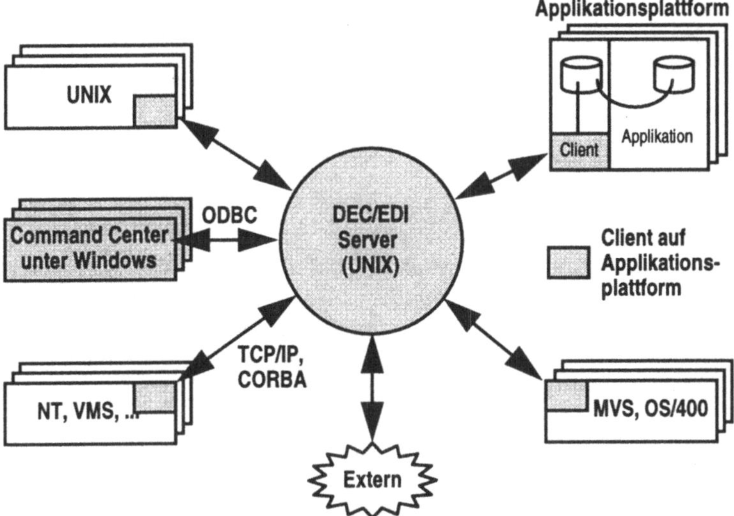

Auf jeder Applikationsplattform muss ein sogenannter Client installiert werden, welcher eine gut kontrollierte Verbindung zum Server herstellt. Da diese Verbindung auf der Basis von CORBA realisiert ist, muss diese Software ebenfalls überall vorhanden sein. Für die IBM-Betriebssysteme MVS und OS/400 existierten bei Bestellung der Testinstallation noch keine Clients. Digital Equipment versprach uns jedoch, diese innerhalb von 7 Wochen zu liefern.

Eine Palette graphischer Tools auf PC's unter Windows dient zum Programmieren der Maps sowie zur Steuerung des gesamten Systems. Sie sind unter dem Namen *Command Center* zusammengefasst. Heute müssen noch gewisse Arbeiten direkt in UNIX erledigt werden; das erklärte Ziel von Digital Equipment ist jedoch, UNIX vor dem Benutzer des Servers ganz zu verstekken.

Diese Operationen des *Command Centers* greifen via ODBC direkt auf die INFORMIX-Datenbank zu, welche den gesamten Betrieb auf dem EDI-Server steuert.

6   Pilotierung

6.1   Zielsetzung

Unmittelbar nach dem Entscheid der Informatikleitung für DEC/EDI wurde ein Projekt mit folgenden Zielen gestartet:

Pilot 1:
Funktionstests

1. Mit verschiedenen Funktions- und Stresstests ist die Brauchbarkeit des Servers für unsere Zwecke zu prüfen. Dabei eingeschlossen sind die Clients für HP-UX, Digital UNIX, MVS, OS/400. Es muss kontrolliert werden, ob es zu Datenverlust kommen kann und wenn ja, unter welchen Umständen.

Pilot 2:
GP-Datenbank

2. Zur Zeit muss im Rahmen der Migration die zentrale Geschäftspartnerdatenbank ersetzt werden: Die eingesetzten Softwarepakete verwalten die Geschäftspartner (GP) in eigener Regie und können nicht auf eine zentrale Datenbank zugreifen. Ohne Vorkehrungen hätte nach einer vollständigen Migration jede Division ihre eigene, von den anderen völlig unabhängige GP-Datenbank. Eine neue zentrale Datenbank, welche als Drehscheibe dient, soll hier Abhilfe schaffen, d. h. unkontrollierte Redundanz und damit ein Chaos vermeiden. Jede Neuaufnahme, Mutation oder Löschung eines GP's erfolgt dezentral und wird gleichzeitig mit Hilfe von EDIFACT-Messages der zentralen GP-Verwaltung[5] mitgeteilt. Diese ändert die gespeicherten Angaben und leitet eine entsprechende Mitteilung an alle Bereiche weiter, welche diesen GP selbst verwalten.

---

[5] Unter der GP-Verwaltung verstehen wir das Programm, welches die GP-Daten pflegt.

Im Rahmen eines Pilotprojektes wird die Verbindung zwischen der zentralen GP-Verwaltung und einem SAP-System realisiert. Damit lässt sich das Konzept, die Kommunikation mit EDIFACT zu implementieren, überprüfen. Zudem können wertvolle Erfahrungen für weitere Migrationsvorhaben und speziell für das Zusammenspiel von DEC/EDI mit SAP gewonnen werden.

Pilot 3:
Externe und BPCS

3. Ein weiteres Teilprojekt dient zum Testen der Kommunikation mit der Standardsoftware BPCS (auf AS/400) und mit externen Partnern.

Vorbereitung des produktiven Betriebes

4. Festlegen der Konfiguration von Hard- und Software, Aufbauen der Organisation und Schreiben der notwendigen Handbücher.

6.2 Planung

Da schon sehr bald in mehreren Migrationsprojekten eine beträchtliche Anzahl neuer Schnittstellen gebaut werden müssen, einigten wir uns auf einen ehrgeizigen Zeitrahmen:

Mitte September bis Mitte November 1995: Aufbau einer Testinstallation und Schulung.

Mitte November 1995 bis Ende März 1996: Durchführung aller drei Teilprojekte (·Pilot 1· bis ·Pilot 3·) und abschliessende Beurteilung.

Mitte Februar bis Ende April 1996: Installation eines produktiven Servers und Aufbau der entsprechenden Organisation.

7 Erfahrungen

Die bisherigen Erfahrungen sind sehr gemischt. Digital Equipment Schweiz setzte sich sehr stark für die Lösung auftauchender Probleme ein und bot uns weitgehende Unterstützung. Dies kann leider von Digital Equipment insgesamt nicht gesagt werden. Da die von uns benutzte Version 3.0 ganz neu war, mussten unsere Berater immer wieder beim Engineering nachfragen, erhielten aber öfters nur mangelhafte Antworten. Daraus resultierte bei allen Beteiligten eine gewisse Unsicherheit.

7.1   Benutzerfreundlichkeit

Vorteile

Die graphische Oberfläche auf dem PC ist ansprechend und hilft, die vielfältigen Möglichkeiten der Software zu nutzen. Manche der Mängel von V 3.0 sind inzwischen behoben.

Nachteile

Leider sind nicht alle Begriffe genügend klar definiert, und zum Teil werden sie auch inkonsistent verwendet. Die Programmierung des Konverters – das Erstellen einer Map – empfinde ich als ziemlich kompliziert und nicht sehr intuitiv. Meine mangelnde Erfahrung mit EDI und EDIFACT ist sicher zu einem grossen Teil schuld daran, haben doch Personen, welche die Vorgängerversion schon kennen, weniger Mühe damit.

7.2   Architektur und Stabilität

Die Implementation der Kommunikation zwischen dem EDI-Server und den Clients mit Hilfe von CORBA hat sich als kritisch erwiesen:

CORBA

- CORBA benutzt nicht Standardservices, sondern ist eng mit dem Betriebssystem verknüpft. Aus diesem Grund kann Digital Equipment nicht garantieren, für eine neue Version eines Betriebssystems innerhalb kurzer Zeit eine funktionstüchtige CORBA-Implementation zu liefern. Dies ist besonders dann gravierend, wenn in einem Projekt eine Software eingesetzt wird, welche den neuen Release des Betriebssystems benötigt. Wir haben diese Erfahrung in einem Fall schon machen müssen.

- Die Übertragung grösserer Messages hat nicht funktioniert. Es hat sich dann herausgestellt, dass CORBA die Grösse auf 64 KB beschränkt! Diese Limite ist mit einem neuen Release inzwischen aufgehoben worden.

- Die Clients für MVS und OS/400 sind von einer Drittfirma gefertigt worden. Da CORBA von der Herstellerfirma mit dem Client gelinkt werden muss, steht ein neuer Release von CORBA nicht sofort zur Verfügung, sondern erst mit einem neuen Release des Clients.

Zeichensatz

- Wir betonten stets die Anforderung, dass der ganze Zeichensatz von UNOC übertragen und für die verschiedenen Plattformen richtig umgesetzt werden muss. Trotzdem ist sie bis heute nicht erfüllt worden. Als Grund gibt Digital Equipment unter anderem an, dass diese Funktionalität nicht in CORBA enthalten sei. Die Firma hat sich jedoch bereit erklärt, diese in Zukunft einzubauen.

<table>
<tr><td>Stabilität</td><td>

Die Version 3.0 von DEC/EDI eignete sich wegen mangelnder Stabilität nicht für einen produktiven Betrieb. V 3.1 ist besser, doch können wir noch kein abschliessendes Urteil fällen, da viele Tests wiederholt werden müssen und gewisse Clients immer noch nicht die gewünschte Betriebssicherheit aufweisen.

</td></tr>
</table>

Auch bei der neuen Version kommt es beim Senden und Empfangen von Messages immer wieder zur Fehlermeldung «Object Broker Failure». Ein zweiter oder dritter Versuch gelingt dann meist. Besonders gravierend ist die Tatsache, dass in dieser Situation Meldungen verloren gehen können.

7.3 Clients

Wie schon erwähnt, existierten die Clients für MVS und OS/400 beim Beginn des Pilotprojektes nicht. Digital Equipment liess sie bei einer Drittfirma erstellen. Unser Vertrag sah eine Auslieferung noch vor Weihnachten 1995 vor. Tatsächlich trafen sie mit beträchtlicher Verspätung und nur teilweise funktionierend bei uns ein. Der MVS-Client kann immer noch nicht auf unserem produktiven System installiert werden, weil er einige dazu notwendige Bedingungen nicht erfüllt. Auch lässt die Stabilität zu wünschen übrig. Unter OS/400 funktioniert der Client heute, doch unterstützt er die von BPCS verwendete Filestruktur nicht. Es muss ein spezielles Programm für die Datenkonversion in Auftrag gegeben werden.

Erschwerend hat sich das Dreiecksverhältnis zwischen Digital Equipment, dem Hersteller und Ciba ausgewirkt. Da die erwähnten Clients inzwischen in das offizielle Angebot von DEC aufgenommen worden sind, dürfte sich diese Situation verbessern.

7.4 Überwachung

Ein Windows-Programm (*Cockpit*) stellt für die Überwachung der Datentransfers verschiedene graphische und textuelle Fenster zur Verfügung. Leider beschränkt sich die Sicht dabei auf den EDI-Server, d. h. die von uns geforderte Überwachung bis hin zu den Applikationen funktioniert nicht. Es hat sich zudem gezeigt, dass ein Client «hängen» kann, ohne dass dies bei der zentralen Überwachung zu sehen ist und ohne eine Fehlermeldung auszulösen. Eine Integration von Cockpit mit dem MAILBUS Monitor zur Lösung dieser Problematik scheint machbar, wird aber erst bei einem definitiven Entscheid für DEC/EDI weiter verfolgt.

Berechtigung

Zur Zeit ist es noch nicht möglich, dass einzelne Bereiche den Datenfluss ihrer Anwendungen selbst überwachen können, da die Zugriffsberechtigungen nicht selektiv zuteilbar sind. Heute kann jede Person mit Zugang zur Überwachungssoftware den gesamten Datenverkehr sehen und den produktiven Betrieb beeinflussen.

8   Dokumentation

Eine vollständige und aktuelle Dokumentation ist Voraussetzung, um flexibel zu sein und auf neue Anforderungen rasch reagieren zu können. Dabei sind die Verbindungen – sprich Datenflüsse – zwischen den verschiedenen Anwendungen von zentraler Bedeutung.

Dokumentationsquellen

Bei Verwendung von UN/EDIFACT gibt es zwei Ansatzpunkte:

1. *Die auf dem Server gespeicherten Daten.* Zur Konversion zwischen dem Applikationsfile und der EDIFACT-Message benötigt der Mapper Angaben über beide Datenstrukturen. Weiter muss aus Sicherheitsgründen auf dem Server jede Verbindung zwischen zwei Applikationen registriert sein. Diese Daten lassen sich zum Aufbau eines «Message Dictionaries» nutzen.

2. *Der Implementation Guide.* Um möglichst breit einsetzbar zu sein, ist eine EDIFACT-Message sehr allgemein (generisch) definiert. Im «Implementation Guide» legen die Kommunikationspartner alle Details fest, insbesondere die genaue Semantik der Daten. Der Implementation Guide enthält also mehr interessante Informationen als der Server.

Server

Der grosse Vorteil der ersten Methode liegt darin, dass die Angaben für den Betrieb verwendet werden und deshalb stimmen müssen. Aus diesem Grund wollten wir uns vor allem darauf abstützen. Entgegen den bei der Evaluation gemachten Aussagen sind diese Daten aber bei DEC/EDI nicht zugänglich. Sie sind einerseits in einer Datenbank, deren Struktur Digital Equipment nicht offenlegen will, um keine Risiken bei einem produktiven Betrieb einzugehen. Andererseits befinden sich die Angaben in den Map-Files, welche auf dem PC abgelegt werden. Da deren Struktur nicht dokumentiert ist und sich bei einem neuen Release ändern könnte, wollen wir vorerst auch nicht auf diese Informationsquelle zugreifen.

<table>
<tr><td>Implementation
Guide</td><td>Der Implementation Guide ist für die Dokumentation sicher attraktiv, da er alle relevanten Angaben enthält. Die Schwierigkeit liegt darin, dass keine Gewähr besteht, dass die Informationen stimmen und vollständig sind. Kann die zentrale Informatik den anderen Bereichen vorschreiben, einen Implementation Guide zu erstellen und zu pflegen? Wir sehen dann eine Möglichkeit, wenn dies nicht zu viel Aufwand bedeutet und die Vorteile für alle Personen, welche auf dem EDI-Server Datenverbindungen implementieren, offensichtlich sind. Ein gutes Tool reduziert den Pflegeaufwand für die Dokumentation und erhöht gleichzeitig den Nutzen der Arbeit: zumindest teilweise lassen sich aus den Implementation Guides die Maps für den EDI-Konverter erzeugen. Werden die Daten in strukturierter Form abgelegt, dann lassen sie sich auf unterschiedliche Arten auswerten, der Informationswert nimmt also zu. Unterstützung bei der Auswahl von Messagetypen, bei der Zuordnung von Daten zu Segmenten und Datenelementen fördert die Akzeptanz eines Tools weiter und bietet die Chance einer Vereinheitlichung, vor allem bei den verwendeten Codes.</td></tr>
<tr><td>EDIFIX</td><td>Aus diesen Gründen haben wir kürzlich nach kurzer Evaluation beschlossen, EDIFIX der Firma GEFEG mbH in Berlin anzuschaffen und bei den Pilotprojekten einzusetzen. Diese Software bietet die Möglichkeit, aus einem Implementation Guide ein Mapping für den Konverter zu generieren. Dieses ist zwar nicht vollständig, nimmt aber doch viel Tipparbeit ab und reduziert Fehlerquellen. Zudem erlaubt es, Texte semantisch zu kennzeichnen. Diese Annotation lässt sich dazu verwenden, die ausgedruckte Dokumentation je nach Adressaten selektiv zu gestalten. Sie erlaubt es eventuell auch, eine Datenbank zu erstellen, welche Informationen aller Implementation Guides enthält, und so ein Dictionary aufzubauen. Zur Zeit haben wir die Software noch nicht im Hause und können deshalb nicht über unsere Erfahrungen berichten.</td></tr>
</table>

9   Stand heute und Ausblick

Wegen der Probleme mit der EDI-Software konnte die zeitliche Projektplanung nicht eingehalten werden; noch heute besitzen wir keine produktiv einsatzfähige Version. Die Performance konnte wegen der mangelnden Funktionstüchtigkeit noch nicht überprüft werden.

Die Ankündigung der Fusion von Ciba und Sandoz bedeutete einen sofortigen Stop für das Pilotprojekt 2 (GP-Datenbank). Zu diesem Zeitpunkt war es zum grössten Teil fertig, die Daten konnten wie vorgesehen übertragen werden. Inzwischen ist es in abgewandeltetr Form mit einer anderen Division neu aufgenommen worden.

Mangelnder Support für die Anbindung von BPCS und fehlendes Interesse seitens der vorgesehenen Division führten zu einem langsamen Start des dritten Pilotprojektes. Die Fusion mit Sandoz bewirkte dann das definitive Ende.

Auf unseren massiven Druck unternimmt Digital Equipment nun grosse Anstrengungen, die in unseren Augen schwerwiegendsten Mängel zu beheben. Gleichzeitig führt eine externe Firma eine neue Evaluation durch. Der definitive Entscheid, ob wir bei DEC/EDI bleiben oder ein anderes Produkt einsetzen, soll Mitte 1996 gefällt werden.

Die Fusion mit Sandoz zeigt, wie wichtig Flexibilität ist, und bestätigt das Konzept, den internen Datenaustausch zwischen verschiedenen OE's mit EDIFACT abzuwickeln. Während der Migrationsphase wird in den nächsten Jahren der Kommunikationsbedarf stark zunehmen. Obwohl noch vieles offen ist, wird ein Folgeprojekt durchgeführt mit dem Ziel, einen produktiven Service einzurichten. Wir sind immer noch überzeugt, auf dem richtigen Weg zu sein.

V Middleware - EDA/SQL - Praxisbeitrag

Autor

Hansjörg Gadient
Teamchef/Projektleiter bei den Informatikdiensten PTT (ERZ), Bern.

Gliederung

1

Informatikdienste PTT (ERZ)

Die schweizerischen PTT Betriebe stehen - wie die Post- und Telecombetriebe in vielen anderen europäischen Ländern - im Umbruch. Im Moment (Frühjahr 1996) sind sie noch in die 3 Departemente „Die POST", „TELECOM" und „Präsidialdepartement" gegliedert.

Die Hauptabteilung Informatikdienste PTT (ERZ) ist dem Präsidialdepartement unterstellt und erbringt Informatikdienstleistungen für alle drei Departemente. Per 1. Juli 1996 wird im Rahmen der Neuorganisation der PTT die Eingliederung der Informatikdienste PTT in die „TELECOM" vollzogen.

Als Partnerunternehmen arbeiten die Informatikdienste PTT seit mehreren Jahren aktiv in verschiedenen Projekten im Rahmen des Forschungsprogramms Informationsmanagement der Universität St. Gallen mit.

2

Client/Server-Computing und Middleware

Client/Server-Computing wird heute als zukunftsträchtigste Applikationsarchitektur bezeichnet. Mit ihr lassen sich die immer mehr vernetzten und in ihrer Rechenleistung und ihren Kosten sehr unterschiedlichen Computer optimal nutzen. Diese Architektur erlaubt es, Applikationskomponenten wie Bildschirmpräsentation, Programmlogik und Datenzugriffe getrennt zu behandeln und deshalb auf unterschiedlichen Rechnern im Netzwerk zu verarbeiten.

Client/Server-Computing hat den grossen Vorteil, dass die verschiedenen Prozesse zwischen dem Client und dem Server aufgeteilt werden können.

Client

Ein Client (PC oder Workstation) bearbeitet die Prozesse, die er schnell bewältigen kann, wie Bildschirmpräsentation oder Programmlogik. Diese Seite wird auch als Frontend bezeichnet.

Server

Ein leistungsfähiger Server (mittleres oder Grosssystem) verarbeitet die grösseren Prozesse wie z.B. Datenzugriffe. Diese Seite wird als Backend bezeichnet.

Damit diese beiden Seiten ohne Probleme miteinander kommunizieren können, benötigt man eine *Middleware*, die fähig ist, Daten zwischen dem Client und dem Server auszutauschen (vgl. Abb. 2/1). Es darf dabei keine Rolle spielen, welche Hardware, welche Software oder welches Netzwerk zum Einsatz kommt. Diese Probleme soll die Middleware verlässlich lösen.

Unbestritten ist, dass die Zukunft dem Aufbau solcher Client/Server-Applikationen gehört. Die Grosssysteme können dabei aufgrund ihrer grossen Rechenleistung und der guten Sicherheitseinrichtungen weiterhin als Datenserver eingesetzt werden. Sie verarbeiten sehr schnell und problemlos riesige Datenmengen mit optimaler Sicherheit.

Abb. 2/1:

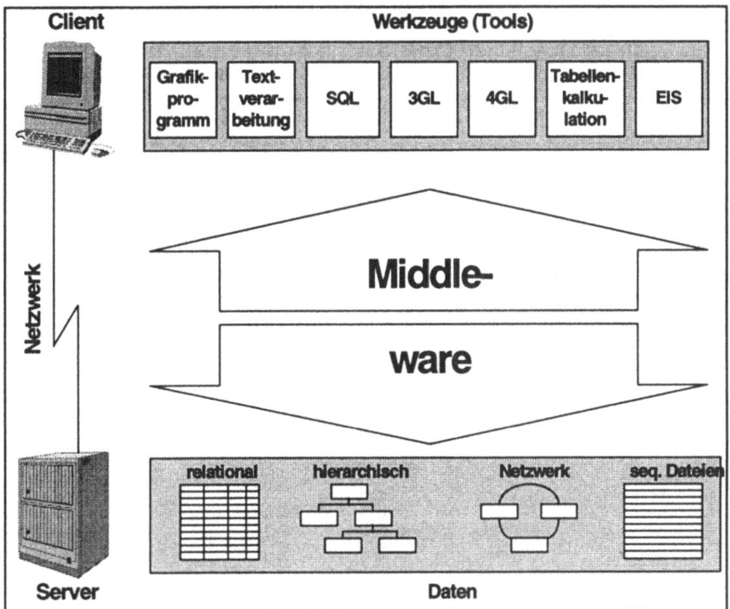

3 Ausgangslage bei den Informatikdiensten PTT

Auf dem zentralen Rechner der Informatikdienste PTT befinden sich grosse Mengen von Daten, die für die gesamte PTT von grossem Interesse sind. Sie werden von Datenbanksystemen (vor allem IMS und DB2) mit hoher Performance und grossen Sicherheitseinrichtungen verwaltet. Unter anderem sind auch umfangreiche Datenbestände unter SAP R/2 auf dem zentralen Rechner in IMS-Datenbanken gespeichert.

Generell sind die Investitionen auf dem Mainframe sehr hoch und müssen deshalb geschützt werden. Um die weitere Existenz dieser DBMS (Datenbankmanagementsysteme) langfristig sicherzustellen, muss eine offene Datenarchitektur zur Verfügung stehen.

Der PC-Anwender benötigt zuweilen allgemeine Informationen, die in unseren zentralen Datenbanken (unter IMS oder DB2) gespeichert sind. Umgekehrt sind bestimmte Ergebnisse, die er erzeugt hat, für die PTT von Interesse. Bis vor kurzem fand der Datenaustausch zwischen PC und zentraler DB mittels Formular, Datentransfer oder Kopieren von Daten statt. Die Frage, die der Endbenutzer oder PC-Anwendungsentwickler am häufigsten stellte, lautete: Wie kann von einem PC aus direkt auf DB2- und IMS-Daten zugegriffen werden? (vgl. Abb. 3/1)

Dank Middleware kommunizieren PC und Mainframe heute direkt.

Abb. 3/1:

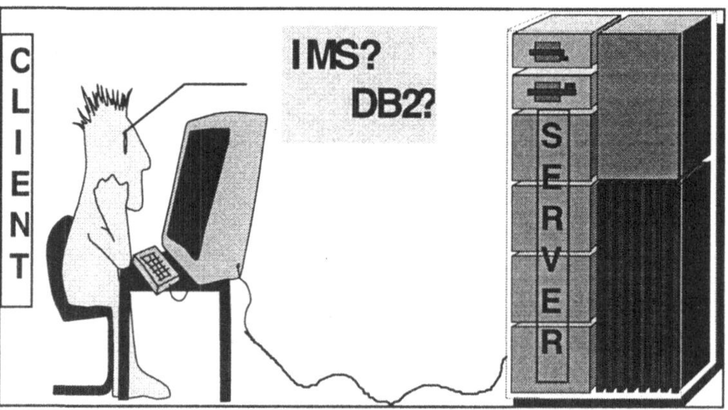

4

Anforderungen - Evaluation

4.1 Ein universeller Gateway für IMS und DB2

Aufgrund einer Vorstudie hat eine interne Arbeitsgruppe die Anforderungen an einen Gateway auf die bestehenden DBMS-Informatikdienste der PTT bestimmt:

- Der Gateway muss auf den vorhandenen Plattformen laufen
- IBM-MVS, DEC, DOS, Windows, OS/2).
- Er muss die eingesetzten Datenbank- und Filesysteme (z.B. DB2, IMS, Oracle, Rdb, VSAM) unterstützen.
- Der Gateway lässt sich für eine breite Palette von PC-Anwendungsprogrammen verwenden (z.B. MS Access, MS Excel, MS Word, Paradox, Clarion, Lotus, ENFIN/SMALL-TALK).
- Der Gateway ist SQL-, DDE- und ODBC-fähig.
- Er stellt keine proprietäre Lösung dar (CICS, Oracle, Micro-DecisionWare's etc).
- Virtuelle Verarbeitung via DML-Request ist möglich (weder Datentransfer noch Download/Upload).
- Der Gateway unterstützt alle bei der PTT installierten Kommunikationsprotokolle.

4.2 Wahl von EDA/SQL in der Evaluation

Die Wahl fiel schliesslich auf EDA/SQL (Enterprise Data Access). Die Anforderungen unserer internen Arbeitsgruppe und das Studium der Fachliteratur liessen die Möglichkeiten (Heterogenität) von EDA/SQL sehr rasch erkennen. Das Produkt wird bereits in grossen anderen Schweizer Unternehmen (u. a. CIBA, ABB, Hoffmann-La-Roche) eingesetzt, die über eine den Informatikdiensten PTT ähnliche Hard- und Software-Infrastruktur verfügen. Konkurrenzprodukte von EDA/SQL haben den grossen Nachteil, dass sie sehr proprietären Charakter haben. Eine Demonstration von EDA/SQL bei der Firma CIBA-Geigy bestätigte zusätzlich die Wahl von EDA/SQL.

4.3 Allgemeine Bewertung von EDA/SQL

EDA/SQL wurde vor allem deshalb ausgewählt, weil es sich erstens nicht um ein proprietäres Produkt handelt und es zweitens zu diesem Zeitpunkt das einzige Produkt war, das die Kommunikation zwischen verschiedenen Datenbank- und Hardwaresystemen ermöglicht (insbesondere Unterstützung der Zieldatenbanksysteme IMS, DB2 und Oracle).

EDA/SQL ist also unser Hilfsmittel, um von einem Client direkt auf Serverdaten zugreifen zu können. Diese stehen entweder in ihrer Gesamtheit bereit oder werden schon verdichtet von EDA/SQL zur Verfügung gestellt. Das Produkt bietet die Möglichkeit, Daten verschiedener Datenbanksysteme in der gleichen Abfrage abzuarbeiten.

Wie arbeitet EDA/SQL?

Vom Client aus erfolgt auf der Benutzeroberfläche einer Standardsoftware wie Excel oder Access die Anmeldung für EDA/SQL. Dies kann jedoch auch über eine programmierte Applikation geschehen. Voraussetzung dafür ist, dass man über die Zugriffsberechtigung für das entsprechende Hostsystem verfügt. In der Applikation wird nun entweder eine Abfrage selbst zusammengestellt, oder man lässt sie durch die programmierte Anwendung zusammenstellen. Das so erzeugte ANSI-SQL-Statement wird von API/SQL an EDA/LINK weitergeleitet (siehe auch Abb. 5/1 und 6/1). EDA/LINK übernimmt anschliessend die Kommunikation mit dem EDA/SQL-Server. Dieser erteilt dem entsprechenden Data Driver den Auftrag, die Daten beim Datenbanksystem anzufordern. Die Daten werden dann auf dem gleichen Weg bis zurück zum Client übermittelt, wo das Resultat von der entsprechenden Anwendung grafisch am Bildschirm dargestellt wird.

Abb. 5/1:

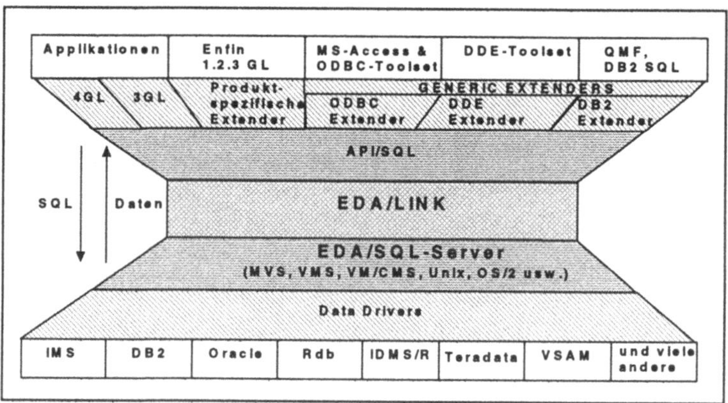

Auf der Client-Seite werden EDA/LINK sowie der EDA/ODBC-Treiber eingesetzt. Kommuniziert wird über das Protokoll TCP/IP. Auf der Host-Seite sind der EDA/SQL-Fullserver mit den Data Drivers für DB2 und IMS im Einsatz (siehe Abbildungen 5/1 und 6/1).

6   Erfahrungen im praktischen Einsatz

6.1   Erfahrungen in der OO-Applikation DIQOS

DIQOS

DIQOS (Dienstqualität Operating System) ist eine Statistik-Applikation, die von uns als OO-Pilotprojekt mit der Entwicklungsumgebung ENFIN und der Programmiersprache SMALLTALK entwickelt wurde.

Die grundsätzlichen Anforderungen waren, die zentralen grossen Datenbestände den Benutzern zu Statistikzwecken unter einer Windows-Oberfläche verfügbar zu machen.

Das Vorgehen im Projekt hatte sich methodisch nach dem objektorientierten Weg (OOW) und HERMES (Systementwicklungsmethode der Bundesrechenzentren) zu richten.

Auf der Hostseite greifen wir auf umfangreiche DB2-Datenbestände der Anwendung GEFECO (TELECOM-Fakturierung und Telefon-Verkehrsdaten) zu. Teilweise werden auch Mutationen durchgeführt.

Die Brücke zwischen PC und HOST (Client/Server) wird mittels EDA/SQL geschlagen, wobei nur die SQL-Funktion zur Anwendung kommt, währenddessen die RPC-Funktionalität noch nicht genutzt worden ist.

Am Beispiel der Applikation DIQOS (Dienstqualität Operating System) sollen in Abb. 6/1 die bei den Informatikdiensten PTT verwendeten Komponenten grafisch nochmals dargestellt werden.

Die von den Entwicklern gemachten praktischen Erfahrungen mit EDA/SQL sind grundsätzlich positiv. Vom PC aus können die SQL-Statements relativ einfach abgesetzt werden, ohne dass sich der Programmierer gross um die Daten kümmern muss. Diese Aufgaben übernimmt EDA/SQL.

Einfach verläuft auch die Konfiguration auf dem PC, der sich in einem Netz unter TCP/IP befindet. Heute läuft die Anwendung DIQOS produktiv, die gesetzten DIQOS-Projektziele sind erreicht worden.

Abb. 6/1:

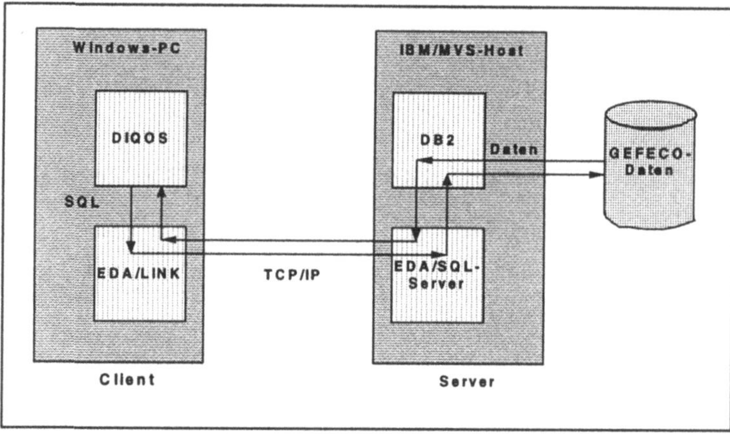

6.2 Erfahrungen in der Betreuung von EDA/SQL

6.2.1 Installation

Da bei EDA/SQL sowohl auf dem Client wie auf dem Server Installationen vorgenommen werden müssen, ist die Abstimmung der beiden Seiten nicht ganz einfach. Verschiedene Voraussetzungen wie z. B. die Kommunikation (bei uns mit TCP/IP) müssen genau geregelt sein. Die Installation der Clients hat sich dabei insofern als relativ einfach herausgestellt, weil wir nach einem vordefinierten Verfahren arbeiteten. Hingegen ist die Installation auf der Server-Seite (sowohl bei MVS wie auch unter UNIX) viel schwieriger ausgefallen als angenommen.

Die Probleme ergaben sich insbesondere infolge unvollständiger Dokumentation seitens des Herstellers/Lieferanten. Wir waren völlig auf dessen Unterstützung angewiesen. Zudem erwies sich das Customizing des Produktes als äusserst kompliziert. Wir haben auch festgestellt, dass die Unterstützung von datenbankspezifischen Befehlen (vor allem „CHAR- und SUM-Funktionen" bei DB2) noch nicht vollständig „ausgereift" ist. Deshalb werden wir nun gezwungen sein, die Verbindung zwischen UNIX (SP2 UNIX Dataserver) und dem HOST (DB2 unter MVS) nicht mit EDA/SQL, sondern mit einem DB2-Protokoll (DB2 PE V1.2 mit Nutzung von DRDA) sicherzustellen.

Auch wenn die PC-Installation nicht einfach war, so ist doch die Anwendung einfach und die Performance gut.

6.2.2 Anwendung

Da EDA/SQL eigentlich nur als Brücke zwischen dem Client und dem Server fungiert, muss der Anwender praktisch über keine Kenntnisse von EDA/SQL verfügen.

In einer einmal entwickelten Applikation meldet sich der Benutzer mit seiner Identifikation und dem Passwort des Zielsystems an und wird so im Hintergrund mit EDA/SQL verbunden, ohne dass er davon etwas merkt.

Will der Benutzer über eine ODBC-Schnittstelle - z.B. unter EXCEL - mit DB2-Daten des HOST arbeiten, so muss er sich ebenfalls am Zielsystem anmelden. Er bekommt dann eine Liste der vom EDA-Katalog zur Verfügung gestellten Tabellen, aus denen er seine Queries zusammenstellen kann. Bei solchen Anwendungen hat sich herausgestellt, dass der Endanwender über SQL-Kenntnisse verfügen sollte, um die gebotenen Möglichkeiten ausschöpfen zu können.

6.2.3 Unterstützung durch den Lieferanten

Anfänglich musste ein grosser Effort sowohl unsererseits als auch auf Seiten des Lieferanten geleistet werden, bis die gesamte EDA-Umgebung überhaupt lauffähig war. Da zu Beginn noch niemand produktiv mit EDA/SQL arbeitete, kamen wir vorerst auch über einen gewissen lauffähigen Teststatus nicht hinaus. Sobald aber die produktiven Arbeiten aufgenommen wurden, stellten sich rasch vermehrt Probleme ein, die der Lieferant jeweils nicht zu unserer vollen Zufriedenheit lösen konnte. Dies lag insbesondere auch an der disponiblen Kapazität und dem Know-how der Mitarbeiter des Lieferanten mit der Konsequenz, dass wir bei Problemen immer wieder längere Bearbeitungszeiten in Kauf nehmen mussten.

Die Schwierigkeiten mehren sich nun auch bei der laufenden Installation von EDA/SQL auf unserem Query-Rechner. Nicht alle Zusagen und Versprechungen seitens der Lieferfirma können eingehalten werden, und erneut müssen wir mit Verzögerungen im Projektverlauf rechnen.

7 Weiteres Vorgehen mit EDA/SQL

Das Ziel im weiteren Vorgehen ist der Einsatz von EDA/SQL auf unserem Query-Rechner, um z.B. für die bereits vorgestellte

Applikation DIQOS und weitere queryorientierte Applikationen Massendaten auszuwerten. Durch die neue Technologie, die in diesem Query-Rechner zum Einsatz kommt, können komplexe Queries verarbeitet werden, was auf herkömmlichen Systemen nicht möglich war.

Beispiel

Die Verdichtung von 100 Millionen Rows Call Data Records (Datenumfang ca. 5 Gigabytes) für ca. 1000 Telecom-Rufnummern-Bereiche dauert bei einer bestimmten Konfiguration ungefähr 100 Minuten.

Durch die lineare Skalierbarkeit des Query-Rechners kann dasselbe Query auch in 5 bis 10 Minuten verarbeitet werden. Im Vergleich: Auf einer grossen IBM/ES9000 Maschine (unter MVS) nimmt das gleiche Query Tage in Anspruch.

Voraussetzungen

- Die heutigen Datenbanken müssen von DB2/MVS auf den Query-Rechner migriert werden (DB2 Parallel Edition unter AIX-Betriebssystem)

- Installation des EDA/SQL Relational Gateway mit den entsprechenden Data Drivers auf dem Query-Rechner

- Konsolidierung der ganzen Query-Rechner-Plattform

Anforderungen

Die Queries (SQL) sollen vom PC (Windows for Workgroups 3.11, später Windows 95) über EDA/SQL for MVS zum Query-Rechner geleitet werden. Der Umweg über MVS wird notwendig, um auf dem Query-Rechner keine Security-Administration unterhalten zu müssen.

Probleme

Die hängigen Probleme, die im weiteren Vorgehen zu lösen sind:

- Die vorgesehene EDA/SQL-Konfiguration (WfW 3.11 mit EDA-Link -EDA/SQL for MVS - EDA/SQL for AIX) konnte bisher nicht in Betrieb genommen werden.

- Grund: Einzelne Queries können noch nicht verarbeitet werden. Eine Lösung verspricht der Lieferant erst auf das nächste Release.

- Voraussichtlich wird die beschriebene Strecke zwischen WfW 3.11 und EDA/SQL so verbleiben, jedoch soll die Strecke zwischen DB2/MVS und dem Query-Rechner durch DRDA (Distributed Relational Database Architecture) von IBM ersetzt werden, das die Verteilung der DB2-Datenbanken unterstützt.

- Die Versuche mit Windows 95 und EDA/SQL sind bisher wenig erfolgreich verlaufen, Windows 95 verlangt ein 32-Bit fähiges EDA/SQL. Der nächste EDA/SQL-Release (EDA/SQL-Server V3.1 mit CS/3) soll auch hier einen Fortschritt bringen.

- Fast täglich ergeben sich neue Probleme und Erkenntnisse, so dass das weitere Vorgehen einen ziemlich unberechenbaren Verlauf nehmen kann. Zum Beispiel kann das beschriebene weitere Vorgehen mit EDA/SQL bereits wieder der Vergangenheit angehören, und wir setzen voll auf den Einsatz von DRDA.

8 Ausblick Middleware

8.1 EDA-/SQL

Zukünftig sollen vor allem weitere OO-Entwicklungen von den Vorteilen von EDA/SQL profitieren. Sie können die bereits ausgetestete, schnelle Infrastruktur von EDA/SQL nutzen, um einfach auf vorhandene Datenbestände zuzugreifen. Ob dabei weiterhin nur die SQL-Funktionalität von EDA genutzt wird, ist zur Zeit noch nicht bestimmt.

8.2 Weitere Aktivitäten im Bereich Middleware

Parallel zur Entwicklung mit EDA/SQL werden heute bei den Informatikdiensten PTT mit höherer Priorität DCE (Distributed Computing Environment) und CORBA als neue Grundlage für Distributed Computing auf allen Plattformen aufgebaut. Diese Infrastruktur soll noch im 3. Quartal 1996 bei den Informatikdiensten PTT zur Verfügung stehen.

9 Dank

Der vorliegende Beitrag ist entstanden aus den Informationen und den praktischen Erfahrungen der Spezialisten bei den Informatikdiensten PTT:

Boris Bötzel   (Fachgruppe Infrastruktursoftware)

Lou Schelling (Arbeitsgruppe EDA/SQL)

Von den gemeinsamen Datenbanken zur Servicearchitektur

Autor

Stephan Murer
Mitarbeiter im Ressortstab Technische Informatik der Schweizerischen Kreditanstalt (SKA). Beschäftigungsfelder sind Neue Technologien und Systemarchitektur.

Gliederung

1   Einführung

1856 gegründet, ist die Schweizerische Kreditanstalt (SKA) die älteste der drei Grossbanken in der Schweiz. Im Stammarkt Schweiz ist die SKA eine der grossen Universalbanken mit einem auf alle Kundensegmente ausgerichteten Dienstleistungsangebot. Im Ausland konzentriert sich die SKA grundsätzlich auf das Geschäft mit grossen Firmen- und Privatkunden sowie Korrespondenzbanken an über 100 Stützpunkten auf allen bedeutenden Finanzplätzen. Die SKA ist ein Unternehmen der CS Holding, eines der führenden global tätigen Finanzdienstleistungsunternehmen. Die Grösse des Unternehmens mit mehr als 10000 über die ganze Welt verteilten, vernetzten Informatikarbeitsplätzen sowie die zentrale Stellung der Informatik in einer Bank erleichtern die Suche nach einer geeigneten Informatikarchitektur nicht.

Bei der SKA, wie in vielen anderen Firmen, ist heute die *Applikationsarchitektur im Umbruch*. Die herkömmlichen, zentralen Lösungen erfüllen in verschiedener Hinsicht die Anforderungen an ein modernes Informatiksystem nicht mehr alleine. Für eine neue Applikationsarchitektur gibt es verschiedene Optionen, welche sorgfältig gegeneinander abgewogen werden müssen. Die SKA durchläuft im Moment genau diese Transitionsphase von einem *homogenen, zentralen* zu einem *heterogenen, verteilten* Informatiksystem.

In diesem Artikel werden zuerst die Anforderungen an eine neue Applikationsarchitektur aus Geschäftssicht analysiert. Es wird dann argumentiert, dass eine serviceorientierte Applikationsarchitektur diese Anforderungen erfüllen kann, wobei dafür eine ganze Reihe von systemtechnischen Voraussetzungen zu erfüllen sind. Im Hauptteil des Artikels werden verschiedene, in der SKA verfolgte Ansätze zum Aufbau einer zweckmässigen Infrastruktur für serviceorientierte Applikationen diskutiert.

Obwohl der Begriff *„Middleware"* im Titel des Buches eine zentrale Stellung einnimmt, wird er in diesem Artikel mit Absicht vermieden. Für den Autor ist „Middleware" ein *Sammelbegriff für alle Arten von Systemsoftware*, die eigentlich in ein modernes Betriebssystem gehören, aber als separate Produkte geliefert werden. Betrachtet man die Entwicklung der Betriebssysteme, so werden in vielen Fällen erfolgreiche „Middleware"-Komponenten über kurz oder lang in das Betriebssystem integriert. So gehört beispielsweise Distributed Computing Environment (DCE) [Rosenberry 1992] bei den neuen Versionen der IBM-Betriebssysteme fest dazu. Die gleiche Entwicklung lässt sich bei den Object Request Brokern (ORB) [Orfali 1996] beobachten, welche zum Beispiel bei Sun zum festen Teil des Betriebssystems werden.

2 Neue Anforderungen an die Applikationsarchitektur

Die moderne Informatik steht im Brennpunkt betriebswirtschaftlicher und technologischer Veränderungen:

Anwenderforderungen

Von Kundenseite werden heute kürzere Liefertermine und anspruchsvollere Applikationen (Benutzerschnittstellen, zeitliches Verhalten, Flexibilität, etc.) erwartet. Die Informatik steht häufig im Zentrum und auf dem kritischen Pfad bei der Einführung eines neuen Geschäfts. Moderne Informatiklösungen müssen schnell auf sich verändernde Rahmenbedingungen reagieren. *„Time to Market"* heisst das Schlagwort.

Bisher hat sich die Informatik hauptsächlich um die Optimierung existierender Geschäftsprozesse gekümmert. Im Zuge des *„Business Process Reengineerings"* findet sich heute oft die Informatik in der treibenden Rolle bei der Neugestaltung von Geschäftsprozessen.

Ein typisches Beispiel für diesen Trend ist die vollständige Umgestaltung der Prozesse im Bereich der Kreditbewilligung und der Risikobeurteilung bei der SKA innerhalb kurzer Zeit.

Technische Rahmenbedingungen

Die technischen Rahmenbedingungen (Methoden, Werkzeuge, Systeme, etc.) verändern sich mit zunehmender Geschwindigkeit. Geschäftsobjekte leben häufig länger als die Informatikinfrastruktur (HW und System-SW). Durch die verstärkte globale Vernetzung wandelt sich unser System von einem homogenen, zentralen in ein *heterogenes, dezentrales System*. Konkret wird in der SKA mit ihrer internationalen Organisation fast jede marktrelevante Informatikplattform eingesetzt.

Komponentenbauweise

Auf diese Herausforderungen muss die Informatik durch eine bessere Aufteilung der Systeme in *Komponenten* mit klar definierten und kompakten Schnittstellen reagieren. *Vertikal* müssen Schichten gebildet werden, um die Applikationen besser von der Systemsoftware zu isolieren. *Horizontal* brauchen wir sauber eingekapselte Applikationskomponenten, die sich leicht erweitern und schnell zu neuen Anwendungen kombinieren lassen.

Diese Prinzipien sind in der Informatik altbekannt. Die saubere Gliederung des Systems hat in der Praxis leider auch ihren Preis: Zusätzliche Abstraktionsstufen bringen zwar mehr *Flexibilität*, kosten aber auch *Rechenleistung* und müssen zuerst in ein bestehendes System eingeführt werden. Da Rechenleistung im Vergleich zu Entwicklungs- und Wartungsaufwand jedoch ständig billiger wird, verschiebt sich die Grenze des wirtschaftlich Sinnvollen immer stärker zu Gunsten *stärkerer Abstraktion*. Unter Berücksichtigung dieser Tatsache müssen wir unsere Systemarchitektur immer wieder von neuem überprüfen und revidieren.

Datenorientierte Architektur

Bis vor kurzem erfolgte die Kopplung der Applikationen über gemeinsame Daten, womit dem *Datenbankdesign* die entscheidende Rolle für die langfristige *Applikationsarchitektur* zukam. Applikationen bestehen in diesem System aus einer Reihe von Transaktionen auf gemeinsamen Datenbanken. Die *strategische Systemsoftware* zur Implementation solcher traditioneller Systeme sind die *Transaktionsmonitore* und die *Datenbanksysteme*.

Aus heutiger Sicht ist die Kopplung über gemeinsame Daten bezüglich *Plattformunabhängigkeit, Skalierbarkeit*, wünschbare *Isolation zwischen den verschiedenen Applikationsbereichen, Verteilbarkeit* sowie *Anpassungsfähigkeit an neue organisatorische Gegebenheiten* nicht mehr flexibel genug.

3   Servicearchitektur

Integration über Serviceanforderungen statt gemeinsame Daten

Die SKA hat auf diese Herausforderungen mit dem Konzept „Client-Server Banking System" (CSBS) reagiert. Darin wird das Gesamtsystem in eine Reihe von *Business-Services* zerlegt. Die Kopplung zwischen den Services erfolgt in dieser Architektur nicht mehr über gemeinsame Daten(-banken), sondern über *Serviceanforderungen*. Server können Services für ihre Clients erbringen, aber auch Services von anderen Servern beanspruchen. Jeder Service verwaltet seine persistenten Daten selbst. Die vom Service verwalteten Daten können nur über die nach aussen bekannte Schnittstelle angesprochen werden (*Datenkapsel*). Serviceschnittstellen sollen dabei Operationen für *Einzelanforderungen* sowie für ganze *Gruppen von Anforderungen* anbieten. Nur so lassen sich auch Massenverarbeitungen mit der erforderlichen Effizienz implementieren, ohne dass die Datenkapselung durchbrochen werden muss.

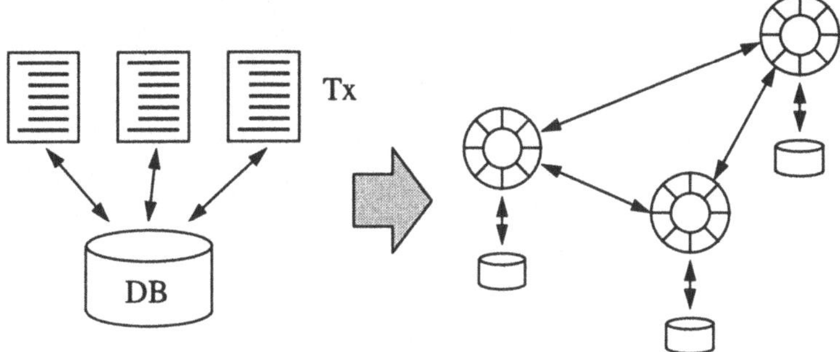

Mit einer Servicearchitektur verschiebt sich die *übergeordnete Architekturfrage* weg vom Datenbankdesign hin zum *Schnittstellendesign*. Die Wahl der geeigneten Form der Datenspeicherung ist nur noch eine reine Implementationsentscheidung auf der Ebene des einzelnen Services. Die Wahl der Serviceschnittstelle wird zur entscheidenden Designfrage. Die Schnittstelle wird sozusagen zum *Vertrag zwischen dem Serviceanbieter und seinen Clients*. Anstelle einer Data Definition Language brauchen wir neu eine ausdrucksstarke, für beide Seiten verständliche *Schnittstellenbeschreibungssprache*, um das Design auszudrücken.

4 Neue Anforderungen an die Systemsoftware

Die oben skizzierte Applikationsarchitektur stellt eine Reihe von neuen Anforderungen an die Systemsoftware:

Die *Serviceschnittstelle* eines Services muss unabhängig von der zur Implementation verwendeten Programmiersprache und Plattform definiert werden können. Die *Schnittstellenbeschreibungssprache* (Interface Definition Language, IDL) muss ausdrucksstark, einfach erlernbar und von vielen Werkzeugen unterstützt sein. Der Auswahl der Schnittstellenbeschreibungssprache kommt eine enorme strategische Bedeutung zu, da in ihr die Struktur des Gesamtsystems auf hoher Ebene festgehalten wird. Aus der Erfahrung in der SKA kann man annehmen, dass die Systemstruktur auf der obersten Ebene ohne weiteres eine Lebensdauer von 20 und mehr Jahren erreichen kann. Entsprechend lange müssen Werkzeuge vorhanden sein, welche die gewählte Schnittstellensprache unterstützen, auch wenn sich die Implementationstechnologie in der Zwischenzeit völlig verändern sollte.

Metadaten

Metadaten mit Informationen über die Serviceschnittstellen müssen im System vorhanden sein. So sind alle Schnittstellen immer mit dem aktuellsten Stand dokumentiert. Zudem lassen sich Applikationen bauen, bei denen nicht a priori klar ist, welche Services verwendet werden. Beispiele dafür sind Management Information Systems (MIS) und Systemmanagement-Werkzeuge, welche auch unstrukturiert auf die verschiedenen Services zugreifen.

Verzeichnisdienst

Services müssen über ihren Namen unabhängig vom Ort angesprochen werden können. Wir brauchen einen *Verzeichnisdienst*. Die entscheidende Eigenschaft für einen guten Verzeichnisdienst ist dessen *Skalierbarkeit* in einem verteilten System. Tausende von örtlich verteilten Knoten müssen vom Verzeichnisdienst effizient und konsistent verwaltet werden.

Plattformtransparenz

Serviceanforderungen müssen *transparent* über Plattformgrenzen hinweg vermittelt werden. Aus der Sicht der Applikation darf die Zielplattform für eine Serviceanforderung keine Rolle spielen. Nur so lässt sich ein Service auf eine neue Plattform verschieben, ohne dass die Clients betroffen sind.

Transaktionen

Eine Serviceanforderung und ihre Unteranforderungen an weitere Services müssen unter Umständen innerhalb einer Transaktion [Gray, Reuter 1993] oder „Logical Unit of Work (LUW)" abgewickelt werden. Für eine Transaktion müssen die ACID-Bedingungen über Services in einem verteilten, heterogenen System gewährleistet sein.

Erweiterbare Schnittstellen

Die Schnittstelle eines Services muss *um neue Operationen erweitert* werden können, ohne dass bestehende Clientbeziehungen davon betroffen sind. Nur so lässt sich die zweifellos mit der Zeit geforderte Erweiterung von Services um neue Funktionalitäten erreichen, ohne dass bestehende Clientbeziehungen davon betroffen sind. Bei der Weiterentwicklung wird zuerst eine neue Funktionalität in einen Service eingebaut, welche dann über die Zeit von den Clients auch genutzt werden kann.

Technologieisolator

Die Implementation eines Services muss (auch bezüglich Plattform, Ort, Art der Datenspeicherung und Programmiersprache) verändert werden können, ohne dass bestehende Clientbeziehungen davon betroffen sind (*Kapselung*). Es ist wichtig zu verstehen, dass diese Kapselung weit über die üblichen Methoden zur Modulbildung in Programmiersprachen hinausgeht. Die Kapselung in den üblichen Programmiersystemen erlaubt zwar das Verstecken der Implementierung gegenüber dem Aufrufenden (z.B. Module in Modula-2, Header-Files in C); die Laufzeitsysteme erwarten aber in der Regel, dass die Implementierung in der gleichen Programmiersprache geschrieben ist und auf der gleichen Plattform läuft. Nur wenn wir von Plattform und Programmiersystem abstrahieren können, kann die Serviceschnittstelle auch als *Technologieisolator* wirken. Dies erlaubt die sinnvolle Nutzung neuer Technologien in Teilen des Gesamtsystems, ohne den Rest des Systems zu beeinflussen. So sind wir trotz rasanter Technologieentwicklung nicht gezwungen, das ganze System auf einmal zu ersetzen.

Fehlertoleranz

Heute werden viele Informationssysteme auf grossen, zentralen Rechnern betrieben. Dabei wird ein enormer Aufwand geleistet, um eine gute Verfügbarkeit und Leistungsfähigkeit der Systeme zu erreichen. Inzwischen stösst man aber sowohl bei der Verbesserung der Verfügbarkeit als auch bei der Leistungsfähigkeit herkömmlicher, zentraler Systeme an Grenzen. Sporadische Ausfälle wichtiger Komponenten (z.B. Kommunikationsrechner) beschränken die erreichbare Verfügbarkeit. Neue Anforderungen (z.B. 7x24-Stunden-Betrieb) lassen sich mit den bestehenden Systemen wegen der unvermeidlichen Ausserbetriebnahme für Wartungszwecke nicht erfüllen. Wir brauchen deshalb Systemsoftware, die es uns erlaubt, aus vielen, relativ unzuverlässigen Einzelkomponenten ein zuverlässiges, *fehlertolerantes* Gesamtsystem zu bauen. Logische Services müssen deshalb *repliziert* werden können.

Standardisierte Schnittstellenbeschreibungen

Die Schnittstellen der Server sollten nach einem weitverbreiteten *Industriestandard* beschrieben und über ein standardisiertes Protokoll ansprechbar sein, damit sich externe Komponenten leicht in unser System integrieren bzw. unsere Services nach aussen anbieten lassen. So sollten sich beispielsweise eigene Services leicht als Komponenten in einem der Desktopstandards (OLE, OpenDoc) verwenden lassen. Der Verkauf von Services entweder als Softwarepakete oder als fertig betriebene Lösungen wird damit erleichtert.

Sicherheit

Das Protokoll für die Serviceanforderungen muss sicherstellen, dass Services nur an berechtigte Clients erbracht werden und die Meldungen für Unberechtigte unlesbar sind (*Sicherheit*). Dieser Aspekt wird an Bedeutung gewinnen, sobald Serviceanforderungen über Firmengrenzen hinaus transportiert werden. Zudem muss im nachhinein der gesamte Verkehr von Serviceanforderungen fälschungssicher rekonstruierbar sein (*Auditing, Revision*).

Systemmanagement

Das gesamte verteilte System muss effizient gesteuert, überwacht und gewartet werden können (*Systemmanagement, Change-Management*).

Accounting

Auch in einer Servicearchitektur müssen alle verwendeten Services korrekt den entsprechenden Clients *verrechnet* werden. Diese Aufzählung erhebt keinen Anspruch auf Vollständigkeit, genügt aber unseres Erachtens den wichtigsten Anforderungen an die Systemsoftware für eine serviceorientierte Applikationsarchitektur. Um es gleich vorwegzunehmen: Es gibt heute keine Lösung, welche in allen Punkten überzeugt.

Die SKA, wie auch andere grosse Firmen, welche von den grundsätzlichen Vorteilen einer Servicearchitektur überzeugt sind, realisieren deshalb selber taktische Lösungen, welche einen Teil der gezeigten Anforderungen abdecken.

5   Taktische Lösung: Message Queueing und seine Grenzen

Message Queueing

Im Moment realisiert die SKA unter hohem Zeitdruck eine eigene Lösung, die zum Teil den obigen Anforderungen für neue Applikationen entspricht. Grundlage dafür ist das plattformübergreifende Produkt MQSeries von IBM [IBM Corporation].

Abb. 5/1:
Kommunikation über
gemeinsame Queues

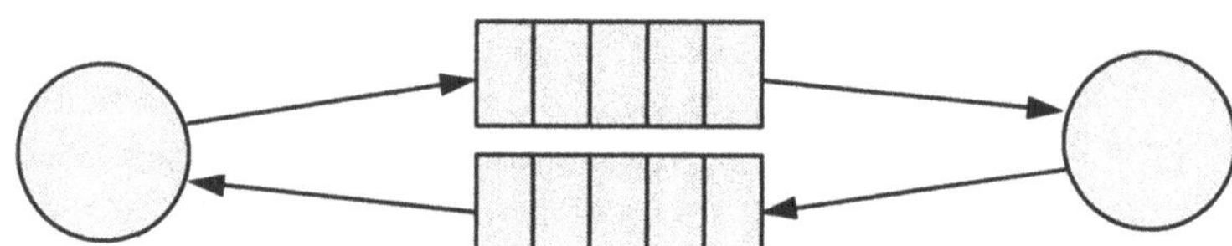

Wie Abb. 5/1 zeigt, bietet MQSeries eine einfache Methode für asynchrone Kommunikation an. Im Netz werden *Queues* zur Verfügung gestellt, in welche Meldungen abgelegt (put) oder von welchen Meldungen geholt werden können (get). Queues sind passive Ressourcen, welche von sogenannten Queue-Managern verwaltet werden. Zwei Kommunikationspartner kommunizieren über mindestens eine gemeinsame Queue.

MQSeries garantiert, dass jede angenommene Meldung *exakt einmal* ausgeliefert wird (*assured delivery*), wobei nicht gesagt wird, wie lange die Übermittlung der Meldung dauert. Zusammen mit einem Transaktionsmonitor kann das Lesen bzw. Schreiben einer Meldung wie ein Datenbankzugriff Teil einer Transaktion sein. Erst mit dem erfolgreichen Abschluss (commit) der Transaktion wird der Zustand der Queue definitiv verändert. Die Meldungen sind im Prinzip unformatierte Datenblöcke und werden am Zielort unmodifiziert abgeliefert. In grossen Netzen können Meldungen auch über mehrere Queues weitergegeben werden (*Multihopping*). Allerdings umfasst das Produkt heute kein dynamisches Routing, so dass bei Ausfall oder Überlastung eines Queuemanagers alle Meldungen blockiert sind, deren Weg über diesen Knoten führt.

Eigene Middleware

Über MQSeries wurde eine im Haus entwickelte Systemsoftwareschicht gelegt. In dieser werden die Dateninhalte für die Übertragung aufbereitet und das Addressierungsproblem gelöst. Auf der Serverseite gibt es zudem eine Load-Balancing-Komponente.

Diese Lösung funktioniert und wird bereits für einige produktive Anwendungen eingesetzt. Sie hat aber eine Reihe von Grenzen, welche mit der zunehmenden Verbreitung so gebauter Applikationen immer deutlicher werden.

Hohe Latenz für Abfragen

Ein grosser Teil aller Serviceanforderungen sind *synchrone* Abfragen. Der Benutzer muss eine Antwort haben, bevor er weiterfahren kann. Synchrone Anforderungen an das asynchrone Kommunikationsmedium sehen dann wie in Abb. 5/2 aus. Die Anforderung wird zuerst auf der Queue für alle Anforderungen an einen bestimmten Service abgelegt. Der Service bearbeitet die Anfrage und schreibt die Antwort auf die entsprechende Antwortqueue zurück. Von dort kann sie der Client wieder abholen. Üblicherweise bedient ein Service genau eine Queue, in welche alle Anforderungen an diesen abgelegt werden. Zudem muss jeder Client eine Queue mit den für ihn bestimmten Antworten anlegen (*Reply-Queue*). Diese Queue kann auch temporär durch den Client angelegt werden. Der Service braucht die Namen dieser Reply-Queues nicht zu kennen, da mit jeder Serviceanforderung eine Adresse für die Antwort mitgeschickt wird.

Abb. 5/2:
Request/Reply-
Kommunikation über
gemeinsame Re-
quest-Queue und
getrennte Reply-
Queues

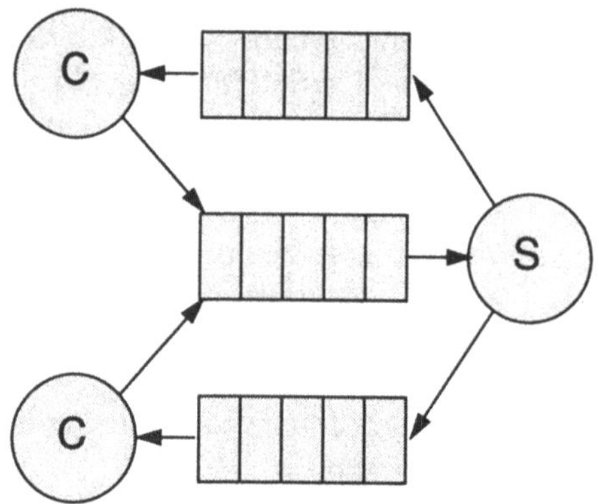

Für synchrone Anforderungen bestimmt die *Servicelatenz*, d.h.
die Zeit, welche zwischen dem Absenden einer Anfrage und der
Ankunft der Antwort verstreicht, die Wahrnehmung der Service-
qualität. Die Abbildung synchroner Kommunikation auf ein
asynchrones Kommunikationsmedium schneidet dabei aus verschiedenen Gründen ungünstig ab:

- Im Gegensatz zu verbindungsorientierter Kommunikation
  wird die Meldung mehrfach weitergereicht, bevor sie an ihrem Bestimmungsort ankommt. Bei grossen Meldungen und
  der Verwendung von Multihopping wirkt sich dies besonders stark aus, da eine Meldung bei MQSeries erst dann
  weitergereicht werden kann, wenn sie vollständig in der
  entsprechenden Queue vorhanden ist. Bei jedem Weiterrei-
  chen der Meldung muss die ganze Meldung kopiert werden.

- Da MQSeries garantiert, dass keine Meldung verloren geht,
  ist das Kommunikationsprotokoll zur Weitergabe von Meldungen sehr teuer (2-Phase-Commit, Logging auf Disk), was
  sich wiederum ungünstig auf die Latenz auswirkt. Diese Sicherheit ist aber in den meisten Fällen (Abfragen) für synchrone Kommunikation ohnehin nicht erforderlich, da man
  bei allfälligem Meldungsverlust einfach nach einer bestimmten Zeit die Anfrage wiederholt. Durch geeignete Parametrisierung lässt sich unter Verzicht auf gewisse Garantien auch
  bei MQSeries die Effizienz verbessern.

In praktischen Situationen sind, abhängig von der Belastung der
Queuemanager, Latenzen zwischen einer halben und mehreren
Sekunden möglich, was für Abfragen oft inakzeptabel ist.

Reines
Transportprotokoll

Ein weiterer Nachteil von MQSeries ist, dass es sich dabei um
ein reines Transportvehikel handelt. Insbesondere fehlt heute ein
taugliches *Adressierungskonzept* für Tausende von Queues auf

Hunderten von Queue Managern, ein *Sicherheitssystem*, eine höhere *Abstraktion* für den Inhalt der Meldungen und ein *Transaktionskonzept*. Zwar kann der Queue Manager als Ressourcenmanager mit dem Transaktionsmanager alle Queueoperationen kontrollieren, was eine lokale „Logical Unit of Work" zulässt; kontrollierte Transaktionen über mehrere Services hinweg sind aber nur mit Hilfe applikatorischer Kontrollkreise möglich.

Implizite Verteilung der Daten

Implementiert man *Applikationen mit echt asynchroner Kommunikation*, so werden die Queuemanager zu einem Teil des persistenten Datenspeichers. Die Garantie, dass keine Meldungen verlorengehen, gilt nur auf einer entsprechend zuverlässigen Plattform. Um sicherzustellen, dass auf keinen Fall eine Meldung verloren geht, müssen somit die Queuemanager mit *denselben Verfügbarkeits- und Sicherheitsstandards wie die Datenbanken* betrieben werden. Verteilt man die Queuemanager im Netz, so entspricht dies einer verteilten Datenhaltung. Die geforderte Betriebssicherheit bei den dezentralen Systemen wird nur mit entsprechendem Aufwand erreicht.

Message Queueing sinnvoll angewendet

So kann man aus heutiger Sicht sagen, dass MQSeries den eingangs genannten Anforderungen nur zu einem Teil genügt und somit kaum als alleinige Grundlage für eine serviceorientierte Architektur dienen kann. Richtig eingesetzt, d.h. für *echt asynchrone Kommunikation* in einem statischen Netz mit wenigen Knoten für Applikationen, bei denen *hoher Durchsatz wichtiger ist als kurze Latenzen*, kann es aber sehr gute Dienste leisten. Für diese Fälle kann MQSeries durchaus eine wichtige Rolle innerhalb einer Servicearchitektur spielen. Typische Einsatzgebiete sind beispielsweise:

- *Ankoppelung von Eingabesystemen*, welche asynchron Aufträge für das System produzieren, von diesem aber entkoppelt sein sollten. In der Bank kommt dafür z.B. das Scanningsystem für Zahlungsaufträge in Frage.

- Symmetrisch dazu gibt es auch die *asynchrone Ankoppelung von Ausgabesystemen*. Bankbeispiele dazu sind die Druckfabrik oder das elektronische Archiv.

6

DCE: Skalierbare Basissoftware für ein heterogenes, verteiltes System

Aus den Erfahrungen mit den ersten weitverbreiteten, verteilten Applikationen auf der Basis von MQSeries ergab sich ein weiteres Infrastrukturprojekt mit erweiterten Zielen:

Die *wichtigsten Probleme* mit der MQSeries-Lösung sollten gelöst werden (skalierbarer verteilter Namensdienst, Sicherheit im verteilten System).

Es soll eine *solide Grundlage* für weitere verteilte Dienste aufgebaut werden.

Distributed Computing Environment

Die einzige heute verfügbare Technologie, welche diese Ziele für die wichtigsten Plattformen in der SKA (MVS, UNIX, OS/2) erfüllen kann, ist das *Distributed Computing Environment (DCE)* [Rosenberry et al. 1992].

Zellen

Die Verwaltungseinheiten von DCE werden „*Zellen*" genannt. Eine DCE-Zelle umfasst Benutzer, Maschinen und Applikationen in beliebiger Anzahl. DCE-Zellen können hierarchisch oder auf gleicher Ebene miteinander verbunden werden, zum Beispiel über das Internetprotokoll Domain Name System (DNS) [Coulouris et al. 1994].

Eine DCE-Zelle stellt folgende Dienste zur Verfügung:

Abb. 6/1:
DCE-Architektur

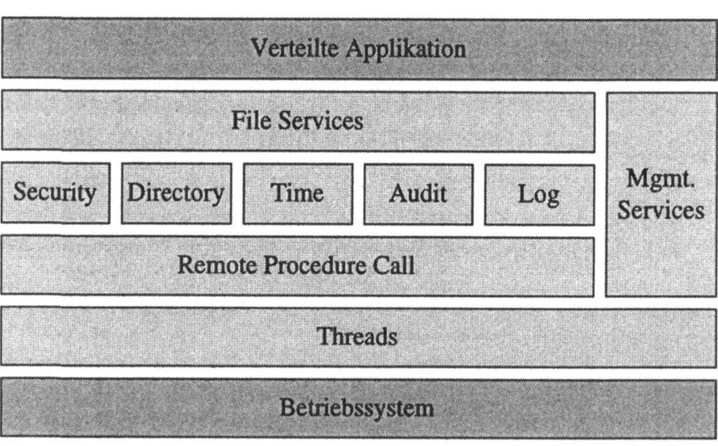

Security Service

Der DCE *Distributed Security Service* (DSS) ist ein auf dem Konzept der "trusted third party" beruhendes Sicherheitssystem

(Kerberos [Coulouris et al. 1994]). Im Zentrum steht dabei ein *Ticket Granting Server* (TGS), der einem identifizierten und authentizierten Benutzer fälschungssichere *Tickets* für die Benutzung eines bestimmten Services ausstellt. Der Benutzer stellt seine Serviceanforderung mit dem entsprechenden Ticket. Ist das Ticket korrekt, so weiss der Service mit Sicherheit, wer die Anforderung gestellt hat. Dann überprüft der Service in seiner *Access Control List* (ACL), ob der Benutzer die Berechtigung für die gewünschte Operation hat und führt diese bei positiver Antwort aus. Der im Ticket enthaltene kryptographische Schlüssel (Session Key) kann überdies dazu verwendet werden, die Daten auf dem Übertragungsweg vor unberechtigter Manipulation und Einsicht zu schützen. Über das *Generic Security Services API* (GSS-API) steht der DSS auch Anwendungen zur Verfügung, welche nicht den DCE RPC verwenden. Die SKA wird mit dieser Technologie einen Sicherheitsdienst für die bestehende MQSeries-Lösung implementieren. Zudem ist der DSS eine potentielle Lösung für das Problem, dass sich heute der Benutzer auf jeder Plattform getrennt anmelden muss (Single Sign On). Neben der Authentizierung von Benutzern und der Verwaltung von ACLs ermöglicht der DSS auch ein Auditing aller sicherheitsrelevanten Aktivitäten und erfüllt somit eine weitere Anforderung für eine Servicearchitektur.

Directory Service

Der *Cell Directory Service* (CDS) ist ein vielseitig verwendbarer Namensdienst mit hierarchischem Namensraum. Im CDS werden Ressourcen unter symbolischen Namen registriert. Die verwalteten Ressourcen sind Services mit Ihren Schnittstellen, Benutzer, Maschinen sowie Files (vgl. DFS unten). Um die Zuverlässigkeit und Leistungsfähigkeit zu erhöhen, kann der CDS auch auf mehreren Servern repliziert laufen. Zudem können gewisse Server nur einzelne Äste des Namensbaums verwalten. Teil des CDS ist der *Global Directory Agent* (GDA), über den mehrere DCE-Zellen miteinander verbunden werden können. Durch Eintrag des Zellnamens im DNS wird eine DCE-Zelle sehr einfach Bestandteil des weltweiten DCE-Namensraums. Kurzfristig soll mit Hilfe des CDS in der bestehenden MQ-Lösung der noch wenig befriedigende Namensdienst verbessert werden. Zu diesem Zweck werden auch Queues als Ressourcen in den CDS aufgenommen.

File Service

Mit dem *Distributed File Service* (DFS) bietet DCE ein plattform- und standorttransparentes Dateisystem an. Es besteht aus zwei Teilen: Dem lokalen Filesystem, welches auf einer Partition der Festplatte ein hierarchisches Filesystem anlegt, und dem verteilten Filesystem, das für den Benutzer die lokale Verfügbarkeit nichtlokaler Files simuliert. Das lokale Filesystem untersteht im Gegensatz zum normalen Filesystem auf der Maschine dem DSS für Zugriffsrechte. Wie alle DCE Services ist auch der DFS skalierbar über Tausende von Knoten im Netz. Diese Skalierbarkeit wird dadurch erreicht, dass, im Gegensatz zu anderen Netzwerkfilesystemen (z.B. NFS), nicht nur einzelne Diskblöcke, sondern ganze Files in Caches aufbewahrt werden. Zudem können ganze Gruppen von Files auch auf mehreren Servern repliziert angelegt werden. Der DFS eignet sich gut zur Verwaltung von Dateien, welche entweder nur selten geändert oder nur von wenigen Benutzern gebraucht werden. Erfahrungsgemäss fallen mit Ausnahme von eigentlichen Datenbanken fast alle Dateien in diese Kategorie. Zur Verteilung von Datenbanken sollten andere Mechanismen verwendet werden. Im Moment gibt es noch keine konkreten Pläne, bei der SKA den DFS einzusetzen. Im Prinzip besteht aber die Möglichkeit, über die ganze Bank ein gemeinsames Filesystem zu legen und somit alle Files allen Benutzern auf allen Plattformen im Rahmen Ihrer Berechtigungen zur Verfügung zu stellen.

Time Service

Der *Distributed Time Service* (DTS) synchronisiert die Uhren aller Knoten in einer DCE-Zelle. Eine synchronisierte Zeit innerhalb der Zelle ist eine wichtige Voraussetzung für die anderen Services. So ist beispielsweise der DSS auf eine gemeinsame Zeit angewiesen, um die Gültigkeitsdauer der Tickets zu überprüfen.

Remote Procedure Call

Als Kommunikationsmittel stellt DCE den *Remote Procedure Call* (RPC) zur Verfügung, welcher Prozeduraufrufe zwischen Clients und Servern auf unterschiedlichen Plattformen erlaubt. Die Serverschnittstelle wird dabei mittels der Interface Definition Language (DCE-IDL, nicht zu verwechseln mit der CORBA-IDL) spezifiziert. Aus der IDL-Beschreibung werden automatisch ein Codegerüst für den Server und die entsprechenden Aufrufsequenzen für den Client generiert. Für den Applikationsprogrammierer erscheint der RPC wie ein normaler Prozeduraufruf in seiner Programmiersprache. Der RPC kann so parametrisiert werden, dass sich Client- und Serverprogramm gegenseitig authentisieren und die Daten kryptographisch geschützt werden. DCE-RPC ist auch die Grundlage für die Implementation aller oben beschriebenen, verteilten Dienste. Alle Dienste sind über eine IDL-Schnittstelle beschrieben und über RPC aufrufbar.

DCE ist nicht nur ein Satz von Spezifikationen. Es ist auch eine Referenzinfrastruktur, welche von der Open Software Foundation (OSF) weiterentwickelt wird. Verschiedene Hersteller (IBM, DEC, HP und andere) übernehmen diese Referenzimplementation und verkaufen ein entsprechendes Produkt auf ihren Betriebssystemen.

Misst man DCE an den eingangs aufgestellten Anforderungen an die Systemsoftware für eine Servicearchitektur, so ist ein grosser Teil der Forderungen erfüllt. Noch offen sind folgende Punkte:

- DCE bietet kein eigenes Modell für Transaktionen. Es gibt aber Transaktionsmonitore (Transarc Encina, IBM CICS/6000, aber nicht andere CICS-Versionen), welche auf der Basis von DCE implementiert sind und somit verteilte Transaktionen über DCE anbieten.

- DCE ist heute auf die Programmiersprache C (C++) ausgerichtet. Für IDL-Abbildungen auf andere Programmiersprachen existieren zwar Zusatzprodukte, standardisiert sind die Abbildungen aber nicht.

- DCE kennt keine Hierarchie von Schnittstellenerweiterungen im Sinne der Objektorientierung. Ein Server kann aber mehrere Schnittstellen unterstützen. Zudem gibt es ein Versionenkonzept, welches die Weiterentwicklung des Servers unabhängig von seinen Clients erlaubt, solange die Schnittstelle unverändert bleibt.

- So wie es heute aussieht, wird sich DCE kaum als Grundlage für einen Industriestandard für Softwarekomponenten durchsetzen.

Zusammenfassend kann man sagen, dass zum heutigen Zeitpunkt DCE die *einzige mögliche Grundlage für eine serviceorientierte Applikationsarchitektur* auf einem verteilten, heterogenen System ist, welche die Sicherheits- und Skalierbarkeitsanforderungen einer Grossbank erfüllen kann. Noch ist die einzige *Alternative zu DCE ein weitgehender Eigenbau*. Diese Aussage mag überraschen, hört man doch wenig von DCE, obwohl es schon seit einiger Zeit existiert. Ein Grund dafür ist sicher, dass DCE ein sehr komplexes System ist. Deshalb lohnt sich sein Einsatz nur für Grossinstallationen mit entsprechend komplexen Problemen und den notwendigen Ressourcen. Von diesen Grossinstallationen gibt es jedoch weltweit nicht so viele, dass es sich lohnen würde, mit grossem Aufwand Werbung für DCE zu betreiben. Für jene Installationen, welche wirklich die Funktionalität von DCE benötigen, führt heute kein Weg daran vorbei. Es kann gut sein, dass man auch in Zukunft nicht viel von DCE direkt hören wird, sondern dass die DCE-Funktionalität in Object Request Brokern aufgenommen wird. In diesem Fall, wenn auch nicht für den Applikationsprogrammierer sichtbar, wird DCE als Basistechnologie verwendet werden.

DCE bei der SKA

Zu diesen Grossinstallationen gehört auch die SKA, weshalb Anfang 1996 ein Projekt zum Aufbau und zur Verbreitung einer DCE-Infrastruktur gestartet wurde. Über praktische Erfahrungen bei der SKA kann man nach dieser kurzen Zeit noch kaum berichten. Die Ausbildungsphase hat aber gezeigt, dass DCE zwar ein sehr vielseitiges, aber auch sehr anspruchsvolles Produkt mit hohen Anforderungen an die entsprechenden Verantwortlichen ist. Zudem ist DCE ein Matrixprojekt, bei dem Spezialisten aller betroffenen Plattformen beteiligt sind. Die Koordination dieser Spezialisten erweist sich als schwierig, da einerseits die organisatorischen Rahmenbedingungen nicht gegeben sind und andererseits bei Mentalität und Know-how beträchtliche Unterschiede bestehen. Dieses Problem zeigt sich auch bei anderen plattformübergreifenden Projekten, da es sehr wenige Personen gibt, die sich auf mehr als einer Informatikplattform zu Hause fühlen.

7   Zukunft CORBA: Vielversprechend, aber neu

CORBA

Am Horizont zeichnet sich mit der Common Object Request Broker Architecture (CORBA) [OMG 1995a] eine neue Technologie ab, welche eine Servicearchitektur noch konsequenter unterstützen sollte. Auf eine Einführung in CORBA wird an dieser Stelle verzichtet. In [OMG 1995a], [OMG 1995b] sowie [OMG 1995c] finden sich die entsprechenden Informationen. Die offenen Punkte in DCE werden in CORBA folgendermassen addressiert:

CORBA vs. DCE

- Mit dem Object Transaction Service bietet CORBA - zumindest auf dem Papier - eine Lösung für transaktionelle Serviceanforderungen.

- Schon heute sind die Abbildungen von CORBA-IDL auf die wichtigsten objektorientierten Programmiersprachen definiert und implementiert.

- CORBA beruht im Gegensatz zu DCE auf einem echten Objektmodell mit Vererbung. Da heute, jedenfalls bei der SKA, vermehrt objektorientierte Entwurfsmethoden zum Einsatz kommen, sollte sich die Abbildung des Entwurfs auf die Implementation vereinfachen.

- CORBA hat heute noch das Potential, zu einem Standard für Softwarekomponenten zu werden. Wird dieses Potential nicht realisiert, so gibt es zumindest gute Schnittstellen zu Microsofts OLE. Aus heutiger Sicht erscheint es wahrscheinlich, dass OLE den Standard für Desktopobjekte setzen wird. Im Bereich der verteilten Objekte in heterogenen Systemen gibt es aber keine Alternative zu CORBA, so dass mit einer Koexistenz dieser beiden Modelle zu rechnen ist.

Ein weiterer Vorteil von CORBA gegenüber DCE ist, dass die Spezifikation viel weiter gefasst und modular ist, was zur Folge hat, dass auf dem Markt Object Request Brokers (ORB) mit ganz unterschiedlichem Funktionsumfang angeboten werden. Auf den ersten Blick mag dies wie ein Nachteil anmuten. Es ist aber keiner! Mit DCE kauft sich jeder Anwender die volle, schwergewichtige Funktionalität, was den möglichen Kundenkreis auf Grossanwender einschränkt, da die Komplexität für eine kleine Installation zu hoch ist. Mit CORBA können die Hersteller für die verschiedenen Anforderungen unterschiedliche Produkte auf den Markt bringen, wobei nur die minimalen Interoperabilitätsanforderungen erfüllt sein müssen. So besteht, im Gegensatz zu DCE, eine reelle Chance, dass CORBA-Produkte einen signifikanten Marktanteil im Systemsoftwarebereich einnehmen werden.

CORBA heute noch unreif für Grossanwendungen

Der entscheidende Nachteil von CORBA ist, dass zwar die Architektur vielversprechend ist, aber bei den heute *erhältlichen Implementationen noch erhebliche Lücken* gefüllt werden müssen. Namentlich im Bereich Sicherheit und Transaktionen gibt es noch kaum brauchbare Implementationen. Ausserdem sind die meisten verfügbaren ORBs nicht skalierbar. So setzen sie beispielsweise häufig den Zugriff auf gemeinsame Ressourcen (z.B. Files für das Implementation -Repository) von allen Clients aus voraus. Der Fokus vieler Hersteller scheint bis heute im Bereich von ORBs für die LAN-Umgebung zu liegen. Ein wichtiges Problem in kommerziellen Anwendungen ist, dass Implementationen für die Hostumgebung (MVS, IMS/ESA, CICS/ESA) fehlen. An entsprechenden Lösungen wird gearbeitet, und es sind auch schon vereinzelt erste Versionen von ORBs für MVS erhältlich. Bis zur weiten Verbreitung brauchbarer ORBs auf Hostsystemen wird jedoch noch einige Zeit vergehen. Trotzdem ist die Technologie interessant genug und genügend weit fortgeschritten, dass damit Erfahrungen in Pilotprojekten gesammelt werden können. Für *strategische Entscheide ist es aber eindeutig zu früh.*

CORBA bei der SKA

Innerhalb der SKA ist im Moment ein Pilotprojekt für eine Pflegeapplikation für Wertschriftendaten auf der Basis von IONA/Orbix im Gange. In dieser Applikation soll der Einsatz von CORBA als Grundlage für die serviceorientierte Applikationsarchitektur erprobt werden. In einem weiteren Projekt wird Orbix als interne Kommunikationsinfrastruktur innerhalb eines Services eingesetzt.

8 Gibt es Alternativen zu DCE/CORBA?

Wir haben oben eine Möglichkeit aufgezeigt, wie sich eine Servicearchitektur realisieren lässt. Das Hauptrisiko dabei ist, dass man nicht weiss, ob CORBA den notwendigen Erfolg im Markt haben wird. Wir müssen uns deshalb auch mit alternativen Szenarien befassen:

Transaktionsmonitore

Bleibt man bei der Servicearchitektur, so wäre der Einsatz eines verteilten *Transaktionsmonitors* (CICS, Tuxedo, ENCINA) wohl die interessanteste Alternative. Die Transaktionsmonitore bieten einen grossen Teil der benötigten Funktionalität in robuster Qualität an. Der entscheidende Nachteil einer derartigen Lösung liegt darin, dass sich die Serviceschnittstellen nicht direkt abbilden lassen. Zudem muss man sich bei den Transaktionsmonitoren auf eine Produktlinie festlegen.

Direkte Verwendung der Netzwerkprotokolle

Eine andere Möglichkeit ist die direkte Verwendung von *tieferen Kommunikationsschichten* (z.B. TCP oder APPC). Ähnlich wie bei MQ muss dort ein grosser Teil des Gesamtproblems (Naming, Presentation, Sicherheit etc.) durch eigene Mittel gelöst werden. Für diese Lösung spricht die Effizienz und breite Verfügbarkeit der entsprechenden Systemvoraussetzungen, dagegen der hohe Programmieraufwand.

Microsoft

Im Bereich Systemsoftware kommt man heute am Namen *Microsoft* nicht vorbei. Im Bereich Infrastruktur für eine Servicearchitektur, welche auch Nicht-Microsoft-Plattformen miteinbezieht, gibt es aber von dieser Seite keine überzeugende Antwort. An einem eigenen verteilten Objektstandard wird zwar gebaut (OLE/COM). Inzwischen liegt Microsoft aber, was unterstützte Plattformen und Funktionalität angeht, weit hinter CORBA zurück. Ausserdem gibt es für alle in diesem Artikel erwähnten Technologien auch Implementationen für Windows/NT. Für gewisse ORBs gibt es sogar sehr gute OLE-Anbindungen.

<table>
<tr><td>Remote SQL, Internet</td><td>

Gibt man das *Konzept der Servicearchitektur* preis, so eröffnen sich andere Möglichkeiten. Man kann einerseits Applikationen mit sehr fetten Clients und *SQL-Zugriff auf den Server* bauen (DRDA, Remote SQL etc.). Diese Technologie lässt sich jedoch nicht bis zu Tausenden von Clients an einem Server skalieren. Eine weitere Alternative sind dann die Internet- (bzw. Intranet-) Werkzeuge mit sehr simplen Clients und komplexen Servern (z.B. WWW). Das *World Wide Web* ist in diesem Sinne eine moderne Form der alten Terminalarchitektur, welche, was die Betriebskosten angeht, noch immer unbestritten billiger ist als „modernere" Lösungen. Gelingt es mit modernen Browsern, dem Benutzer eine akzeptable Schnittstelle anzubieten, so ist das Internet sicher auch für Produktionsapplikationen eine äusserst interessante Technologie. Das Konzept der Servicearchitektur würde man damit allerdings aufgeben bzw. nur für die Kommunikation zwischen den Servern, aber nicht vom Server zum Client anwenden, was eine Reihe von Verteilungsproblemen entschärfen würde.

</td></tr>
</table>

9 Schlussfolgerungen

<table>
<tr><td>Bau verteilter Applikationen anspruchsvoll</td><td>

Der Bau verteilter Applikationen ist eine grosse Herausforderung und setzt exzellente Fachleute mit einem breiten Wissen voraus. Häufig ist heute das grösste Problem, dass sich die Spezialisten der verschiedenen Plattformen, ähnlich wie die von ihnen betreuten Maschinen, gegenseitig nicht verstehen. Meines Erachtens ist dieses Problem viel gravierender als die zwar harten, aber lösbaren technischen Probleme. Nicht zuletzt wegen dieser Kommunikationsprobleme kommt einer mächtigen, von allen Beteiligten verstandenen Schnittstellenbeschreibungssprache als Basis für die Kommunikation zwischen Menschen und zwischen Maschinen eine zentrale Rolle zu.

</td></tr>
<tr><td>Technologieprognosen schwierig</td><td>

Es ist sehr schwierig, im Rennen der verschiedenen Technologien auf das richtige Pferd zu setzen. Funktionalität und technische Qualität einer Lösung sind nur teilweise entscheidend für die Marktakzeptanz einer Technologie. Mutig wagen wir trotzdem eine Prognose: Als Grundlage für eine Servicearchitektur ist vermutlich CORBA (oder eine gleichwertige Technologie) die richtige Wahl.

</td></tr>
<tr><td>Servicearchitektur richtig?</td><td>

Es bleibt natürlich die Frage, ob die Servicearchitektur tatsächlich die vernünftigste Art ist, zukünftige Applikationen zu bauen. Die

</td></tr>
</table>

Diskussion darüber wäre sicher interessant und notwendig, liegt aber ausserhalb des Themas für diesen Artikel. Die Betriebskosten für verteilte Systeme mit nicht trivialen Arbeitsplatzsystemen sind sehr hoch. Es stellt sich deshalb schon die Frage, ob mit einer modernen Version der Terminalarchitektur (Internet, X-Terminals) nicht mit weniger Aufwand mehr erreicht würde. Die im Einzelplatzeinsatz bewährteste Technologie (starke PCs) muss nicht zwingend auch die beste Grundlage für erfolgreiche, vernetzte Applikationen sein. Würde die Servicearchitektur nur innerhalb der zentralen Serverplattform eingesetzt und nicht bis zu jedem Client durchgezogen, so würde sich das Problem, insbesondere was die Verteilung und das Systemmanagement betrifft, deutlich entschärfen.

Dank

Die in diesem Bericht zusammengefassten Erfahrungen und Einsichten sind das Resultat unzähliger Diskussionen mit verschiedensten Leuten innerhalb der Schweizerischen Kreditanstalt. Ich möchte nur die wichtigsten und ihre Beiträge erwähnen: Ernst Siegrist, Fritz Neresheimer (Architektur allgemein), Hans-Jörg Schlachter, Juan Camenzind, Kresimir Hohnjec (MQSeries), Renato Steiner, Andi Maier (heutige Middleware), Michel Eyholzer, Thomas Kessler (DCE), Beat Perjes (CORBA).

Literatur

[Coulouris et al. 1994]
Coulouris, G. et al., Distributed systems, concepts and design, Addison-Wesley, 1994

[Gray/Reuter 1993]
Gray, J., Reuter A., Transaction Processing Concepts and Techniques, Morgan Kaufmann, 1993

[IBM Corporation]
IBM Corporation, MQSeries Planning Guide, IBM Corporation, Document Number GC33-1349-XX

[OMG 1995a]
Object Management Group, CORBA: Architecture and Specification, OMG/Wiley, 1995

[OMG 1995b]
Object Management Group, CORBAservices, OMG/Wiley, 1995

[OMG 1995c]
Object Management Group, CORBAfacilities, OMG/Wiley, 1995

[Orfali et al. 1996]
Orfali, R. et al., The essential distributed objects survival guide, Wiley, 1996

[Rosenberry et al. 1992]
Rosenberry, W. et al., Understanding DCE, O'Reilly & Associates, Inc., 1992

[Steiner et al. 1988]
Steiner, J. et al., Kerberos: An authentication service for open network systems, Proceedings of Usenix Winter Conference, Berkeley, 1988

Evaluation von Middleware

Autoren

Rainer Riehm
Wissenschaftlicher Mitarbeiter am Institut für Wirtschaftsinformatik der Universität St. Gallen.

Petra Vogler
Leiterin des Kompetenzzentrums "Prozeß- und Systemintegration" (CC PSI) an der Universität St. Gallen.

Gliederung

1 Einleitung

Die Verwendung von Middleware bestimmt entscheidend die Integrationsfähigkeit des Informationssystems. Die Breite der verschiedenen Middlewaredienste, eine Vielzahl von Produkten und Standards und die relative Komplexität der Middlewaresoftware machen den Einsatz von Middleware zu einem nicht einfachen Unterfangen. Letztlich sollen die eingesetzten Middlewareprodukte eine Menge kompatibler Dienste anbieten und so eine geeignete Infrastruktur für die Integration des Informationssystems bilden. Kompatibilität bezieht sich nicht nur auf das Zusammenspiel verschiedener Middlewaredienste, sondern bedeutet auch die Eignung für die gegebene und zukünftige Applikations- und Systemlandschaft.

Die Einführung von Middleware bedarf daher einer sorgfältigen Analyse. Ziel dieses Artikels ist es, Hilfestellung bei der Einführung von Middleware im Unternehmen zu leisten. Dazu liefert er in Kapitel 2 ein Raster für die Evaluation von Produkten zu den verschiedenen Middlewarekategorien. Kapitel 3 aggregiert Fragestellungen aus Kapitel 2 zu acht übergeordneten Schlüsselkriterien bei der Beurteilung von Produkten aus dem Bereich offener Systeme.

Zur Bezeichnung der Middleware verwendet dieser Artikel vielfach den Begriff Middlewareprodukt. Dabei wird jedoch nicht davon ausgegangen, daß Middleware ein eigenständiges Produkt sein muß, vielmehr können die Dienste als Komponente eines anderen Produkts, insbesondere auch einer verteilten Umgebung oder eines Betriebssystems, realisiert sein.

2 Kriterienkatalog Middleware

Die folgenden Abschnitte werfen zu den verschiedenen Aspekten, die bei der Evaluation von Middlewareprodukten einbezogen werden können, Fragestellungen auf. Die Ausführungen sind eine gekürzte Fassung des ausführlichen Kriterienkatalogs [Riehm/Vogler 1995], in welchem die Fragen ausformuliert sind.

Entsprechend der Herkunft von Middleware aus dem Bereich verteilter und offener Systeme und der "Nähe" von Middleware zu Rechnernetzwerken überwiegen der Anzahl nach eher technische Kriterien. Ein wesentlicher Bestandteil des Kriterienkatalogs sind Aspekte zur Beurteilung einer Middlewarelösung hinsichtlich ihres

Beitrags zur Integration des Informationssystems, insbesondere ausgehend von der gegebenen Applikationslandschaft.

Die Kriterien sind nach dem Prinzip "vom allgemeinen zum speziellen" und entsprechend der dargestellten Kategorisierung von Middleware aus dem Artikel II dieses Buches gegliedert (s. Abb. 2/1). Verschiedentlich kommen Kriterien mehrfach vor. Dies ist notwendig, wenn ein Kriterium in einem weiteren Punkt vertieft betrachtet wird oder Kriterien aus einer anderen Sicht nochmals neu zusammengestellt werden.

Abb. 2/1:
Gliederung des Kriterienkatalogs

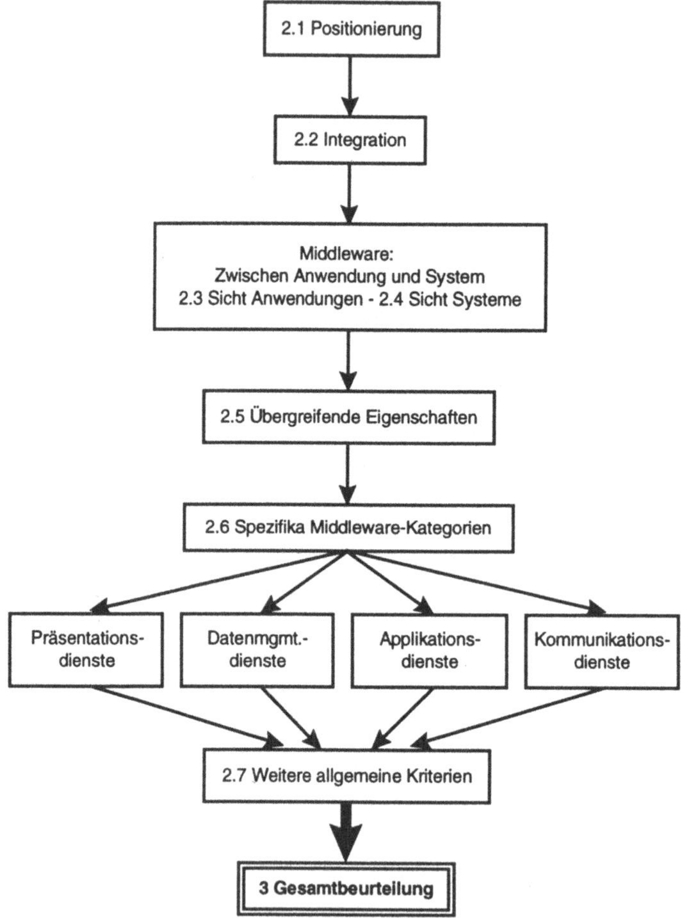

Zunächst stellt Abschnitt 2.1 allgemein Kriterien zur ersten Einordnung und Grobbeurteilung der Eignung der Middleware für den Einsatzbereich auf.

Abschnitt 2.2 hat zum Ziel, einen Überblick über die Integrationseigenschaften der Middleware zu erhalten. Integration bezieht sich dabei auf die Möglichkeit, Integrationsbeziehungen zwischen unterschiedlichen Anwendungen mit Hilfe der Middlewarelösung zu realisieren. Weiter steht die Einbindung der Middleware in eine verteilte Umgebung sowie deren Beziehung zu anderen Middlewaretypen bzw. -produkten im Vordergrund.

Abschnitte 2.3 und 2.4 sind jeweils an der Stellung der Middleware als Softwareschicht zwischen Applikationen und Systemsoftware orientiert (vgl. Abb. 1/1 aus dem Artikel II dieses Buches). Abschnitt 2.3 betrachtet Middleware aus Sicht der betrieblichen Applikationen, Abschnitt 2.4 gibt dagegen Kriterien aus Sicht der Systemanforderungen. Ziel ist eine Beurteilung der Eignung für die heutige und zukünftige Applikations- und Systemlandschaft.

Schließlich geht Abschnitt 2.5 auf Eigenschaften von Middleware ein, welche unabhängig von ihrer Zuordnung zu einer bestimmten Kategorie sind. Aspekte sind dabei die Schnittstellen der Middleware (APIs), die Eigenschaften der durch die Middleware realisierten Kommunikation zwischen den Anwendungen sowie die Einbeziehung von Verteilungsdiensten.

Die Abschnitte 2.1 bis 2.5 führen Kriterien auf, die weitgehend auf alle Middlewaredienste aus Abb. 1/4 des Artikels II dieses Buches angewandt werden können. In Abschnitt 2.6 werden zu den einzelnen Middlewaretypen jeweils einige Kriterien vertieft sowie weitere spezielle, typabhängige Kriterien gegeben. Der Schwerpunkt liegt dabei im Bereich der Datenmanagementdienste sowie Applikations- und Koordinationsdienste. Im Rahmen der Kommunikationsdienste werden exemplarisch Object Request Broker vertieft.

Die Kriterien in 2.7 ergänzen den Kriterienkatalog mit eher allgemein gehaltenen Kriterien und betreffen spezifische Teilaspekte, die bei jeder Softwareevaluation wesentlich sind.

2.1   Positionierung

Die Kriterien in diesem Abschnitt dienen einer ersten Einordnung des Produkts. Das Produkt soll in dem breiten Feld von Middlewaresoftware abgegrenzt und seine Einsatzpotentiale erkennbar werden (Übersicht in Tabelle 2/1).

Abschnitt	Fragestellung
2.1.1 Produktangaben	--
2.1.2 Einordnung	Welche Ausprägung von Middleware repräsentiert das Produkt?
2.1.3 Einsatzmöglichkeiten	Beispiele, Szenarien, Applikationstyp, Aufwand

2.1.1   Produktangaben

Als erstes sind Hersteller, Produktbezeichnung und die Version zu dokumentieren.

2.1.2   Einordnung

Entsprechend den Ausführungen in Abschnitt 1.2 des Artikels II dieses Buches zu den Erscheinungsformen von Middleware ist festzuhalten, ob das Produkt eine eigenständige Middleware oder eine Komponente einer anderen Software bzw. eines Frameworks (z.B. Betriebssystem, DBMS, Entwicklungsumgebung, TP-Monitor, Groupware) darstellt. Weiterhin ist abzugrenzen, ob es sich bei dem Produkt um eine spezialisierte Middleware handelt oder ob es verschiedene Middlewaredienste im Sinne einer integrierten Menge vereint.

2.1.3   Einsatzmöglichkeiten

Um das Einsatz- und Nutzenpotential aufzuzeigen, soll der Hersteller ein konkretes Beispiel, am besten ausgehend von einem Business Case, diskutieren. Das Beispiel sollte die Architektur der betroffen Applikationen, Middleware und Systeme darstellen und dabei auch die eingesetzten Produkte nennen. Zu möglichen Aspekten gehören dabei z.B. der Zusammenhang zur konkreten Realisierung eines Geschäftsprozesses, die Integration von Altsystemen und neuen Anwendungen und die Ausrichtung auf Standardsoftware.

Dabei soll auch deutlich werden, für welchen Applikationstyp die Middleware gemäß Hersteller geeignet ist und welcher Aufwand - in einer groben Schätzung - für einen Einsatz der Middleware zu leisten ist. Bei der Aufwandsbetrachtung sind insbesondere die Auswirkungen auf die Systeme (z.B. Investitionen im Netzwerk) wie auch auf Ebene Anwendung (z.B. Einfluß auf zukünftige Entwicklungsumgebung, Anpassungsaufwand für Altapplikationen) einzubeziehen.

2.2 Integration

Middleware ist ein Enabler für die Integration von unterschiedlichen Anwendungen in einem Umfeld unkoordiniert verteilter Daten und heterogener Systeme. Die Position dieser Fragestellung am Anfang des Kriterienkatalogs unterstreicht die zentrale Rolle von Middleware bei der Integration.

Die Fragestellungen in diesem Abschnitt beziehen sich auf die Realisierung der Integrationsbeziehungen zwischen Applikationen mittels Middleware sowie der Rolle von Frameworks und Datei- bzw. Datenbankmanagementsystemen bei der Integration. Weiter wird die Kompatibilität verschiedener Middlewareprodukte untereinander und mit der Entwicklungsumgebung betrachtet (Übersicht in Tabelle 2/2).

Tabelle 2/2:
Übersicht Integration

Abschnitt	Fragestellung
2.2.1 Charakterisierung der Integration	Analyse realisierbarer Integrationsbeziehungen
2.2.2 Integration mit anderer Middleware	Interoperabilität mit anderer Middleware und Einbezug von Verteilungsdiensten?
2.2.3 Integration mit Entwicklungsumgebung	Kompatibilität mit Entwicklungsumgebung, Unterstützung der Entwickler, Werkzeuge
2.2.4 Realisierung der Integration	Grobe Architektur der Integrationslösung

2.2.1 Charakterisierung der Integration von Applikationen

Aus Abschnitt 2.1.3 geht die Art der Applikationen hervor, deren Integration mittels der Middleware unterstützt wird. Daran schließt sich die Frage an, wie eine Integrationsbeziehung mit Hilfe der Middleware charakterisiert ist. Allgemein gehört dazu die Zielsetzung in bezug auf die Koordination. Hier können wie in Abschnitt 3.4 des Artikels II dieses Buches die Zielsetzungen Kommunikation (s. Abschnitt 2.5.1 im Artikel II), Interoperabilität (Verstehen) und Kooperation (Steuerung) unterschieden werden. Daraus ergeben sich Kriterien wie die Eignung für verschiedene Arten von Abhängigkeiten (Produzenten - Konsumenten, Auftraggeber - Auftragnehmer, Redundanz), Synchronisation, Einzel- oder Gruppenkommunikation, syntaktische und semantische Konversionen, Regeln und Auslöser (Ereignisse, Zeitpunkte), Ausführungsart (sofort online oder später, z.B. im Batch), Verantwortung für den Austausch (Hol-, Bringprinzip, Publish and Subscribe) sowie ausgewählte Anforderungen wie Transaktionseigenschaft (auch Rücksetzbarkeit), Datenmengen oder Sicherheit. Zur weiteren allgemeinen Beurteilung gehört die Eignung für die Integration heutiger und zukünftiger heterogener Applikationen. Eine wichtige Frage ist hier, ob realisierte Integrationsbeziehungen zu einer weiteren Verflechtung durch Punkt-zu-Punkt-Verbindungen führen oder sich allgemein als Lösung für einen kontrollierten, koordinierten Datenaustausch eignen (vgl. Abschnitt 2.4.1 im Artikel II dieses Buches). Insgesamt wird an dieser Stelle erkennbar, ob die Zielsetzungen und Anforderungen an die Integration (z.B. Aktualitätsanforderungen für Redundanzabgleich) mit Hilfe der Middleware erreichbar sind.

2.2.2   Integration mit anderer Middleware

In diesem Abschnitt steht die Interoperabilität mit anderer Middleware und die Einbindung wichtiger Verteilungsdienste im Vordergrund. Verteilungsdienste können eine Komponente des Middlewareprodukts bilden oder durch Einbindung eines Drittprodukts realisiert sein. Gegebenenfalls sollte vor einer Beurteilung eine Aufstellung der vorhandenen Middleware im Unternehmen erarbeitet werden.

2.2.3   Integration mit Entwicklungsumgebung und Werkzeuge

Die Verwendung von Middleware hat Rückwirkungen auf die Entwicklung von Applikationen. Daher ist es wichtig, die Kompatibilität eines Middlewareprodukts mit der Entwicklungsumgebung zu betrachten. Weiter kann Middleware auch Bestandteil einer Entwicklungsumgebung bzw. eines Entwicklungswerkzeugs sein. In diesem Zusammenhang sind auch Entwicklungswerkzeuge im Rahmen eines Frameworks einzubeziehen. Neben der Unterstützung einer Middleware durch ein Werkzeug sind die Auswirkungen auf den Entwicklungsprozeß (vgl. Abschnitt 2.3.3) und die Einbindung bestehender Applikationen und Datensammlungen von Interesse. Ein weiterer Aspekt ist die Einbeziehung von Administrationswerkzeugen in die Middlewarelösung (vgl. Abb. 1/5 des Artikels II dieses Buches).

2.2.4 Realisierung der Integration

Ausgehend von der Einordnung der Middleware und der realisierbaren Integrationsbeziehung ist es Ziel der Fragestellung in diesem Abschnitt, grob die Architektur einer Realisierung der Integration näher zu untersuchen. Eine Realisierung ist allgemein durch eine direkte Verbindung mit dem anderen System oder mit Hilfe einer gemeinsamen Ressource (z.B. Datenbank, Windowssystem) möglich. Weiter unterscheidet Abschnitt 1.2 des Artikels II dieses Buches die Ebenen Präsentation, Applikationsfunktionalität und Daten. Dazu soll eine grobe Architektur der Komponenten, welche zur Realisierung einer Integrationsbeziehung zwischen Applikationen bei Verwendung der Middleware beteiligt sind, aufgezeigt werden. Zu den Komponenten gehören weitere Middleware, die Applikationen, Netzwerke, Datenbanken, Werkzeuge zur Entwicklung und Administration sowie Komponenten von verteilten Umgebungen (vgl. Abb. 1/5 des Artikels II).

Eine detaillierte Analyse der Architektur eines Middlewareprodukts folgt im Rahmen der speziellen Analyse einzelner Middlewaredienste in Abschnitt 2.6. Neben der im folgenden weiter untersuchten Eignung für die Applikations- und Systemlandschaft (Abschnitte 2.3.1 und 2.4) soll die Architektur sich durch Flexibilität und Erweiterbarkeit in bezug auf die Integration weiterer Applikationen und zukünftiger Entwicklungen auf Applikations- und Systemseite auszeichnen.

2.3 Sicht Anwendung

Tabelle 2/3: Übersicht Sicht Anwendung

Abschnitt	Fragestellung
2.3.1 Eignung für Applikationstyp	Vertiefung des Abschnitts 2.1.3 - Eignung für Applikationslandschaft
2.3.2 Transparenz	Welche Art von Abschirmung von Komplexität erreichbar?
2.3.3 Anpassungen, Voraussetzungen	Was bedeutet Einsatz konkret aus Sicht der Anwendung?

Nach dem mehr allgemein gehaltenen Überblick in den Punkten 2.1 und 2.2 analysieren die folgenden drei Abschnitte näher die Eigenschaften und Anwendbarkeit des Middlewareprodukts. Die Middleware in ihrer Position zwischen Anwendung und System wird zunächst aus Sicht der Anwendung betrachtet (Übersicht in Tabelle 2/3).

2.3.1 Eignung für Applikationstyp

Die Eignung für einen Applikationstyp wurde bereits in Abschnitt 2.1.3 behandelt. In diesem Abschnitt können eventuelle Einschränkungen oder interne, weitergehende Kategorisierungen der Applikationen verwendet werden.

Mögliche Fragestellungen beziehen sich z.B. auf die Eignung für Standardsoftware, Eigenentwicklungen, Entwicklungsparadigma (funktional, objektorientiert), Altapplikationen und Hostapplikationen. Eventuell ist die Eignung für weitere Verfeinerungen der Applikationstypen aus Abschnitt 2.1.3 bzw. gemäß einer anwenderspezifischen Aufteilung der Typen zu untersuchen. Ziel ist es, zu einer Einschätzung der Eignung der Middleware für die Applikationslandschaft und deren Weiterentwicklung zu gelangen.

2.3.2 Transparenz

Transparenz ist eine wesentliche Zielsetzung von Middleware (vgl. Abschnitt 1.1 des Artikels II dieses Buches). Die Möglichkeiten des betrachteten Middlewareprodukts sollen in diesem Abschnitt näher untersucht werden. Dazu sind - soweit im Einzelfall relevant - die Umsetzbarkeit der verschiedenen, in Tabelle 2/4 aufgeführten, Transparenzarten zu überprüfen sowie die jeweiligen Einschränkungen abzuklären. Transparenz kann dabei sowohl aus Sichtweise des Applikationsentwicklers wie auch des Benutzers der Applikation betrachtet werden [Geihs 1995, Kap. 4.1.5, Tanenbaum 1995, Kap. 1.5.1, Ganti 1995, Kap. 6.4].

Tabelle 2/4:
Wichtige Arten von
Transparenz

Art	Kurzbeschreibung
Ortstransparenz	Die Anwender können nicht erkennen, wo sich die Ressourcen befinden
Migrationstransparenz	Ressourcen können verlagert werden, ohne daß sich ihr Name verändert
Replikationstransparenz	Anwender können nicht erkennen, wieviele Kopien es gibt

Zugriffstransparenz	Verbirgt den Unterschied eines Zugriffs auf lokale und entfernte Ressourcen
Transaktionstransparenz	Verbirgt Koordinationsmechanismen zur Sicherstellung von Transaktionseigenschaften (s. Abschnitt 2.5.6)
Ausfalltransparenz	Fehler werden verborgen, indem eine geeignete Ersatzkomponente den Dienst erbringt
Darstellungstransparenz	Verbirgt Unterschiede in der Sprachverwendung und Definition von Information
Skalierungstransparenz	Performanceunterschiede durch unterschiedliche Systemlast werden verborgen
Persistenztransparenz	Verbirgt die Deaktivierung und Reaktivierung von Kommunikationspartnern

Hinzu kommen für einzelne Middlewaredienste spezifische Transparenzarten. Diese werden in Abschnitt 2.6, insbesondere in bezug auf Datenmanagementdienste (Abschnitt 2.6.2), weiter vertieft.

2.3.3 Anpassungen und Voraussetzungen

Damit die Applikationen die Middleware zum Zugriff auf andere Ressourcen verwenden können, sind in der Regel Anpassungen notwendig, für die vielfach spezielle Voraussetzungen bestehen. Daraus ergibt sich eine Reihe von Fragestellungen wie zu Voraussetzungen bzgl. des Entwicklungswerkzeugs und der Programmiersprache, zur Verwendung der Middlewareschnittstelle, zu Möglichkeiten zur Einbindung von Altapplikationen, z.B. durch Einhüllen (engl.: wrapping) und zur Notwendigkeit, Retrieval bzw. Update Transaktionen neu zu schreiben sowie betroffene Applikationen neu zu kompilieren. Weiter können Aspekte der Internationalisierbarkeit wie die Unterstützung internationaler Datenformate sowie die Verfügbarkeit von Konfigurationshilfen, falls die Verteilung der Applikation und Daten sich durch einen Middlewareeinsatz ändert (vgl. Abschnitt 2.5.3), von Interesse sein.

2.4 Sicht Systemseite

Die Betrachtung der Systemseite erstreckt sich auf die Rechner, Betriebssysteme und Netzwerke (Übersicht in Tabelle 2/5). Die Analyse bezieht sich sowohl auf die Plattform der betroffenen, zu integrierenden Applikationen (Unterscheidung Client und Server) als auch auf die Plattform für den Betrieb der Middlewaresoftware (Middleware Server).

Tabelle 2/5:
Übersicht Sicht Systemseite

Abschnitt	Fragestellung
2.4.1 Rechner	Betriebssystem, Ressourcenbeanspruchung
2.2.2 Netzwerk	Protokolle, Kapazitätsanforderungen
2.4.3 Datenmanagementsysteme und weitere Infrastruktur	Fortsetzung zu 2.2.4 - Eignung für Systemlandschaft, erforderliche Investitionen erkennen
2.4.4 Installation	Installation der Middleware

2.4.1 Rechner

Jeweils für die Plattformen der Applikationen bzw. der Client und Server in der Integrationsbeziehung und gegebenenfalls für die Middleware-Server sind Fragen nach den unterstützten Betriebssystemen, dem Verbrauch von Ressourcen wie Speicher und Prozessorleistung zu stellen. Weiter sollte berücksichtigt werden, daß verschiedene Plattformen meist unterschiedlich gut vom Hersteller unterstützt werden, was sich vor allem in Performanceunterschieden zeigen kann.

2.4.2 Netzwerk

Analog zum vorhergehenden Abschnitt interessieren die unterstützten Netzwerkprotokolle und -betriebssysteme, Kapazitätsanforderungen an das Netzwerk und Unterschiede in bezug auf die Unterstützung und Performance.

2.4.3 Erforderliche Datenmanagementsysteme und weitere Infrastruktur

Abschnitt 2.2.4 betrachtet grob die Architektur der Realisierungsmöglichkeiten einer Integration von Applikationen mit Hilfe der

Middleware. Ziel dieses Abschnitts ist es, im Anschluß an die Betrachtung von Betriebssystemen und Netzwerken konkrete Integrationsszenarien unter Einbezug von Datenmanagementsystemen (Datenbanken, Dateisysteme), Werkzeugen (Entwicklung, Administration, auch z.B. GUI-Tool) und weiterer Infrastruktur (z.B. File Transfer Produkten, Windowssysteme) zu untersuchen. Dadurch soll einerseits die Eignung dieser Konfigurationen zur gegebenen Applikations- und Systemlandschaft und andererseits erforderliche Investitionen in die Infrastruktur für einen sinnvollen Einsatz des Middlewareprodukts erkennbar werden.

2.4.4 Installation der Middlewaresoftware

Ein weiterer Aspekt aus Sicht des Systems ist, wie konkret eine Installation der Middlewaresoftware aussieht. Dazu interessieren Beispielimplementierungen bzw. -konfigurationen, und die Notwendigkeit weiterer Software, z.B. eines bestimmten Datenbanksystems. Ein weiterer Punkt ist, ob die Middlewaresoftware selbst auch verteilt ist oder nur auf einer Servermaschine installiert wird. Daraus können Auswirkungen auf die Verläßlichkeit und Skalierbarkeit der Middleware gefolgert werden. Zur Beurteilung ist insbesondere auch die Art der Realisierung der Management- und Verzeichniskomponente (nähere Betrachtung in Abschnitt 2.5.3 und 2.5.4) zu betrachten.

2.5 Übergreifende Eigenschaften

Die Kriterien dieses Abschnitts bilden den Hauptteil des Katalogs. Die hier besprochenen Eigenschaften sind unabhängig von der Zuordnung zu einer Dienstkategorie. Neben Schnittstellen und den Kommunikationseigenschaften wird dazu die Einbeziehung der Verteilungsdienste näher analysiert. Daraus ergeben sich die in Tabelle 2/6 aufgestellten Bereiche für eine detailliertere Analyse.

2.5.1 Schnittstellen - Offenheit

Die Schnittstelle wirkt auf die Eignung für die vorhandenen Applikationen zurück. Neben einer allgemeinen Charakterisierung der Schnittstelle sind Anhaltspunkte zu betrachten, die eine Einschätzung der Offenheit und Langfristigkeit der Middleware erleichtern. Ein Merkmal einer Middlewareschnittstelle ist es, ob sie den quasi kleinsten gemeinsamen Nenner (d.h. die Schnittstelle ist die "Schnittmenge" aller Serverschnittstellen) darstellt oder ob sie serverabhängige Varianten von Schnittstellenaufrufen verwendet. Zur Beurteilung der Offenheit gehören z.B. Lizenzierungsregelungen, die Marktstellung der Hersteller, welche die Schnittstelle unterstützen und Regelungen zur Kontrolle und Zertifizierung der Einhaltung der

Schnittstellenspezifikation durch eine Implementierung [vgl. Hacka-thorn 1993, S. 162].

Abschnitt	**Fragestellung**
2.5.1 Schnittstelle	Charakterisierung der Schnittstelle
2.5.2 Kommunikation	Charakterisierung der Integrationsbeziehung
2.5.3 Management	Angebotene bzw. integrierbare Managementfunktionalität, Konfigurationshilfen
2.5.4 Verzeichnis	Integration, Verteilbarkeit
2.5.5 Sicherheit	Kompatibilität mit anderer Sicherheit, Funktionalität
2.5.6 Transaktionsmanagement	Charakterisierung der Transaktionseigenschaften: ACID, Synchronisation, Realisierung Funktionalität eines Transaktionsmanagers im Zusammenhang der Sicherstellung der Transaktionseigenschaft bei verteilten Transaktionen mit mehreren Ressourcen

2.5.2 Kommunikation

Aufgabe der Middleware ist es letztlich, eine Kommunikation zwischen Applikationen im Rahmen einer Integration bzw. aus Sicht der Client/Server-Entwicklung zwischen Client und Server herzustellen. Die Kommunikation soll hier grundsätzlich charakterisiert werden, eine weitere Vertiefung erfolgt in den speziellen Kriterien für Kommunikationsmiddleware (s. Abschnitt 2.6.6).

Dazu können die in Abschnitt 2.5.1 des Artikels II dieses Buches erläuterten Kommunikationskonzepte herangezogen werden. So ergeben sich Fragen nach der Synchronisation, zur Rollenverteilung der beteiligten Parteien (Client/Server versus Peer-to-Peer) und zur Realisierung von Konzepten der Gruppenkommunikation (Unicast, Multicast, Broadcast). Weiter sind Grenzen der Datenmengen und der Anzahl beteiligter Kommunikationspartner sowie verfügbare Kompressionsmechanismen mögliche Kriterien.

Aus Sicht der Applikationen können die erläuterten Kommunikationsmodelle nach der Anzahl beteiligter Nachrichten weiter verfeinert werden. Rymer unterscheidet dazu die Varianten 1:0 (Datagram), 1:1 (Oneshot), 1:n (Query), n:n mit Senden und Empfangen zeitlich getrennt (Asymmetric) und n:n mit Senden und Empfangen gleichzeitig möglich (Symmetric) [Rymer 1996]. Dabei bezeichnet z.B. 1:n eine (1) ausgehende Nachricht und mehrere (n) Nachrichten als Antwort. Ein weiteres Kriterium ist die Abhängigkeit von einer Netzwerkverbindung, d.h. sofortige Kommunikation Online oder erst zu einem späteren Zeitpunkt, z.B. in einem Batch-Lauf.

2.5.3	### Management - Konfiguration

Das System- und Netzwerkmanagement ist in einer verteilten Umgebung eine komplexe Aufgabe. Wichtige Aufgaben des Managements sind in Abschnitt 2.1.1 des Artikels II dieses Buches beschrieben. Da das Management von bisherigen Middlewareprodukten in der Regel nur schwach unterstützt wird, sind in die Betrachtung verstärkt die Möglichkeiten aus einer Verbindung mit Drittprodukten für das Management einzubeziehen (vgl. Abschnitte 2.2.3 und 2.4.3).

In engem Zusammenhang mit dem Management stehen die Hilfestellungen des Produkts für die Konfiguration der Middleware. Die Konfiguration hat zum Ziel, die Middleware mit ihren Komponenten sowie mit ihr verbundene Produkte in einen betriebsbereiten Zustand zusammenzustellen.

Management-
funktionalität

Einige allgemeine Kriterien zur Beurteilung der Managementfunktionalität sind das Monitoring, die Einhaltung von Standards (CMIT, CMOT, SNMP), Art und Größe eines verwalteten Objekts (engl.: managed object) sowie Art und Weiterleitungsmöglichkeiten von Ereignissen an Applikationen bzw. Werkzeuge. Zur Ausführung von Managementaufgaben interessieren die Unterstützung bei der Fehlersuche, Verbesserung der Verläßlichkeit und Suche nach Flaschenhälsen sowie Funktionalitäten für das Accountingmanagement und die Performanceoptimierung. Weiter sollte die Kompatibilität mit der Sicherheitsfunktionalität (z.B. Zugriffsrechtvergabe, s. Abschnitt 2.5.5) geprüft werden [vgl. Orfali et al. 1996, S. 254f].

Konfiguration und
Betrieb

Um die Unterstützung bei Konfiguration und Betrieb der Middleware zu beurteilen, ergeben sich als Fragestellungen die Verfügbarkeit graphischer Hilfsmittel und eines Hilfesystems wie auch die Möglichkeit zu Simulationen. Sowohl aus Sicht des Administrators der Middleware als auch des Anwendungsentwicklers können, soweit jeweils relevant, verfügbare Funktionalitäten geprüft werden. Dazu gehören die Definition von Server und Clients der Middleware, die Unterstützung der Installation sowie Verteilung der Software auf Server und Clients, die Erstellung eines Schedule für den Datenaustausch, die Benutzerverwaltung (Definition von Gruppen und Rollen), die Definition von Administrationsdomänen und die Unterstützung bei Änderungen der Konfiguration (Change Management).

2.5.4 Verzeichnis

Verzeichnisse sind ein wichtiges Instrument, um Transparenz zu erreichen (vgl. Abschnitt 2.3.2). Kriterien sind die Integration mit einem Drittprodukt (vgl. Abschnitt 2.2.2), die Kompatibilität zur Managementfunktionalität, insbesondere zu dort definierten Administrationsdomänen und zur Benutzerverwaltung, das zugrundeliegende Konzept zur Namensvergabe und Verwaltung der Einträge, die Verteilbarkeit des Verzeichnisses (z.B. auf verschiedene Server in verschiedenen Domänen) sowie die Unterstützung von Standards (X.500, DNS). Standards kommt auch durch die Notwendigkeit, Bezeichnungen in unterschiedlichen Sprachen und verschiedenen Datenformaten handhaben zu können, eine hohe Bedeutung zu.

2.5.5 Sicherheit

Kriterien zur Beurteilung der Sicherheitsfunktionalität sind wiederum die Integration mit Drittprodukten (vgl. Abschnitt 2.2.2), die Kompatibilität mit weiteren relevanten Sicherheitssystemen und mit dem Verzeichnis (z.B. für Definition von Berechtigungsklassen, Verwaltung privater Schlüssel). Punkte zur Analyse der Funktionalität sind Zugriffsschutzkonzepte (z.B. Abstufungen wie Leser, Autor etc.), die Granularität des Zugriffsschutz (z.B. Feld, Tabelle, Datei), die Vergabe von Zugriffsrechten auch an Gruppen und Rollen, das Authentifizierungsverfahren, verwendete Verschlüsselungsmechanismen (dabei auch Art der Verwaltung des öffentlichen Schlüssels), das Mismatch-Handling bei Einsatz verschiedener Sicherheitssysteme, die Unterstützung des EinmalLogin-Konzepts und von Standards (z.B. Verschlüsselungsstandards, DCE Security).

2.5.6   Transaktionsmanagement

Gegenstand der Betrachtung in diesem Punkt ist zunächst eine Charakterisierung der Transaktionseigenschaft bei Verwendung der Middleware. Ein zweiter Abschnitt betrachtet den Transaktionsmanager näher.

Charakterisierung Transaktionseigenschaft

Klassische Kriterien zur Beurteilung der Eigenschaften einer Transaktion sind die ACID-Kriterien (vgl. Abschnitt 2.1.4 des Artikels II dieses Buches). Erstreckt sich eine Transaktion über mehrere, verteilte Programme, können zwei grundsätzliche Varianten der Synchronisation der Transaktion unterschieden werden. In einer synchronen, verteilten Transaktion erstreckt sich die Synchronisation auf alle beteiligten Programme sowie die einbezogenen Integrationsbeziehungen. Die ACID-Kriterien sollen dabei weitgehend erfüllt sein. Die zweite, asynchrone Variante rückt von diesen strengen Anforderungen ab und verlangt die strengen ACID-Kriterien nur in den lokalen Programmen und nicht übergreifend. Die Integrationsbeziehungen zwischen den lose gekoppelten Programmen sollen dabei eine sichere Datenübertragung gewährleisten [vgl. Carter 1996].

Ausgehend von der Art der Synchronisation einer verteilten Transaktion ist die Erfüllung und Einschränkung der ACID-Kriterien sowohl in bezug auf die gesamte, verteilte Transaktion als auch auf die einzelnen Integrationsbeziehungen zu überprüfen. Weiter ist zu fragen, welche Synchronisationsmechanismen verwendet werden und wie weit diese eine Funktionalität des Middlewareprodukts sind oder ob die verlangten Eigenschaften durch Integration mit einem Transaktionsmanager realisiert sind (vgl. Abschnitt 2.2.3).

Transaktionsmanager

Im Zentrum der Fragestellungen stehen im folgenden die Fähigkeiten eines Transaktionsmanagers, in einer verteilten Umgebung eine Ablauffolge von zwei oder mehr Operationen unter Einbeziehung von mehreren Ressourcen zu koordinieren. Ein Transaktionsmanager ist in der Regel eine Teilkomponente eines Transaktionsmonitors (vgl. Abschnitt 3.2 des Artikels II in diesem Buch).

Daraus ergeben sich Fragen nach der Architektur des Transaktionsmonitors bzw. der Umgebung, in welcher der Transaktionsmanager eingebettet ist, und inwieweit eine Integration mit anderen Middlewareprodukten und Ressourcen (z.B. Datenbankmanagementsystem) besteht. Dies umfaßt eine Interaktion des Transaktionsmanagers mit den Komponenten anderer Ressourcen zur Sicherstellung der Transaktionseigenschaften (vgl. Abschnitt 2.2.2 und 2.2.3). Insbesondere interessieren dabei der Einbezug von Kommunikationsressourcen (z.B. Remote Procedure Call, SQL-Zugriff). Ein weiterer Frageblock bezieht sich auf die Schnittstellen des Transaktionsmanagers zu den Ressourcen, Management- und Sicherheitskomponenten sowie die Kompatibilität mit den Standardspezifikationen des X/Open Konsortiums.

Zur näheren Beurteilung der Funktionalität gehören das benutzte Protokoll zur Synchronisation der verteilten Transaktionen (z.B. Variante eines Phasen Commit Protokolls), die Arten von Fehlern, die zu einem Abbruch der Transaktion führen sowie die Fehler, bei denen ein Wiederherstellen des Ursprungszustands nicht garantiert werden kann. Schließlich sind wiederum die Grenzen und Einschränkungen des Produkts zu betrachten. Grenzen der verteilten Transaktionsverarbeitung können sich auf die Anzahl beteiligter Applikationen und Ressourcen und die Anzahl Benutzer bzw. gleichzeitig ablaufender Transaktionen beziehen, wobei ein besonderes Augenmerk auf die Veränderungen der Performance zu legen ist. Einschränkungen beziehen sich auf die Transaktionsgrenzen. Dazu ist zu fragen, wieviel Operationen eine Transaktion umfassen kann und ob lange Transaktionen möglich sind.

2.6 Spezielle Kriterien für einzelne Middlewaredienste

Abschnitt 2.6 vertieft für die einzelnen Middlewaredienste spezifische Aspekte. Schwerpunkte der Betrachtungen sind Datenmanagement- sowie Applikations- und Koordinationsdienste.

2.6.1 Präsentationsdienste

Um Präsentationsdienste zu beurteilen, steht zunächst das Management der Kommunikation zwischen Benutzerschnittstelle und der Applikation im Vordergrund. Dazu gehören Fragen nach der Unterstützung der Konfiguration durch graphische Hilfsmittel, nach dem verwendeten Kommunikationsprotokoll (z.B. X/Windows), nach Möglichkeiten zur Anbindung von Altapplikationen sowie nach der Anzahl von verteilten Applikationen bzw. Diensten, welche für die Präsentation möglich sind. Ein weiterer Aspekt kann die Unterstützung internationaler Anwendungen, etwa durch Präsentation in mehreren Sprachen mit unterschiedlichen Zeichensätzen sein

Speziell für die Präsentation auf einer graphischen Benutzerschnittstelle interessieren die Art der unterstützten Benutzerschnittstelle und der dort darstellbaren Datenstrukturen (z.B. Zeichen, Grafik, Imagedarstellungen), die Anzahl von Datenströmen, welche "abgefangen" werden können, um einen graphikorientierten Bildschirm aufzubauen und die Kompatibilität bzw. Einsetzbarkeit von GUI-Tools. Weiter sind die unterstützten Protokolle des Datenstroms zur Benutzerschnittstelle und die unterstützten Terminaltypen bzw. Windowssysteme zu betrachten.

Ferner können weitere Präsentationsformen betrachtet werden wie z.B. Druckdienste für verteilte Druckerserver, Unterstützung Multimedia-Präsentation (Graphik, Audio, Video, Animation).

2.6.2 Datenmanagementdienste

Korrespondierend mit Abschnitt 2.3 des Artikels II dieses Buches werden im folgenden Datenzugriffsdienste und Dienste zur Datenverteilung und somit zum Datenaustausch unterschieden.

Datenzugriff

Tabelle 2/7 gibt einen Überblick über die Fragestellungen im Bereich der Datenzugriffsdienste.

Tabelle 2/7:
Übersicht Datenmana-
gementdienste -
Datenzugriff

Unterpunkt	Fragestellung
Architektur	Konfiguration und Komponenten der Lösung, Beispiel
Schnittstelle	Ergänzung zu Abschnitt 2.5.1
Protocol	Datenzugriffs- und Netzwerkprotokoll
Funktionalität	spezielle Eigenschaften
Mismatch-Handling	Vertiefung von Abschnitt 2.3.2 (Transparenz): Lösungsbeitrag bei Problemen durch Wechsel der Datenbank

Architektur -
Charakterisierung

Zunächst ist die grundlegende Architektur der Datenzugriffslösung näher zu untersuchen. Eine Grundlage dafür können geeignete Beispiele sein. Aus der Darstellung sollte das Grundprinzip der Lösung hervorgehen. Komponenten der Architektur sind die Schnittstellen, Treiber- bzw. Adaptersoftware, Datenzugriffsprotokolle sowie Gateways (vgl. Abschnitt 2.3.1 des Artikels II dieses Buches). Zur Realisierung von Konversionen der Datenformate oder Abdeckung semantischer Aspekte sollte weiter die Verwendung eines Repository bei der Darstellung der Architektur einbezogen werden.

Zur Charakterisierung gehört ferner, auf welche konkreten Datenmanagementsysteme das Produkt einen Zugriff ermöglicht (vgl. erforderliche DMS - Abschnitt 2.4.3, Transparenz bezüglich DMS - Abschnitt 2.3.2). Auch sind die unterschiedlichen Stärken wie auch Einschränkungen der Funktionalität des Produkts bezüglich bestimmter Datenmanagementsysteme sowie Datenmodelle zu unterscheiden.

Datenzugriffsschnittstelle

Die Betrachtung der Datenzugriffsschnittstelle ist eine Ergänzung zu Abschnitt 2.5.1. Vertiefend können dabei die Datenzugriffssprache, im Fall SQL der unterstützte SQL Conformance Level, und die Art des Schnittstellenaufrufs (Embedded SQL versus Call Level Interface SQL) hinterfragt werden. Dazu gehören auch Auswirkungen aus der Charakterisierung der Schnittstelle auf die verfügbare Funktionalität und Anwendbarkeit der Schnittstelle [vgl. Hackathorn 1993, S. 148].

Datenzugriffsprotokoll

Neben der Schnittstelle sind die Datenzugriffsprotokolle und die jeweils darunterliegenden Netzwerkprotokolle, welche das Middlewareprodukt unterstützt, festzuhalten. Die wichtigsten Protokolle sind ISO bzw. X/Open RDA (Remote Database Access) sowie IBM DRDA (Distributed Relational Database Architecture).

Funktionalität

Um die Funktionalität näher zu charakterisieren, sind eine Reihe von speziellen Fragen zu stellen. Dazu gehören die Zugriffsmöglichkeiten auf die Daten (z.B. nur lesen, schreiben), die Grenzen des Produkts in bezug auf maximale Datenmengen und maximale Anzahl Zugriffe (vgl. Abschnitt 2.5.2), die Koordination von Multisite Joins bzw. Multisite Updates, Möglichkeiten zur Optimierung und Lastverteilung (vgl. Abschnitt 2.5.3) sowie zur Maskierung von Funktionsdefiziten eines DBMS. Neben weiterer Funktionalität wie der Unterstützung verschachtelter Transaktionen interessieren die Notwendigkeit zur Darstellung von Schemainformation (Zuordnung zur ANSI Drei-Ebenen-Architektur eines DBMS: externes, konzeptuelles, internes Schema) und Netzwerkaspekte wie die Möglichkeit der Verbindung aus der LAN-Welt in eine WAN-Umgebung (Host-Systeme) und die Unterstützung von großen Netzwerken, z.B. durch Kontrollpunkte (vgl. Abschnitte 2.5.2 und 2.5.3).

Fokus Mismatch-Handling

Eine Änderung der Verbindung einer Applikation mit zugehörigen Datensammlungen, z.B. durch Verwendung eines anderen DBMS-Produkts, kann in der Regel nicht ohne weiteres durchgeführt werden. Dies gilt insbesondere auch bei Verwendung einer einheitlichen Zugriffssprache wie dem SQL Standard. Zur Beurteilung, inwieweit eine Middleware solche Unstimmigkeiten (engl.: mismatch) überbrücken kann, können die in Abschnitt 2.3.1 des Artikels II dieses Buches erläuterten möglichen Ursachen innerhalb der beiden

Problemsichten Daten- und Transaktionstransparenz näher analysiert werden.

Vor allem um Datentransparenz zu ermöglichen, ist es erforderlich, Metadaten zu den Daten, z.B. Datenstrukturen oder semantische Informationen, abzubilden. Hier sind die Möglichkeiten von den zum Produkt gehörenden Repository-Technologien und deren Kompatibilität mit vorhandenen Repositories bzw. Dictionaries zu untersuchen.

Datenaustausch

Tabelle 2/8 gibt einen Überblick über spezielle Fragestellungen zu Datenaustauschdiensten.

Tabelle 2/8:
Übersicht Daten-
managementdienste -
Datenaustausch

Unterpunkt	Fragestellung
Konzept zur redundanten Datenhaltung	Verteilungs- und Update-politik
Architektur	Architektur und Beispiel der Lösung
Funktionalität	Spezielle Kriterien für Datenaustausch
Weitere technische Kriterien, Replikationsserver	- -

Konzept zur redundanten Datenhaltung

Zunächst ist zu untersuchen, welches Konzept mit der Datenaustauschlösung realisiert werden kann [vgl. Hackathorn 1993, Kap. 8.3]. Grundsätzlich ist eine "Single-Site-Policy", d.h. ein Datum kann zu einem Zeitpunkt an nur genau einem Punkt verändert werden, vom Prinzip des "Multisite Distributed Update" zu unterscheiden. Bei letzterem ist eine Änderung prinzipiell an beliebigem Ort möglich, was jedoch hohe Anforderungen an die Synchronisationsmechanismen (z.B. durch 2-Phase-Commit Protokoll) setzt und mit einem hohen Kommunikationsaufwand verbunden ist.

Im Rahmen einer Single-Site-Policy können Daten eine reine Kopie oder eine Replik sein. Im ersten Fall ist ein Update nur auf der Primärdatenbank möglich, wobei verschiedene Varianten der Aktualisierung der Daten realisierbar sind. Im letzteren Fall ist dagegen auch ein Update auf kopierten Daten möglich. Dies erfordert eine regelmässige Synchronisation zur Konsistenzerhaltung sowie bei mehreren Kopien besondere Verfahren (z.B. Check-out Mechanismus), um eine Single-Site-Policy zu gewährleisten (vgl. unten: Replikationsserver).

Sollte eine Realisierung des Multisite Distributed Update Prinzips realisierbar sein, sind Einschränkungen zu erkunden (z.B. Performance, Transaktionseigenschaften), die dabei hingenommen werden müssen.

Architektur - Charakterisierung

Entsprechend Abschnitt 2.6.2 ist die Architektur der Realisierung, ergänzt durch geeignete Beispielkonfigurationen, zu untersuchen. Zu dieser Konfiguration können Komponenten einer Datenaustauschlösung, eines Datenmanagementsystems (z.B. Replikationsserver) wie auch von dedizierten Tools für die Durchführung und Steuerung des Datenaustauschs gehören. Dabei ist auch nach den konkreten Datenmanagementsystemen (Produkt, Datenmodell), welche an der Datenaustauschlösung teilnehmen können, zu fragen (vgl. Abschnitt 2.2.4 - Realisierung und 2.3.2 bzw. 2.6.2 - Transparenz bezüglich DMS). Außerdem ist ein Augenmerk auf die Einbindung von Repository-Technologien und deren Rolle für notwendige Konversionen zu legen. Wiederum ist zu berücksichtigen, daß eine Middleware nicht für alle Produkte gleich gut geeignet ist.

Funktionalität

Zu einer vertiefenden Betrachtung der Funktionalität gehören zunächst Fragen nach der erzielbaren Konsistenz der Daten. Dazu gehören die definierbaren zeitlichen Bedingungen (z.B. periodisch, sofort) und Ereignisse, die Auslöser für einen Datenabgleich sein können, sowie die möglichen "Einheiten" des Datenaustauschs, z.B. Feld, ganze Datei, Spalte (zur Implementierung von Ereignissen vgl. Abschnitt 2.6.3). Weiter interessieren allgemein die Integritätsbedingungen, welche über die beteiligten Datensammlungen realisiert werden können, die Möglichkeit, den Datenaustausch in ein Transaktionskonzept einzubeziehen (vgl. Abschnitt 2.5.6) und die Arten von Transformationen, die möglich sind (z.B. Aggregation und Gruppierung von Daten, Ersatz fehlender Werte, Datenkonversionen). Schließlich sind Sicherheitsfragen (vgl. Abschnitt 2.5.5) wie die Gewährleistung von Zugriffsregelungen auf Daten in der Primärdatenbank auch für kopierte Daten, sowie Funktionen zur Unterstützung bei der Datenallokation der verteilten Daten relevante Aspekte.

Weitere technische Kriterien, Replikationsserver

Die folgenden Kriterien sind eher technisch und betreffen vor allem die Beurteilung von Replikationsservern im Rahmen von Datenbankmanagementsystemen. Dazu gehören die Grenzen der Datenaustauschlösung in bezug auf die maximale Anzahl beteiligter Datensammlungen, maximale Datenmengen, die Realisierbarkeit von großen Datenmengen (bulk data, vgl. Abschnitt 2.5.2) sowie die Grenzen in bezug auf die Datenvolatilität bzw. Häufigkeit von Updates und Anzahl konkurrierender Updates.

Aspekte für den Spezialfall DBMS-Replikationsserver [vgl. Ofer 1994] sind das Zeitverhalten der Replikationsbeziehung (synchron, d.h. Kopie wird realtime aktualisiert, versus asynchron bzw. store and forward), Möglichkeiten zur Definition von zeitgesteuerter Replikation, der Replikationsmechanismus (Auswertung der Logdatei vs. Verwendung von Triggern), die Replikationseinheit (Weitergabe der Änderungstransaktion oder der veränderten Daten) und die Replikationsbeziehung (Master-Slave, d.h. Update stets nur auf Original und Lesen auf allen Datenbanktabellen, versus Peer-to-Peer, d.h. auch Kopie veränderbar). Speziellere Kriterien sind die Konfliktvermeidungsstrategie bei einer Peer-to-Peer-Replikationsbeziehung, wozu auch die Definierbarkeit einer eigenen Konfliktlösungsstrategie gehört, Transaktionsgrenzen des Replikats (vgl. Abschnitt 2.6.2) und die Administration (z.B. Definitionstools für Replikationsbeziehung, vgl. Abschnitt 2.5.3)

2.6.3 Applikations- und Koordinationsdienste

Die Kriterien in diesem Abschnitt fokusieren den Austausch von "höheren" Nachrichten zwischen verteilten Anwendungen sowie die Steuerung eines Geschäftsprozeßablaufs durch ein Workflow-System (s. Abschnitt 2.4 des Artikels II in diesem Buch). Eine Übersicht der Fragestellungen gibt Tabelle 2/9.

Tabelle 2/9:
Überblick Applikations-
und Koordinations-
dienste

Unterpunkt	Fragestellung
Koordiniertes Messaging	Art, Verwaltung der Nachrichten, Eignung für Schnittstellenmanagement Koordination der Verteilung und Manipulation der Nachrichten Zugrundeliegender Kommunikationsmechanismus
Workflow-System	Funktionalität und Integrationsfähigkeit eines Workflow-Systems

Koordiniertes Messaging

Wesentliche Aspekte von Applikationsdiensten zum Nachrichtenaustausch sind die Art der übertragenen Nachrichten, deren Verteilung und Synchronisation. Damit verbunden sind Aspekte der Koordination und Manipulation sowie des zugrundeliegenden Kommunikationsmechanismus.

Art und Verwaltung der Nachrichten

Zur ersten Charakterisierung gehört die Art von Nachrichten, welche bezogen auf den Inhalt typischerweise übertragen werden, die unterstützten Datenaustauschsstandards wie UN/EDIFACT (z.B. Hilfe in der Definitionskomponente, spezielle Schnittstellen), die Möglichkeit, auch selbst definierte Datenaustauschformate abzubilden, sowie die Unabhängigkeit des technischen Formats (Syntax, Datenstruktur) der Nachricht von deren Inhalt.

Spezifischere Fragen sind, ob ein Dictionary bzw. Repository zur Verwaltung der Nachrichten und Spezifikation von Metadaten zu Syntax und Semantik der Nachrichten besteht. Ein solches Message Dictionary kann in das Produkt integriert sein oder als Drittprodukt zur Verfügung stehen. Neben der Rolle des Repositories für Konversionen von Nachrichten und seiner Mächtigkeit insbesondere in bezug auf die Semantik der Nachrichten ist zu untersuchen, ob Änderungen des Nachrichtenaustauschs (z.B. Neudefinition einer Nachricht) durch das Repository aktiv nachvollzogen werden.

Zur weiteren Beurteilung ist zu klären, inwieweit sich das Produkt zur Entflechtung der Schnittstellen von Applikationen und aktiven Verwaltung der standardisierten Applikationsschnittstellen eignet. In diesem Zusammenhang können die in Abschnitt 2.3 betrachteten Auswirkungen auf die Applikationen, insbesondere auch die Integrierbarkeit von Altapplikationen und die Loslösung der Applikation von der Kommunikation, nochmals betrachtet werden.

Koordination: Konversionen und Steuerung

Die Kernfunktionalität eines Systems zur Koordination des Nachrichtenaustauschs betrifft die Möglichkeiten, Nachrichten zu manipulieren, Konversionen vorzunehmen und die Weiterleitung zu steuern.

Beispiele für Manipulationsmöglichkeiten sind das Aufsplitten von Daten, Erzeugen neuer Folgenachrichten, Verwaltung verschiedener Sichten auf die Nachrichten, Manipulieren von Daten zur Konversion und das Ersetzen fehlender Werte sowie das Herausfiltern von Information. Zu weiteren möglichen Funktionen gehören die Modifikation von Nachrichten in Abhängigkeit vom Empfänger, Syntaxüberprüfungen, die Abschirmung von verschiedenen eingesetzten Versionen eines Standard-Datenaustauschformats und die Verwaltung von Bestätigungen über den Empfang einer Nachricht oder Rückmeldungen zur Ausführung einer Funktion vom Empfänger. Relativ hohe Bedeutung hat die Integration mit Tools zum Management des Datenaustauschs. Dazu gehört die laufende Überwachung des Nachrichtenaustauschs, Gewährleistung der Nachvollziehbarkeit, der automatische Neuversand von Nachrichten und die Aufdeckung von Unregelmäßigkeiten durch Warnmeldungen.

Zur Manipulation und Steuerung der Weiterleitung müssen Regeln definiert werden. So ist festzulegen, wann (Ereignisse, Zeitpunkte) und an wen eine Nachricht weitergeleitet werden soll. Möglichkeiten zur Darstellung sind Tabellen oder Skripts. Auch ist eine Einbindung von Programmen des Benutzers denkbar. Neben der Definition der Regeln ist auch deren Verwaltung und Änderbarkeit zu betrachten. Im engen Zusammenhang mit der Steuerung stehen Möglichkeiten zur Festlegung der Verantwortung für einen Datenaustausch. Im Holprinzip sorgt der Empfänger, im Bringprinzip der Sender und im Informationsprinzip das System für den Nachrichtenaustausch dafür, daß der Partner die Daten bekommt oder über deren Änderung informiert wird. Eine Variante des Informationsprinzip ist das Publish and Subscribe Konzept. Die Funktionalität des Messaging Systems sind in bezug auf diese Konzepte jeweils zu überprüfen.

Weitere eher technische Aspekte sind die "Kardinalität" der erzeugten Nachrichten, z.B. aus einer Nachricht werden höchstens eine oder n Folgenachrichten generiert, der maximale Wert für n sowie die angewendeten Synchronisationsmechanismen (z.B. um "Überholen" von Nachrichten zu vermeiden).

Die hier aufgezeigten Aspekte stehen in enger Beziehung zu den Verteilungsdiensten Management und Transaktionseigenschaft (vgl. Abschnitte 2.5.3 und 2.5.6). Zum Management gehören Punkte wie die Protokollierung der ausgetauschten Nachrichten, die Nachvollziehbarkeit und Unterstützung bei der Fehlerdiagnose. Transaktionseigenschaft soll Gewißheit über die Ankunft der Nachricht und die Rücksetzbarkeit einer Kommunikation ermöglichen. Schließlich kann es ein Kriterium sein, ob der Anbieter die Programmierung von Schnittstellen der zu integrierenden Applikationen durch Tools oder Musterprogramme unterstützt.

Kommunikations-mechanismus

Im Mittelpunkt stehen bei diesem Unterpunkt die Kommunikationsressourcen, welche der Applikationsdienst zur Realisierung des Nachrichtenaustauschs verwendet. Dazu gehören z.B. Internetprotokolle (SMTP-Protokoll, auch FTP), E-Mail-Systeme, weitere EDIFACT Kommunikationssoftware und Kommunikationsdienste (s. Abschnitt

2.6.5). Außerdem kann auf die in einen TP-Monitor integrierten Kommunikationsdienste aufgesetzt werden. Dies kann insbesondere zum Einbezug von Publish and Subscribe Konzepten und zur Realisierung von Gruppenkommunikation eine Implementierungsmöglichkeit sein.

Workflow-System

Einen ausführlichen Kriterienkatalog zur Evaluation von Workflow-Systemen gibt [Derungs et al. 1995]. Die Kriterienblöcke beziehen sich darin auf die methodische Unterstützung der Einführung eines Workflow-Systems, auf Möglichkeiten der Abbildung eines Prozesses aus Sicht der Organisation und auf Funktionen, welche das Workflow-System dem Endbenutzer zur Durchführung seiner Aufgaben sowie dem Prozeßverantwortlichen zum Monitoring des abgebildeten Geschäftsprozesses anbietet. Schließlich behandelt der Kriterienkatalog Fragen bezüglich der Integration und somit der Abbildung eines Prozesses in das Informationssystem.

Aus dem Blickwinkel der Betrachtung eines Workflow-Systems als Technologie zur Koordination der Integrationsbeziehungen zwischen Applikationen in einem heterogenen Informationssystem interessieren vor allem die Steuerungsmöglichkeiten sowie Aspekte der Integration.

Zur *Steuerung* der Applikationen gehören Fragestellungen wie mögliche Ereignisse, die den Workflow auslösen können, realisierbare Ablaufkonstrukte wie Sequenz, Selektion, Iteration und Parallelität, die Definition von Synchronisationspunkten, an denen Aktivitäten zusammenlaufen müssen sowie die Überwachung zeitlicher Restriktionen. Weiter ist die Rücksetzbarkeit eines Workflows während des Ablaufs zurück zum Anfangs- oder zu einem Zwischenzustand bei Wahrung der Integrität der Daten und Systeme zu überprüfen. Hier ist die Integration eines Workflow-Systems mit einem Transaktionsmanager eine mögliche Lösung (vgl. Abschnitte 2.5.6 und 2.2.2). Schließlich ist zu klären, wie diese Koordinationsprozesse verwaltet werden. So kann eine genaue Ablaufspezifikation in Form eines Programms festgelegt sein oder es werden mehr Freiheiten gegeben, jedoch wird die Einhaltung gewisser Regeln und Vorgaben überwacht. Dazu gehört auch, wie weit während des Ablaufs noch eine Änderung der Steuerungsvorgaben möglich ist und wie die Auswirkungen einer solchen Änderung kontrollierbar sind. Dabei ist vor allem auch die Realisierung von Managementfunktionalität von Bedeutung (s. Abschnitt 2.5.3).

Die Untersuchung der *Integration* bezieht sich einerseits auf die Art der Daten, Dokumente und die Applikationstypen, welche das Workflow-System einbinden kann. Andererseits interessieren die Mechanismen, mit welchen das Workflow-System auf heterogene Daten-, Dokumentenmanagementsysteme sowie Applikationen zugreift. Neben der hier eingesetzten Middleware ist dabei auch die Verwendung von Standardschnittstellen zu betrachten, sowohl in bezug auf verwendete Integrationsmechanismen als auch auf die Schnittstellen des Workflow-Systems zu Umsystemen. Insbesondere gehört dazu die Interoperabilität mit anderen Workflow-Systemen wie auch mit Workflow-Funktionalitäten, welche in den Applikationen integriert sind. Letzterer Fall interessiert vor allem im Zusammenhang mit dem Einsatz von Standardsoftware.

2.6.4 Kommunikationsdienste: Object Request Broker

Zur Beurteilung von Kommunikationsdiensten können die Kriterien aus Abschnitt 2.5.2 weiter untersucht werden. Beispiele für Vertiefungen sind mögliche Fehlerfälle und deren Behandlung, d.h. ein System garantiert, daß eine Anfrage je nach Implementierung mindestens einmal, höchstens einmal oder genau einmal durchgeführt wird (Fehlersemantik, [vgl. Tanenbaum 1995, Kap. 2.4.4.]), ob ein Kommunikationspartner auch dynamisch während der Laufzeit oder nur statisch bestimmt werden kann sowie die Möglichkeit, den Kommunikationspartner bzw. Server zu aktivieren und deaktivieren (vgl. Abschnitt 2.3.2 - Persistenztransparenz). Allgemein ist zu überprüfen, ob realisierbares Kommunikationsmodell, Anforderungen der Applikation, erwarteter Nachrichtenverkehr sowie Eignung (Kapazität, Verwendbarkeit) der verfügbaren Netzwerktransportprotokolle miteinander kompatibel sind.

Für die verschiedenen Kommunikationsdienste können jeweils weitere, spezifische Kriterien untersucht werden. Im folgenden werden Object Request Broker exemplarisch weiter vertieft (s. Abschnitte 2.5.3 und 3.3 des Artikels II in diesem Buch).

Zur Evaluation von Objektdiensten stehen Kriterien zu einem Object Request Broker (ORB) und den dazu verfügbaren Diensten (Object Services) im Mittelpunkt. Zentrale Quelle für die Kriterien sind die Anforderungen der OMG an diese Komponenten einer verteilten objektorientierten Umgebung [OMG 1992]. Tabelle 2/10 gibt eine Übersicht über die Fragestellungen in diesem Abschnitt.

Unterpunkt	Fragestellung
Objektmodell, Architektur, Object Services	Rolle objektorientierte Konzepte, Aufbau und Übersicht der Objektdienste, Integrierbarkeit mit anderen objektorient. Verteilungsplattformen
Schnittstellen, Verkapselung	Schnittstellen Applikationen zu ORB und ORB zu Kommunikationsbasis
Technische Kriterien	Abdeckung technische Ziele der OMG; Fokus Skalierbarkeit und Transaktionseigenschaft für große betriebliche Systeme

Ein Ausgangspunkt für eine Analyse von Objektdiensten ist das zugrundeliegende Objektmodell. Dazu sind die Konzepte der Objektorientierung (z.B. Verkapselung, Polymorphismus, Mehrfachvererbung) zu ermitteln, die angenommen werden bzw. zwingend für Applikationsobjekte in der verteilten Umgebung sind.

Der nächste Schritt ist eine detaillierte Analyse der Architektur der Objektdienste. Dazu gehören eine detaillierte Untersuchung der Komponenten eines Object Request Brokers (z.B. Repository, Daemons, Object Adaptors [vgl. Abowd et al. 1996]) und eine Aufstellung und Charakterisierung der verfügbaren Object Services (vgl. Abb. 3/5 des Artikels II dieses Buches). Einzelne Object Services können nach den Kriterien in anderen Abschnitten, insbesondere Komponenten in Abschnitt 2.3.5, näher untersucht werden. In diesem Zusammenhang ist auch zu erwähnen, ob der ORB auf einem Kommunikationsdienst (z.B. ein DCE RPC) oder direkt auf die Transportebene eines Netzwerkbetriebssystems aufsetzt.

Ein speziellerer Aspekt ist die Integrierbarkeit eines ORB mit anderen ORB Produkten, die auch auf ein anderes Objektmodell basieren können. Wichtigstes Beispiel ist dafür die Interoperabilität eines CORBA basierten ORB Produkts mit OLE/COM. Diese Fragestellung ist eine Verfeinerung von Abschnitt 2.2. Dabei sind auch Auswirkungen auf die beteiligten Applikationen, insbesondere deren Schnittstellen näher zu betrachten.

<table>
<tr><td>Schnittstellen,
Verkapselung</td><td>

In diesem Unterpunkt steht in Erweiterung von Abschnitt 2.3. die applikatorische Sicht im Vordergrund. Wesentliche Fragen sind dabei die Arten von Applikationen, die über den ORB kommunizieren können, und die Voraussetzungen bezüglich der Schnittstellen (vgl. Abschnitt 2.3.3) und der Softwarearchitektur. Ein Schwerpunkt ist dabei eine Betrachtung der Schnittstellen. Hier ergeben sich Fragen nach spezifischen Schnittstellen für verschiedene Applikationstypen (z.B. für DDE- und OLE-Applikationen), Unterstützung der Verkapselung von Altapplikationen sowie der Definition und Einbindung von Schnittstellen, eventuell durch ein zusätzliches Tool bzw. mit Hilfe eines Schnittstellen-Compilers. Vertiefend kann auf die Verwaltung der Schnittstellen, insbesondere die Rolle und Funktionalität des Schnittstellen-Repositories, und auf die Machbarkeit eines dynamischen Schnittstellenaufrufs eingegangen werden.

</td></tr>
<tr><td>Technische Kriterien</td><td>

Technische Kriterien sind in Abschnitt 2.5 weitgehend abgedeckt. Generell kann ausgehend von den technischen Zielen der OMG zusammengestellt werden, wie weit die verfügbaren Objektdienste die Zielsetzungen angehen. Für eine genauere Erläuterung sind die Dokumente der OMG beizuziehen (WWW s. [OMG 1992]). Die wichtigsten technischen Ziele für eine Verteilungsplattform sind danach:

</td></tr>
</table>

- Transparenzziele auf Objekte bezogen (vgl. Abschnitt 2.3.2)
- Performance, Skalierbarkeit, Verteilung der Last (load balancing)
- dynamische Erweiterbarkeit
- Verzeichnis, Naming System und Versionierung der Objekte
- Abfragemechanismen, Zugriffskontrolle auf Objekte
- Concurrency
- Transaktionseigenschaft
- Robustheit, Fehlertoleranz
- Event-Notification

Im Mittelpunkt der Analysen stehen die Integrationsmöglichkeiten mit Hilfe der Objektdienste. Der Fokus liegt damit auf den Schnittstellen sowie den Kommunikationseigenschaften und Grenzen des Nachrichtendurchsatzes bzw. der Granularität und Anzahl der beteiligten Objekte über einen ORB (vgl. Abschnitt 2.5.2). Für einen Einsatz in der betrieblichen Massendatenverarbeitung sind Skalierbarkeit durch Hinzufügung neuer Objekte und Einschränkungen bezüglich der Transaktionseigenschaften kritisch zu betrachten.

2.7   Weitere allgemeine Kriterien

Die folgenden allgemeinen Kriterien vervollständigen die detaillierte Analyse der Middleware. Die hier aufgeführten Aspekte sind keine vollständige Liste von allgemeinen Kriterien, die bei jedem Beschaffungsvorhaben von Informatikprodukten zu überprüfen sind. Es sollen hier stichwortartig jene Aspekte hervorgehoben werden, die in den vorhergehenden Punkten nicht oder unvollständig einbezogen sind und insbesondere bei der Evaluation von Middleware wichtig sind. Für eine weitere Vertiefung sei hier auf Literatur zur Beschaffung von Informatikprodukten verwiesen [z.B. Schreiber 1994].

Tabelle 2/11 gibt einen Überblick über die im folgenden angeschnittenen allgemeinen Kriterien.

Tabelle 2/11:
Überblick allgemeine
Kriterien

Unterpunkt	Fragestellung
Herstellerdaten	Ansprechpartner, Standing
Produktdaten	allg. Daten, Reife, Bedeutung aus Herstellersicht
Kosten	
Wartung, Support, Schulung	
Beratungsleistung	

Herstellerdaten

In Ergänzung zu Abschnitt 2.1.1 sind der Ansprechpartner und das Marktstanding des Herstellers zu dokumentieren. Kriterien zur Beurteilung sind Größe, Erfahrung, Reputation, Partnerschaften und Zusammenarbeit des Herstellers mit Konkurrenten sowie dessen Rolle dabei. Dabei interessiert auch, ob der Hersteller an Standardisierungsgremien teilnimmt und welche Rolle der Standard für die betrachtete Middleware spielt.

Produktdaten

Zu weiterer Beschreibung des Produkts gehören die aktuelle Version, Planungen für einen neuen Release, Häufigkeit von Releasewechseln, Releasestände, Stabilität und Reife des Produkts, Referenzen, Verfügbarkeit, die bisherige Produktpolitik des Herstellers, was sich z.B. daran zeigt, ob der Hersteller bereits Produkte unerwartet vom Markt genommen und nicht mehr unterstützt hat. In diesem Zusammenhang stellt sich auch die Frage, ob der Hersteller das Produkt als strategisch betrachtet und was dies bei dem Hersteller nach den bisherigen Erfahrungen bedeutet.

Kosten, Lizenzierung

In diesem Bereich interessieren Kostenmodelle, Kosten für Einführung und Betrieb der Software sowie Garantien und Haftungsregelungen.

Wartung, Support, Schulung

In diesen Unterpunkt fallen eine Bewertung der Unterstützungsleistungen (z.B. Hotline), insbesondere die Verfügbarkeit von technischem Personal, Konditionen für Wartung und Unterstützungsleistungen und eine Beurteilung der Dokumentation (Benutzerdokumentation, technische Dokumentation).

Beratungsleistung

Da der Einsatz von Middleware ein erhebliches Spezialwissen erforderlich machen kann, spielen verfügbare Beratungsleistungen des Herstellers oder eines Dritten eine wichtige Rolle. Mögliche Felder, in denen Beratung erforderlich sein kann, sind Beratung für Migrationsvorgehen, für Auswahl, Anpassung, Installation der notwendigen Hardware, für die Unterstützung bei der Konfiguration, für Anpassung bestehender Applikationen sowie für eine methodische Einführung der Middleware. Bei der Prüfung eines Beratungsangebots sollten auch mögliche Abhängigkeiten Berater, Middlewarehersteller und Hardwarelieferant bedacht werden.

3 Gesamtbeurteilung

Ziel dieses Kapitels ist es, die Menge von Kriterien aus Kapitel 2 zu einer kleinen Anzahl an Schlüsselkriterien für Middleware zu konsolidieren. Die verschiedenen Produkte sind so auf einer weniger detaillierten Ebene leichter vergleichbar. Diese acht Vergleichskriterien sind durchgängig für verschiedenste Produkte aus dem Bereich offener Systeme von Bedeutung [vgl. Hackathorn 1993, Kap. 6.5, Umar 1993, S. 426, Colonna 1995, Kap. 3]. Zu den einzelnen übergeordneten Kriterien werden in Tabelle 3/1 Verweise auf jeweils relevante Kriterien aus Kapitel 2 gegeben. Mit Hilfe dieser Verweise kann eine Beurteilung des Kriteriums erarbeitet werden.

Eignung für Anwendungsfall

Zunächst ist zu fragen, wie geeignet das Produkt ist, um die Abläufe zwischen verschiedenen Applikationen effektiver und effizienter durchzuführen. Für einen konkreten Anwendungsfall ist zu untersuchen, wie die Middleware die Integration der betroffenen Applikationen unterstützt.

Die Beurteilung der Eignung ist letztlich das Ergebnis einer Bewertung aller Vergleichskriterien. Der Fokus soll hier jedoch auf die Sicht der betroffenen und auch zukünftigen Applikationen liegen.

Eignung für System- und Entwicklungsumgebung

Das zweite Kriterium zur Eignung betrifft die Kompatibilität der Middleware mit der System- und Entwicklungsumgebung. Ebenso wie bei der Betrachtung der Eignung für den Anwendungsfall ist sowohl die Ist-Situation als auch die zukünftige Entwicklung der Systeme sowie der Entwicklungsumgebung von Bedeutung, nicht zuletzt um eine langfristig tragfähige Lösung zu finden. Ist es zum Beispiel erklärtes Ziel, in Zukunft verteilte Applikationen auf Basis einer drei- oder mehrschichtigen Architektur zu entwickeln, muß Middleware die dafür notwendige Interoperabilität bereitstellen können und ein mit der Middleware kompatibles Entwicklungswerkzeug eine solche Architektur unterstützen.

Erfüllung funktionaler Anforderungen

Schwerpunkt des Kriterienkatalogs ist die Formulierung funktionaler Anforderungen an Middlewareprodukte. Die Funktionalität der Middleware ist gekennzeichnet durch die Eigenschaften der Schnittstellen, der zugrundeliegenden Kommunikation und den Funktionalitäten in den Bereichen Management und Konfiguration, Sicherheit sowie Transaktionseigenschaft. Aus Sicht der Anwendung stehen die erreichbaren Transparenzarten im Vordergrund. Wichtigstes Ziel der Middlewarefunktionalität ist schließlich ihr Potential, zur Integration des Informationssystems beizutragen.

Performance - Verläßlichkeit

Performance und Verläßlichkeit einer Software sind verwandte Aspekte. Während Performance den Verbrauch von Ressourcen zur Durchführung einer Operation mißt - wichtigste Kennzahl ist die Antwortzeit -, betrachtet die Verläßlichkeit die Verfügbarkeit und das zeitliche Verhalten des Systems, um korrekte Antworten zu erbringen. Neben speziellen Funktionalitäten zur Kontrolle der Performance und Verläßlichkeit geben die Geschichte des Produkts (z.B. Version) und Referenzen Hinweise zur Beurteilung. Aber auch die Sichten System und Anwendungen müssen einbezogen werden: Vielfach haben Produkte ihre Stärken auf bestimmten Systemplattformen und schließlich wird die Performance erheblich von den Anforderungen der Anwendung an die Ressourcen abhängen. So ist es ein erheblicher Unterschied, ob die Middleware lediglich Abfragen aus Datenbanken abwickeln soll oder ob auch Modifikationen von Daten über mehrere Datenbanken hinweg unter Einhaltung von Transaktionseigenschaften zu garantieren sind.

Offenheit

Offenheit ist ein relativ vager Begriff. Wesentlicher Aspekt von offenen Systemen ist, daß sie auf Standards beruhen und somit die Abhängigkeit von einem bestimmten Hersteller reduziert werden kann. Ausgangspunkt einer Beurteilung ist die Einhaltung von Standards bei der Schnittstellenspezifikation der Middleware. Der betroffene Standard ist wiederum auf seine Bedeutung am Markt einzuschätzen, da sich vielfach proprietäre Produkte auf Grund der Marktmacht eines Herstellers zum de facto Standard entwickeln. Offenheit wirkt sich auf die Integrationsfähigkeit und Portabilität von Applikationen aus und ist daher in die Betrachtung einzubeziehen.

Skalierbarkeit

Skalierbarkeit betrifft die Möglichkeit, ein System für Probleme unterschiedlicher Größenordnungen anzuwenden. Zur Bewertung sind aus Sicht der Anwendung die Grenzen bezüglich Anzahl und Größe der beteiligten Applikationen bzw. Benutzer zu untersuchen. Aus Sicht des Systems ergeben sich Grenzen bezüglich der Netzwerkkapazitäten, der Anzahl beteiligter Systemkomponenten und der Managebarkeit des Systems. Die Skalierbarkeit kann weiter durch Verteilung der Middleware auf mehrere Server und durch Unterstützung von verteilten Verzeichnissen deutlich verbessert werden.

Langfristigkeit der Lösung

Der Einsatz von Middleware ist nicht nur mit hohen Kosten beim Erwerb verbunden, sondern hat auch wesentliche Auswirkungen auf die Applikationsentwicklung, die Integration und schließlich auf das gesamte zukünftige Informationssystem. Der Langfristigkeit einer Middlewarelösung kommt daher eine hohe Bedeutung zu. Im Unterschied zur oben betrachteten Langfristigkeit des Produkts steht hier die Kompatibilität der Lösung mit der weiteren Ausrichtung der System- und Applikationsarchitekturen sowie der Entwicklungsumgebung im Vordergrund. Flexibilität und Erweiterbarkeit sind dabei zentrale Stichpunkte. Neben der Architektur der Lösung ist die Integrierbarkeit der Middleware mit anderer Middleware und Entwicklungstools ein wichtiger Teilaspekt. Außerdem kann der Charakter der Schnittstelle auf ihre langfristige Tragfähigkeit als weiterer Faktor betrachtet werden.

Kosten - Aufwand

Jede Softwareeinführung führt zu einer Reihe von Personal- und Sachkosten. Eine Kosten-/Nutzenbetrachtung ist Gegenstand eines grundsätzlichen Entscheids für den Einsatz von Middleware. Neben den eigentlichen Softwarekosten entstehen Kosten vor allem aus Anpassungen der Anwendungs- und Systemlandschaft und aus der Schulung der Middlewareanwender wie Systemadministratoren und Anwendungsentwickler.

Vergleichs-kriterium	Punkt	Aspekt
Eignung für Anwendungs-fall	2.1	Einsatzmöglichkeiten
	2.2.1	Integrationsfähigkeit
	2.3.1	Eignung für betroffene Applikations-typen
	2.3.4	Anpassungen, Voraussetzungen
Eignung für System- und Entwicklungs-umgebung	(2.2.2	Integration mit anderer Middleware)
	2.2.3	Integration in Entwicklungsumgebung
	2.4	Sicht Systemseite
Erfüllung funktionaler Anforderun-gen	2.2.	Integration, insbesondere 2.2.2 (Verteilungsdienste)
	2.3.2	Transparenz durch Middleware
	2.5	Komponenten: Kernfunktionalität
	2.6	Spezialisierung: spezifische Funktionalität
	2.6.2/ 2.6.3	Fokus Koordinationsfunktionalität auf Daten- bzw. Applikationsebene
Performance - Verläßlichkeit	2.4	Systemseite: Plattform-Performance Abhängigkeit
	2.5.3	Kontroll- und Steuerungsmöglichkeiten
	2.5.2	Grenzen Datenmengen, Kompression
	2.6	performancewirksame Anforderungen: z.B. 2.6.2: Multisite Join; 2.6.3: Rücksetzbarkeit Workflow
	2.7	Produktdaten - Langfristigkeit -> Reife, Stabilität
Offenheit	2.2	Integrationsfähigkeit, insbes. mit anderer Middleware (2.2.2)
	2.5.1	Schnittstellen

Skalierbarkeit	2.2	Anzahl und Größe beteiligter Applikationen
	2.3	Grenzen auf Systemseite: Anzahl, Kapazitäten; Verteilbarkeit der Middleware
	2.5.3	Grenzen aus Sicht Systemmanagement
	2.5.4	Verteilung Verzeichnisse
	2.5.2/ 2.6.2	Grenzen Datenmengen
Langfristigkeit	2.2.2	Integration anderer Middleware, Tools
	2.2.3	Integration in Entwicklungsumgebung
	2.5.1	Schnittstellencharakter - Restriktionen, Stabilität des zugehörigen Standards
	2.2.4/ 2.6	Architektur der Lösung, Flexibilität, Erweiterbarkeit, Einbezug zukünftiger Szenarien; dazu ggf. auch 2.1 Kompatibilität mit Informatikstrategie/Systemplan
	2.7	Langfristigkeit des Produkts
Kosten, Aufwand	2.1/ 2.2.4/ 2.3.3/ 2.4	Jeweiliger Aufwand aus Sicht Anwendungen und System für Realisierung
	2.7	diverse Personal-, Sachkosten: Lizenzierung, Schulung, Beratung

<h1>4   Literatur</h1>

[Abowd et al. 1996]
Abowd, G., Engelsma, J., Guadagno, L., Okon, O., Architectural Analysis of Object Request Brokers, in: Object Magazine, Jg. 6, Nr. 1, 1996, S. 44-51

[Carter 1996]
Carter, J., The case for LCTP, in: MiddlewareSpectra, Nr. 2, 1996, S. 20-27

[Colonna/Srite 1995]
Colonna, J., Srite, P., The Middleware Source Book, Digital Press Butterworth-Heinemann, Newton MA, 1995

[Derungs et al. 1995]
Derungs, M., Vogler, P., Österle, H., Kriterienkatalog Workflow-Systeme, Arbeitsbericht IM HSG/CC PSI/1, Institut für Wirtschaftsinformatik der Universität St. Gallen, St. Gallen, 1995

[Ganti/Brayman 1995]
Ganti, N., Brayman, W., The Transition of Legacy Systems to a Distributed Architecture, Wiley, New York et al., 1995

[Geihs 1995]
Geihs, K., Client/Server-Systeme: Grundlagen und Architekturen, Intl. Thomson Publishing, Bonn, 1995

[Hackathorn 1993]
Hackathorn, D., Enterprise Data Connectivity, Wiley, New York et al., 1993

[Ofer 1994]
Ofer, U., Was Sie schon immer über Replication Server wissen wollten, in: Datenbank Fokus, Nr. 6, 1994, S. 31-36

[OMG 1992]
Object Management Group (Hrsg.), Object Management Architecture Guide, Rev. 2.0, Wiley, New York et al., 1992

[Orfali et al. 1996]
Orfali, R., Harkey, D., Edwards, J., The Essential Distributed Objects Survival Guide, Wiley, New York et al. 1996

[Riehm/Vogler 1995]
Riehm, R., Vogler, P., Kriterienkatalog für Middlewareprodukte zur Integration heterogener Applikationen, Arbeitsbericht IM HSG/CC PSI/7, Institut für Wirtschaftsinformatik der Universität St. Gallen, St. Gallen, 1995

[Rymer 1996]
Rymer, J., The Muddle in the Middle, in: Byte, April 1996, S. 67-70

[Schreiber 1994]
Schreiber, J., Beschaffung von Informatikmitteln, Schweizerische

Vereinigung für Datenverarbeitung, Haupt, Bern, 1994

[Tanenbaum 1995]
Tanenbaum, A., Verteilte Betriebssysteme, Prentice-Hall, Englewood Cliffs NJ et al., 1995

[Umar 1993]
Umar, A., Distributed computing: a practical synthesis, Prentice-Hall, Englewood Cliffs NJ, 1993

WWW-Links: Middleware Hersteller und Produkte

Autor

Rainer Riehm
Wissenschaftlicher Mitarbeiter am Institut für Wirtschaftsinformatik der Universität St. Gallen.

Gliederung

Anmerkung

Folgende Tabellen geben einen ersten Überblick über Middlewarehersteller und -produkte sowie wichtige Standardisierungsgremien. Die Auflistung hat beispielhaften Charakter und soll den Einstieg in die Informationsbeschaffung zu Middlewareprodukten erleichtern. Insbesondere ist die getroffene Auswahl nicht vollständig und stellt keine Wertung der Hersteller bzw. der Produkte dar. Zu beachten ist weiter, daß sich der Middlewaremarkt im Fluß befindet. Firmenfusionen sind an der Tagungsordnung, Produkte verändern ihren Charakter und neue Produkte kommen auf den Markt. Die aufgeführten WWW-Seiten waren per 30.7.1996 verfügbar.

1   Middleware Hersteller

Hersteller	Firmensitz	WWW Adresse
Andersen Consulting	Northbrook, IL, USA	http://www.ac.com
ANSA	Cambridge, GB	http://www.ansa.com
Apertus Technologies	Eden Prairie, MN, USA	http://www.apertus.co.uk
APILINK Technologies	Paris, F	http://www.apilink.com
Covia Technologies	Rosemont, IL, USA	http://www.tandem.com/TAG/COVIA.HTM
CSE	Klagenfurt, A	http://www.csesys.co.at
DEC	Nashua, NH, USA	http://www.DEC.com
Easel	Burlington, MA, USA	http://pentium.intel.com/procs/pentium/systems/server/company/ee/comp302.htm
Expersoft	San Diego, CA, USA	http://www.expersoft.com
FileNet	Costa Mesa, CA, USA	http://www.filenet.com
Forté Software	Oakland, CA, USA	http://www.forteinc.com
Four Seasons Software	Lincoln, NJ, USA	http://main.street.net/4s
Gupta	Menlo Park, USA	http://www.gupta.com
Hewlett Packard	Palo Alto, CA, USA	http://www.hp.com
IBM	Armonk, NY, USA	http://www.ibm.com
ICL	London, UK	http://www.icl.com
Information Builders	New York, NY, USA	http://www.ibi.com
Informix Software	Menlo Park, CA, USA	http://www.informix.com
Ingres	Almeda, CA, USA	http://www.ingres.com
Intersolv	Rockville, MD, USA	http://www.intersolv.com
Iona	Dublin, IRL	http://www-usa.iona.com/www/index.html
ISIS Distributed Systems	Marlboro, MA, USA	http://www.isis.com
KnowledgeWare	Atlanta, GA, USA	http://www.knowledgeware.com
Microsoft	Redmond, WA, USA	http://www.microsoft.com
Momentum Software	Englewood, NJ, USA	http://www.momsoft.com
Mozart Systems	Burlingame, CA, USA	http://www.mozart.com
NCSA	University of Illinois, Urbana-Champaign, IL, USA	http://www.ncsa.uiuc.edu/Indices/WebTech
Netscape	Mountain View, CA, USA	http://www.netscape.com

New Paradigm Corp.	New York, NY, USA	http://www.newparadigm.com
Novell	Provo, UT, USA	http://www.novell.com
Oracle	Redwood Shores, CA, USA	http://www.oracle.com
Peer Logic	San Francisco, CA, USA	
Platinum Technology	Oakbrook Terrace, IL, USA	http://www.platinum.com
Polydata	Zürich, CH	
Profidata	Neuenhof, CH	
SAP	Walldorf, D	http://www.sap-ag.de
Seer	Cary, NC, USA	http://www.seer.com
SNI	Paderborn, D	http://www.sni.de
Softis	Reykjavik, IS	http://www.softis.is
Software AG	Darmstadt, D	http://www.softwareag.com
Software Ley	Pulheim, D	
Sopra	Puteaux, F	
Staffware	London, GB	
SunSoft	Mountain View, CA, USA	http://www.sun.co.jp:8080/sunsoft
Sybase	Emeryville, CA, USA	http://www.sybase.com
Teknekron	Framingham, MA, USA	http://www.tss.com
Texas Instruments	Plano, TX, USA	http://www.ti.com
Tivoli Systems	Austin, TX, USA	http://www.tivoli.com
Trinzic (Tochter Platinum)	Palo Alto, CA, USA	
Verimation Software	Göteborg, S	http://www.verimation.se
Wall Data	Kirkland, WA, USA	http://www.walldata.com
Wang	Billerica, MA, USA	http://www.wang.com
XEROX Xsoft	Stamford, CT, USA	http://www.xerox.com

2

Produkte nach Kategorien

Präsentationsdienste: GUI Tools, X/Windows

Produktbezeichnung	Hersteller
BMS/MFS (Screen Scraping)	IBM
Enfin	Easel
Enterprise/Access (Screen Scrap.)	Apertus
Entire Connection (Term. Emulation)	Software AG
Flash Point	KnowledgeWare
LOUIS	Softis
Mozart Composer	Mozart Systems
Win Runner (Screen Scraping)	Informix
X/Windows, Motif	s. http://www.x.org/ consortium/membership.html

Datenmanagementdienste

Produkt	Hersteller
Datenzugriff - Gateways	
Sammlung Data Warehousing Information Center	http://pwp.starnetinc.com/larryg/ middlewr.html
EDA/SQL	Information Builders
Enterprise Connect	Sybase
Entire Access	Software AG
Gupta/SQLHost	Gupta
Informix Gateway	Informix Software
Ingres/Gateway	Ingres
MDI Database Gateway	Micro Decisionware/Sybase
Rumba for Database Access	Wall Data
SequeLink	Intersolv
SQL*Connect, SQL*Net	Oracle
Datenverteilung	
Replication Server von Datenbanken	Informix, Ingres, Oracle, Software AG, Sybase

auf Basis Gateways (s.o.)	im Einzelfall zu untersuchen
Data Propagator	IBM
Enterprise Connect (Produkt Suite)	Sybase
Entire Transaction Propagator	Software AG
InfoPump	Platinum/Trinzic

Applikations- und Koordinationsdienste

Produkt	Hersteller
Koordiniertes Messaging	
AIF (Application Integration Feature)	IBM
APILINK	APILINK
Copernicus	New Paradigm
Enterprise/Integrator	Apertus
HIT	Polydata
NetEssential	Seer
Règle du Jeu	Sopra
Rendezvous Software Bus	Teknekron
Visual Flow	Momentum
Workflow	
Sammlung Universität Twente, NL	http://wwwis.cs.utwente.nl:8080/~joosten/workflow.sites.html
COSA Workflow	Software Ley
Flowmark	IBM
InConcert	Xerox
OPEN/workflow	Wang
Staffware	Staffware
Visual WorkFlo	FileNet
Work Party	SNI
WorkFlow	CSE Systems
Trader	
ANSAWare	ANSA

Kommunikationsdienste

Produkt	Hersteller
Messaging	
Communications Integrator	Covia
Pipes	PeerLogic
DECMessageQ	DEC
Entire Broker	Software AG
InterFlow X-IPC	Momentum
ISIS Development Toolkit	ISIS (Gruppenkomm.)
Message Express	Momentum
MQSeries	IBM
VCOM	Verimation Software
Object Request Brokers	
OLE/COM	Microsoft
CORBA	
DAIS	ICL
DOE	SunSoft
HP ORB Plus	Hewlett Packard
Object Broker	DEC
Orbix	Iona
SOM/DSOM	IBM
Xshell ORB	Expersoft

3   Verteilte Umgebungen und weitere Links

Produkt	Hersteller
DCE	DEC, HP, IBM
TP Monitore	
CICS	IBM
Encina	IBM
Tuxedo	Novell
SAP ALE	SAP
Internet	
Protokoll IPng	http://playground.Sun.COM: 80/pub/ipng/html/
Browser - Server	
Hot Java	SunSoft

Internet Explorer, -Server	Microsoft
Mosaic	NCSA
Netscape Browser, Server	Netscape
Oracle Web Server 1.1	Oracle
Internet Sicherheit	s.u. Weitere
WWW Gateways	
Übersichten	http://www.webcompare.com
	http://cscsun1.larc.nasa.gov/ ~beowulf/db/all_products .html
DB2WWW V1	IBM
WWW Server Oracle, Microsoft	Oracle, Microsoft
Weitere	
Management	
Tivoli Management Environment	Tivoli
Sicherheit	
US Government Links Sicherheit	http://lcweb.loc.gov./global/ internet/security.html
RSA	http://www.rsa.com
S-HTTP	http://www.commerce.net
SET	http://www.mastercard.com
SSL	http://www.netscape.ciom/inf o/ssl.html
Mobile Computing	http://snapple.cs.washington. edu/mobile/mobile.hrml
Middleware in Entwicklungsumgebungen	
s. auch CASE Vendor List	http://www.qucis.queensu.ca/ FAQs/comp.software-eng/ vendor.html
Composer	Texas Instruments
Forté	Forté Software
Foundation	Andersen Consulting
SuperNova	Four Seasons Software

4 Standardisierungsgremien, Konsortien

Gremium	WWW Adresse
DMA	http://www.aiim.org
IETF (Internet)	http://www.ietf.org
ISO	http://www.iso.ch
MOMA	http://www.sbexpos.com/sbexpos /associations/moma/home.html
OAG	http://www.oag.org
OMG	http://www.omg.org
Open Group	http://www.opengroup.org
OSF	http://www.osf.org
SAG (SQL Access Group)	X/Open
WFMC	http://www.aiai.ed.ac.uk/WfMC
W3C	http:// www.w3.org
X Consortium	http://www.x.org
X/Open	http://www.xopen.org

5 Weitere Link Sammlungen

Autor	WWW Adresse
Information Systems Meta List	http://www.cait.wustl.edu/cait/infosys .html
Portland State University	http://www.sba.pdx.edu/ug/is/isr/ index.htm
MiddlewareSpectra	http://www.aladdin.co.uk/mw_spectra

Abkürzungsverzeichnis

ACID	Atomicity, Consistency, Integrity, Durability
ACL	Access Control List
AH	Application Header
ALE	Application Link Enabling (SAP AG)
ANSI	American National Standards Institute
AP-TM	Schnittstelle Applikation zu TA-Manager (X/Open - Open Group)
API	Application Programming Interface
BAPI	Business API (SAP)
BOMSIG	Business Object Managemenet Special Interest Group
C/S	Client/Server
CASE	Computer Assisted Software Engineering
CC PSI	Kompetenzzentrum Prozess- und Systemintegration
CCITT	Consultive Committee on International Telegraphy and Telephony (jetzt: ITU-TSS)
CDPD	Cellular Digital Packet Data
CDS	Cell Directory Service (OSF DCE)
CGI	Common Gateway Interface
CICS	Customer Information Control System (IBM)
CMC	Common Mail Calls
CMISE	Common Management Information Service Element (ISO/OSI)
COM	Component Object Model (Microsoft)
CORBA	Common Object Request Broker Architecture (OMG)
CPI-C	Common Programming Interface for Communications (IBM)
CRM	Communication Resource Manager

CSBS	Client-Server Banking System
DB	Datenbank
DBMS	Datenbankmanagementsystem
DCE	Distributed Computing Environment (OSF - Open Group)
DCOM	Distributed COM (Microsoft)
DDE	Dynamic Data Exchange (Mircrosoft)
DEC	Digital Equipment Corporation
DES	Data Encryption Standard
DFS	Distributed File Service
DIQOS	Dienstqualität Operating System
DME	Distributed Management Environment
DNS	Domain Name System (OSF DCE)
DSS	Distributed Security Service
DTP	Distributed Transaction Processing (X/Open - Open Group)
DTS	Distributed Time Service
DTPM	Distributed Transaction Processing Monitor
E-Mail	Electronic Mail
EDA/SQL	Enterprise Data Access (IBI)
EDI	Electronic Data Interchange
EDIFACT	EDI for Administration, Commerce and Transport (United Nations)
EHLLAPI	Enhanced High Level Language API
EIA	Electronic Industry Association
EIS	Executive Information System
EIT	Enterprise Integration Technologies
ESP	Encapsulation Security Payload
FTP	File Transfer Protocol
GDA	Global Directory Agent

GP	Geschäftspartner
GSM	Global System for Mobile Communication
GSS-API	Generic Security Services-API (IETF)
GUI	Graphical User Interface
HP	Hewlett-Packard Corporation
HTML	Hypertext Markup Language
HTTP	Hypertext Transfer Protocol
HW	Hardware
IBI	Information Builders
IBM	International Business Machines Corporation
IDC	Internet Database Connector
IDL	Interface Definition Language
IETF	Internet Engineering Task Force
IIS	Internet Information Server
IIOP	Internet Inter-ORB Protocol
IPv6	Internet Protocol Version 6
IS	Informationssystem
ISAPI	Information Server API
ISO	International Standards Organization
IT	Informationstechnologie
ITU-TS	International Telecommunication Union - Telecommunication Standardization Sector (vormals CCITT)
JDBC	Java Database Connectivity
LAN	Local Area Network
LUW	Logical Unit of Work
MAPI	Messaging API (Microsoft)
MIME	Multipurpose Internet Mail Extensions
MIS	Management Information System
MIT	Massachusetts Institute of Technology

MOM	Message Oriented Middleware
NCAPI	Netscape Client API
NFS	Network File System (Sun)
NNTP	Network News Transport Protocol
NSAPI	Netscape Server API
NTP	Network Transport Protocol
OCX	OLE Customer Controls (Microsoft)
ODP	Open Distributed Processing (EIA, ISO)
ODBC	Open Database Connectivity
OLE	Object Linking and Embedding (Microsoft)
OLTP	Online Transaction Processing
OMG	Object Management Group
OO	Objektorientierung
ORB	Object Request Broker
OSF	Open Software Foundation, seit 1996 Open Group
OSI	Open Systems Interconnection (ISO)
PDA	Personal Digital Assistant
RDA	Remote Database Access (ISO/OSI)
RM-ODP	Referenzmodell ODP
RPC	Remote Procedure Call
RSA	nach Rivest, Shamir und Adelman
S-HTTP	Secure HTTP
SAA	System Application Architecture (IBM)
SAG	SQL Access Group
SAP	Systeme Anwendungen Produkte in der Datenverarbeitung
SET	Secure Electronic Transactions
SGML	Standard Generalized Markup Language
SMTP	Simple Mail Transfer Protocol

SNA	System Network Architecture (IBM)
SNMP	Simple Network Management Protocol
SQL	Structured Query Language
SSL	Secure Sockets Layer
SW	Software
TA	Transaktion
TCP/IP	Transmission Control Protocol/Internet Protocol
TGS	Ticket Granting Server
TMS	Transaktionsmanagementsystem
TP	Transaction Processing, Teleprocessing
trx	transactional
Tx	Schnittstelle Applikation zu TA-Manager (X/Open - Open Group)
TxRPC	Transaktions-RPC (X/Open - Open Group)
UN	United Nations
UNSM	United Nation Standard Message
URL	Universe Resource Locator
US	United States
W3C	The WWW Consortium
WAN	Wide Area Network
WfMC	Workflow Management Coalition
WFMS	Workflow-Managementsystem
WOSA	Windows Open Service Architecture (Microsoft)
WWW	World Wide Web
XA	Extended Architecture: Schnittstelle zw. Transaktionsmanager und Ressourcenmanager (X/Open - Open Group)
XA+	Spezialfall von XA: Schnittstelle zu CRM (X/Open - Open Group)
XAPIA	X.400 Application Programming Interface Association

Enabling Systematic Business Change
Methods and Software Tools for Business Process Redesign

by Volker Bach, Leo Brecht,
Thomas Hess, and Hubert Österle
1996. XII, 327 pp. Softcover.
ISBN 3-528-05540-5

Contents: Case studies: successful BPR projects - Empirical investigations: the significance of method and tools - Systematic selection of BPR methods: principles, procedures, criteria - Implications for tool selection - Market analysis: the 13 most important BPR methods - Comparison of 16 suitable tools - Integrated method-tool-combinations - 10 trends in systematic BPR

An increasing number of companies regard Business Process Redesign (BPR) as a significant means of improving their competitive position. The initial euphoria is being superseded by a more pragmatic assessment. This book demonstrates how a systematic, practical yet creative procedure can lead to more reliably successful BPR projects. Case studies and investigations support the superiority of a systematic, method-based approach as opposed to an „intuitive" one. Consequently, before the start of a project a method must be selected which corresponds to the strategic goals of the project and is suited to the company environment. This book formulates the central principles and criteria for this, which are derived from practical experience. A procedural model and checklists help the reader to define what he requires from the method. From these criteria are then derived suitable BPR tools. Of particular importance here is the underlying cost-benefit analysis. The book describes over a dozen BPR methods and as many tools within a uniform framework. This ensures comparability and allows correlation with project-specific requirements. Particular attention is paid to method-tool combinations that are designed for combined use.

Verlag Vieweg · Postfach 1547 · 65005 Wiesbaden · Fax 0611/7878420